智能化融媒体新形态教材

机械制图

主 审 王 冰

主 编 李松涛 雷源春 汤 锋 王弓芳

副主编 周军晖 冯振华 胡志国 陈美盛

覃 迈 黄 鑫 刘 刚 谭 辉

陈 菊 汤海霞 赵晶晶

合肥工业大学出版社
HEFEI UNIVERSITY OF TECHNOLOGY PRESS

图书在版编目（CIP）数据

机械制图 / 李松涛等主编. —合肥：合肥工业大
学出版社，2022.8
ISBN 978-7-5650-6033-5

Ⅰ．①机… Ⅱ．①李… Ⅲ．①机械制图－高等职业教
育－教材 Ⅳ．①TH126

中国版本图书馆CIP数据核字（2022）第160727号

机械制图

李松涛　雷源春　汤　锋　王弓芳　主编

责任编辑	赵　娜	
出版发行	合肥工业大学出版社	
地　　址	（230009）合肥市屯溪路193号	
网　　址	www.hfutpress.com.cn	
电　　话	理工图书出版中心：0551-62903004	
	营销与储运管理中心：0551-62903198	
规　　格	787毫米×1092毫米　1/16	
印　　张	13	
字　　数	324千字	
版　　次	2022年8月第1版	
印　　次	2022年8月第1次印刷	
印　　刷	廊坊市广阳区九洲印刷厂	
书　　号	ISBN 978-7-5650-6033-5	
定　　价	79.80元（含习题集）	

前言 FOREWORD

本书是根据最新颁布的《技术制图》《机械制图》等国家标准，结合高等教育机械制图和相关专业教学改革的成果，以及高等教育的实际情况和作者多年从事机械制图教学改革的经验编写而成的。

根据高等教育改革的发展方向和应用型人才的培养目标，本书从工程教育的特点出发，强调对绘图、识图和计算机软件绘图基本能力的培养，对空间想象能力的培养则采取了低起点逐步提高要求的教学方法。本书在教学设计和内容组织上有以下特点。

（1）本书根据机械类和近机械类专业机械制图课程教学基本要求"少而精"的原则确定编写内容，以"够用为度"的原则处理投影理论和机械图样的关系。从高等教育的特点出发，强调对绘图、识图和计算机软件绘图基本能力的培养，对空间想象能力的要求则适当降低。

（2）为使学生更好地掌握形体分析法和线面分析法，本书将正投影理论和立体的投影相结合，从三视图的角度研究点、线、面的投影，在立体的投影中强调线面分析和形体分析。对尺寸标注的要求分层次逐步提出，对基本概念和基本方法的讲解采用案例教学法，便于学生理解和掌握。

（3）本书的每章开头均设计了"教学导航"，提供了本章的学习目标、重点难点、学习指导和教学安排，可供教师安排教学计划和组织教学时参考，也便于学生在学习过程中把握重点、难点和本课程的学习方法。

（4）教学内容按每2个学时设计成一个教学单元，配套的习题集也按教学单元设计，各教学单元的习题不安排在同一页上，方便教师布置和批改作业。

（5）计算机绘图软件是现代企业工程技术人员普遍使用的绘图工具，目前流行的软件很多，本书选择了应用比较广泛的AutoCAD绘图软件。教学内容的重点是介绍软件的基本概念和基本使用方法，这些概念和使用方法对不同版本的AutoCAD均适用。教学方法采用了案例教学法，通过案例介绍AutoCAD的各种基本功能，如在绘图案例中介绍AutoCAD的绘图命令和绘图技巧。这样的教学设计和高等教育的学情相适应，且和企业工程技术人员的绘图过程保持一致，体现了手工绘图是基础，计算机绘图软件是工具的基本理念。为方便不同的教学要求，该章节放在本书后面作为选修模块。

（6）本书将轴测图安排在装配图之后介绍，不提倡通过绘制立体图解决空间想象能力的培养问题，而且随着计算机三维绘图技术的发展，工程技术人员绘制轴测图的机会越来越少，所以将轴测图作为选学内容安排在后面介绍。

（7）为适应现代教育技术的发展，采用VR技术/H5技术在重点和难点部位设计了配套的三维模型、三维模型动画及微课H5动画，读者可以通过移动终端阅读这些数字化资源。本书配套资源丰富，包括课程标准、相关国家标准、课件平台、三维虚拟模型和动画、二维矢量动画、电子活页、在线测试题、试题库等，极大地方便了教师的课程教学与学生的自主学习。

（8）和本书配套的《机械制图习题集》从工程教育的特点出发，以基本知识和基本技能训练为主，突出对实践能力和创新能力的培养。本习题集训练的技能和《机械制图》教材中的教学内容相对应，有利于学生巩固所学的知识。

（9）为方便课程教学的高效互动，充分激发学生自主学习的积极性，本书配套融媒体平台（教师端：https://zhjy.gxjccb.com）和微信小程序（学生端：扫描本书封底微信小程序二维码并输入授权码关联小程序）。通过平台进行互动教学，教师除可以利用平台上所有与课程有关的资源自组教学方案进行教学演示外，还可以实时布置任务、组织阶段线上测验、答疑和跟踪每个学生的学习情况。在课程结束时，教师利用该平台可以综合学生的日常线上学习、测验情况和线下考试成绩并以班级为单位导出学生的最终评价。学生可以利用小程序实时进行在线自学、在线提问和在线测试以及阶段在线测验，也可以利用小程序扫描纸质书中的二维码浏览配套的资源和进行在线测试；学生在小程序中可以自行检查在线测验的答题情况，并可以反复多次进行答题，直到获得满意的结果为止。本平台完整地融合纸质书和数字化资源，使两者紧密结合，充分发挥不同媒体的优势，实现图书内容的智能化互动，有效地实现了以学生为中心、加强学生自主学习的教学理念。

（10）用微信扫描下面的二维码，关联智能教材小程序，输入授权号，即可直接查看相应的数字资源。

本书由李松涛、雷源春、汤锋、王弓芳主编，由"十五""十一五""十二五""十三五""十四五"国家规划教材《机械制图》的主编、河北石油职业技术大学王冰主审。参加编写的还有周军晖、冯振华、胡志国、陈美盛、覃迈、黄鑫、刘刚、谭辉、陈菊、汤海霞、赵晶晶。

由于编写时间紧张，编者能力有限，书中难免有不足之处，敬请广大读者批评指正。

编　者

2022年6月

目录 CONTENTS

第 **1** 章

制图基本知识和技能

教学导航

学习目标	掌握国家标准中关于图纸幅面、格式、比例、字体、图线和尺寸标注等相关规定；能正确使用绘图工具和仪器；能采用正确的绘图方法和步骤绘制平面图形并标注其尺寸；能徒手绘制平面图形的草图		
重点难点	重点是国家标准中关于线型的画法和应用；尺寸标注的基本规则和标注方法；平面图形的线段分析和尺寸分析。难点是平面图形的作图原理，铅笔的修理和使用、制图字体的书写方法		
学习指导	学习本章时要通过绘制平面图形案例掌握国家标准《技术制图》和《机械制图》的基本规定，通过测绘案例掌握制图测绘的基本方法和步骤		
教学安排		**教学内容**	**课外作业**
	第一讲	1.1 国家标准《技术制图》和《机械制图》的基本规定（1）	习题1-1
	第二讲	1.1 国家标准《技术制图》和《机械制图》的基本规定（2）	习题1-2、1-3
	第三讲	1.2 尺寸注法（GB/T 4458.4—2003） 1.3 平面图形的绘制和尺寸标注	习题1-4至1-7

1.1 国家标准《技术制图》和《机械制图》的基本规定

机械图样是表达工程技术人员设计意图和设计方案的重要技术文件。为了便于生产协作和技术交流，图样必须有统一的规范。为此，国家质量监督检验检疫局颁布了《技术制图》和《机械制图》等一系列国家标准，对图样的内容、格式、表达方法、画法等都作了统一规定。国家标准《技术制图》是基础技术标准，具有通用性，适用于各类制图。国家标准《机械制图》是在《技术制图》基础上制定的适用于机械图样的制图标准，工程技术人员必须严格遵守其有关规定。

标准代号由字母和数字组成，如"GB/T 4457.4—2002"，"GB/T"表示"推荐性国家标准"，"4457.4"是该标准的编号，其中，"4457"是该标准的顺序号，"4"表示该标准的第4部分，"2002"是该标准的颁布年份。

1.1.1 图纸幅面和格式

1. 图纸的幅面尺寸

《技术制图 图纸幅面和格式》（GB/T 14689—2008）规定的图纸幅面有基本幅面（第一选择）和加长幅面（第二选择和第三选择）两种。基本幅面的幅面代号由"A"和相应的幅面号组成，共5种，分别为A0~A4，基本幅面的代号、尺寸和留边尺寸见表1-1所列。必要时允许采用加长幅面，加长幅面的尺寸是由基本幅面的短边尺寸乘整数后得出的。

表1-1 基本幅面的代号、尺寸和留边尺寸　　　　　（单位：mm）

幅面代号		A0	A1	A2	A3	A4
尺寸 $B\times L$		841×1 189	594×841	420×594	297×420	210×297
留边尺寸	a	25				
	c	10			5	
	e	20			10	

2. 图框格式

图框必须用粗实线绘制，其格式分为留有装订边和不留装订边两种，如图1-1所示。同一产品的图样只能采用一种格式。基本幅面的图框尺寸及留边尺寸，按表1-1的规定绘制。

（a）不留装订边的图框格式

（b）留有装订边的图框格式

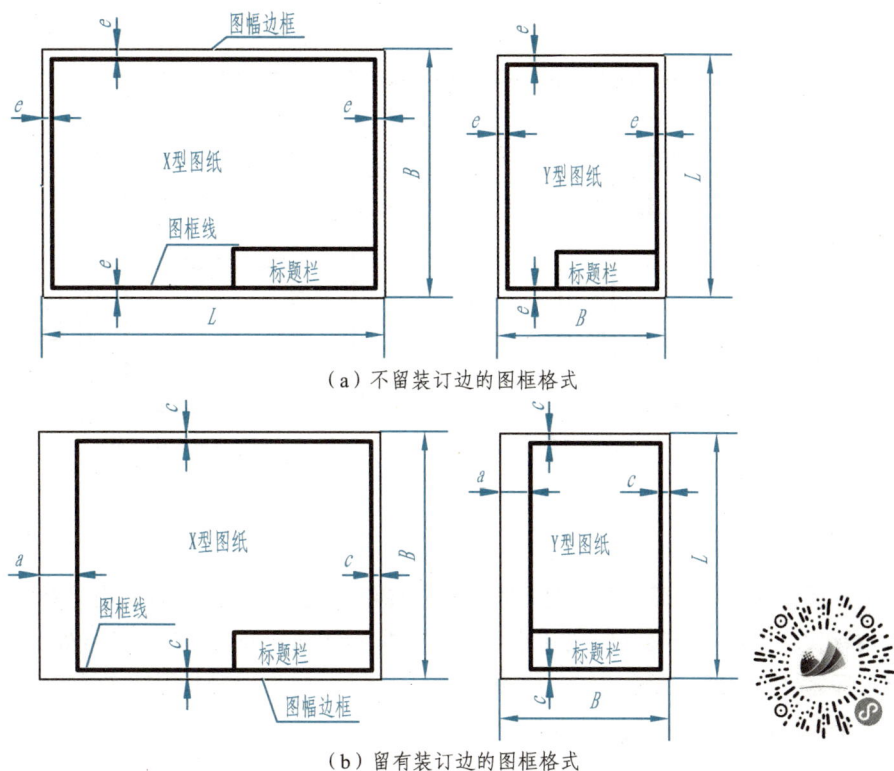

图1-1　图框格式

3. 标题栏

《技术制图　标题栏》（GB/T 10609.1—2008）规定的标题栏格式、分栏及尺寸如图1-2所示。绘制图样时应优先选用标准推荐的格式和尺寸。

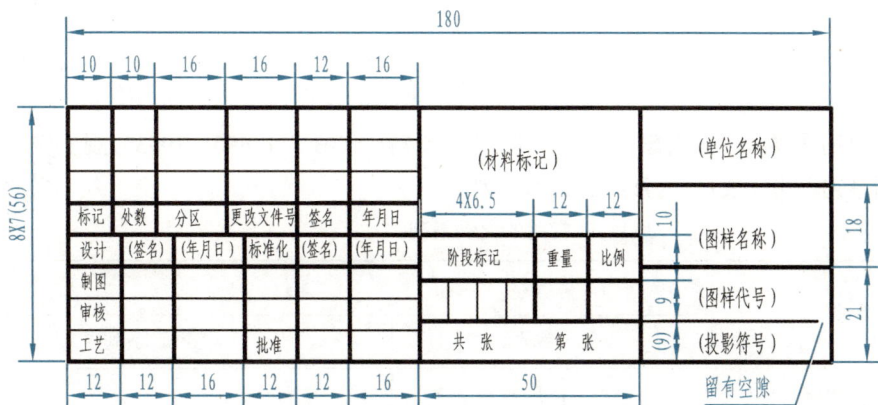

图1-2　标题栏格式、分栏及尺寸

通常标题栏位于图框的右下角。若标题栏的长边置于水平方向，并与图纸的长边平行，则构成X型图纸；若标题栏的长边与图纸的长边垂直，则构成Y型图纸，如图1-1所示。在此情况下，标题栏的文字方向与看图方向一张。

为了使用预先印制好的图纸，允许将X型图纸的短边置于水平位置使用，或将Y型图纸的长边置于水平位置使用。这种情况下，需要留装订边的图纸，装订边在下方。此时，标题栏中的文字方向与看图方向不一致，应在图纸下边的对中符号处绘制"方向符号"，如图1-3所示。

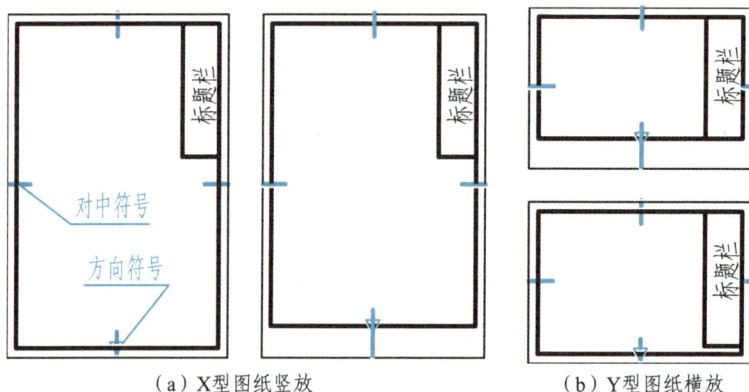

（a）X型图纸竖放　　　　　　　　　　（b）Y型图纸横放

图1-3　标题栏的方位

4. 对中符号和方向符号

为了便于图纸的复制和微缩摄影时定位，应在图纸各边的中点处分别画出"对中符号"。对中符号用粗实线绘制，长度从纸边开始至伸入图框内约5 mm处，当对中符号处于标题栏内时，则伸入标题栏内的部分省略不画，如图1-3（b）所示。方向符号是用细实线绘制的等边三角形，其大小和位置如图1-4所示。

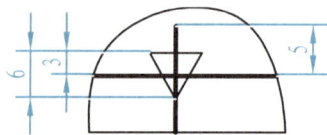

图1-4　方向符号的画法

1.1.2　比例

图样中机件要素的线性尺寸与实际机件相应要素的线性尺寸之比称为图样的比例。绘制图样时应按国家标准《技术制图　比例》（GB/T 14690—1993）规定的比例系列选用，表1-2为常用的比例系列。

表1-2　常用的比例系列

种类	比例	
	第一系列	第二系列
原值比例	1:1	
缩小比例	1:2　1:5　1:10　1:1×10^n 1:2×10^n　1:5×10^n	1:1.5　1:2.5　1:3　1:4　1:6 1:1.5×10^n　1:2.5×10^n 1:3×10^n　1:4×10^n　1:6×10^n
放大比例	2:1　5:1　1×10^n:1 2×10^n:1　5×10^n:1	2.5:1　4:1　2.5×10^n:1 4×10^n:1

注：n为正整数。

1.1.3　字体

图样中的字体有汉字、字母和数字，在图样上写字时要根据需要选用合适的字号。字体高度代表字体的号数，《技术制图　字体》（GB/T 14691—1993）中规定的字体高度（用h表示）的公称尺寸系列为1.8 mm、2.5 mm、3.5 mm、5 mm、7 mm、10 mm、14 mm、20 mm，如果要书写更大的字，其字体高度应按$\sqrt{2}$的倍数递增。

1. 汉字

汉字应写成长仿宋体字，并应采用中华人民共和国国务院正式公布推行的《汉字简化方案》中规定的简化汉字。汉字的高度（h）不应小于3.5 mm，其字宽一般为$h/\sqrt{2}$ mm。

2. 字母和数字

字母和数字分为A型和B型。A型字体的笔画宽度（d）为字高（h）的1/14，B型字体的笔画宽度（d）为字高（h）的1/10。在同一图样上只允许选用一种型式的字体。字母和数字可以写成直体或斜体，斜体字字头向右倾斜，与水平基线成75°角。

书写字体必须做到字体工整、笔画清楚、间隔均匀、排列整体。为了达到这些要求，手写字时要注意以下几点：

（1）用H或HB的铅笔写字，将铅笔修理成圆锥形，笔尖不要太尖或太秃。

（2）按所写的字号用H或2H的铅笔打好底格，底格宜浅不宜深。

（3）字体的笔画宜直不宜曲，起笔和收笔不要追求刀刻效果，要大方简洁。

（4）字体的结构力求匀称、饱满，笔画分割的空白分布均匀。

字体示例见表1-3所列。

表1-3　字体示例

字体		示例
长仿宋体字	7号	字体工整笔画清楚间隔均匀排列整齐
	5号	字体工整笔画清楚间隔均匀排列整齐
拉西字母	A型字体 大写斜体（7号）	ABCDEFGHIJKLMNOPQRSTUVWXYZ
	A型字体 小写斜体（7号）	abcdefghijklmnopqrstuvwxyz

（续表）

字体		示例
阿拉伯数字	A型字体 斜体（7号）	*1234567890*
阿拉伯数字	A型字体 直体（7号）	1234567890
综合应用		$\sqrt{}\ Ra\ 12.5$ $\phi86^{+0.038}_{-0.056}$ $\phi25\frac{H6}{m5}$ $R\ 73$

1.1.4　图线

1. 机械制图的线型及应用

《机械制图 图样画法 图线》（GB/T 4457.4—2002）规定了机械图样常用的9种线型，见表1-4所列。在机械图样中采用粗、细两种线宽，它们之间的比率为2∶1。粗线（粗实线、粗虚线、粗点画线）的宽度（d）应按图样的类型、大小和复杂程度在下列参数中选取：0.25 mm、0.35 mm、0.5 mm、0.7 mm、1.0 mm、1.4 mm、2 mm，应优先选用0.5 mm或0.7 mm。

表1-4　线型及其应用

图线名称	线型	图线宽度	一般应用	应用举例
粗实线		d	可见轮廓线	
细实线		$d/2$	1. 尺寸线和尺寸界线 2. 剖面线 3. 重合断面的轮廓线	
波浪线		$d/2$	1. 断裂处边界线 2. 视图与剖视图的分界线	
双折线		$d/2$	断裂处边界线	
细虚线		$d/2$	不可见轮廓线	

（续表）

图线名称	线型	图线宽度	一般应用	应用举例
细点划线	$3d$ $\leqslant 0.5d$ $24d$	$d/2$	1. 轴线 2. 对称中心线	
细双点划线	$3d$ $\leqslant 0.5d$ $24d$	$d/2$	1. 相邻辅助零件的轮廓线 2. 可动零件的极限位置的轮廓线	
粗虚线	$12d$ $3d$	d	允许表面处理的表示线	镀铬
粗点划线	$3d$ $\leqslant 0.5d$ $24d$	d	限定范围的表示线	35~40HRC

2. 粗实线铅笔的修理和使用

粗实线是图样中最重要的图线，为了把粗实线画得均匀整齐，关键是正确地修理和使用铅笔。绘制粗实线的铅笔牌号以HB或B为宜。将铅芯修理成长方体形（见图1-5），使用时用矩形的短棱和纸面接触，长方体铅芯的宽侧面和丁字尺或三角板的导向棱面贴紧。绘制时用力要均匀，速度要慢，一遍画不黑可重复运笔。

d—粗实线宽度。

图1-5 粗实线铅笔的修理和使用

3. 细线铅笔的修理和使用

画细实线、细虚线、细点划线等细线所用的铅笔牌号为H或2H，将铅芯修理成圆锥形，如图1-6所示。当铅芯磨秃后要及时修理，不要凑合着画。绘制细虚线和细点划线时，初学者要数丁字尺或三角板上的毫米数，这样经过一段时间的练习后，画出的细虚线或细点划线的线段长度才能相等。

d—粗实线宽度。

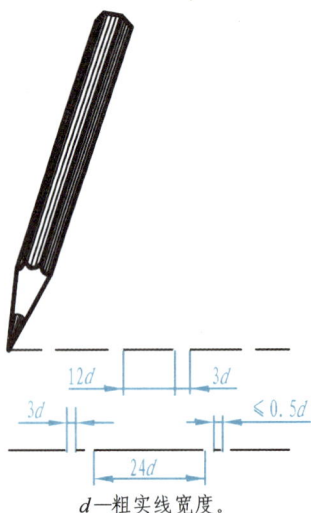

图1-6　细线铅笔的修理和使用

4. 粗线铅芯的修理和使用

画粗线圆所用的铅芯牌号为HB，修理成如图1-7所示的形状。使用时要调整圆规腿的关节，使铅芯和纸面垂直，侧棱和纸面均匀接触，画圆时用力要均匀，速度要慢，一遍画不黑可反方向重复一遍。

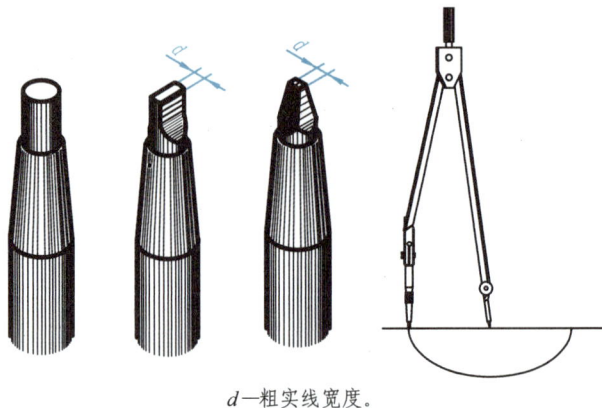

d—粗实线宽度。

图1-7　粗线铅芯的修理和使用

1.2　尺寸标注

在机械图样中，图形只是表达了零件的形状，若要表示零件的大小，必须在图样上标注尺寸。尺寸是加工制造零件的主要依据，不能有任何差错。如果尺寸标注错误、不完整或不合理，将给加工、检验带来困难，甚至产生废品，从而造成经济损失，所以尺寸标注必须遵守《机械制图　尺寸注法》（GB/T 4458.4—2003）的相关规定。

1.2.1 尺寸标注的基本规则

（1）机件的真实大小应以图样上所注的尺寸数值为依据，与图形的大小及绘图的准确性无关。

（2）图样中的尺寸以毫米为单位时，不需标注其单位的符号（或名称），如采用其他单位，则应注明相应的单位符号。

（3）图样中所标注的尺寸，为该图样所示机件的最后完工尺寸，否则应另附说明。

（4）机件的每一尺寸一般只标注一次，并应标注在反映该结构最清晰的图形上。

此外，为了使标注的尺寸清晰易读，标注尺寸时可按下列尺寸绘制：尺寸线和轮廓线、尺寸线和尺寸线之间的距离取6~10 mm，尺寸界线超出尺寸线2~3 mm，尺寸数字一般为3.5号字，箭头长度≥6d（d为粗实线的宽度），箭头尾部宽度为d，如图1-8所示。

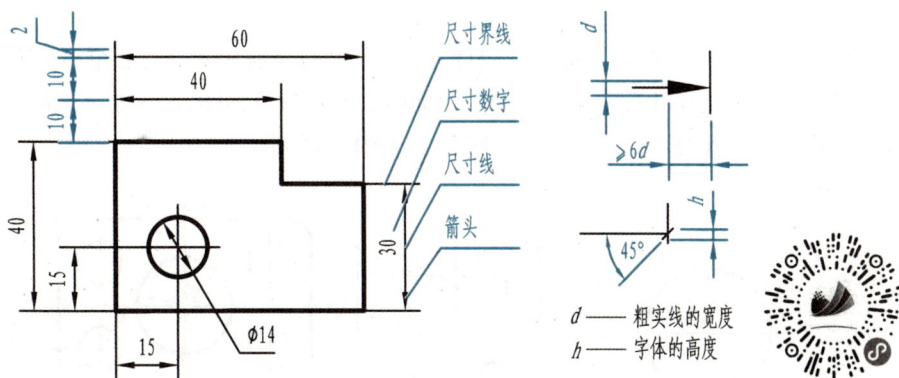

图1-8 尺寸标注的基本规则

1.2.2 尺寸数字的注写方法

线性尺寸数字的方向按图1-9（a）所示的方法标注，并尽可能避免在图示30°范围内标注尺寸，当无法避免时应按图1-9（b）所示的方法标注。

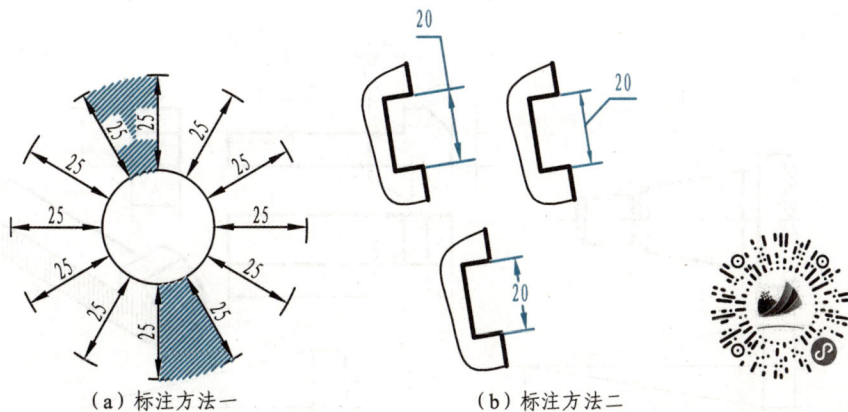

（a）标注方法一　　　　（b）标注方法二

图1-9 线性尺寸数字的方向

角度的数字一律写成水平方向，一般注写在尺寸线的中断处，也可注写在尺寸线的上方，或引出标注，如图1-10所示。需要注意的是，尺寸数字不可被任何图线穿过，否则应将图线断开。

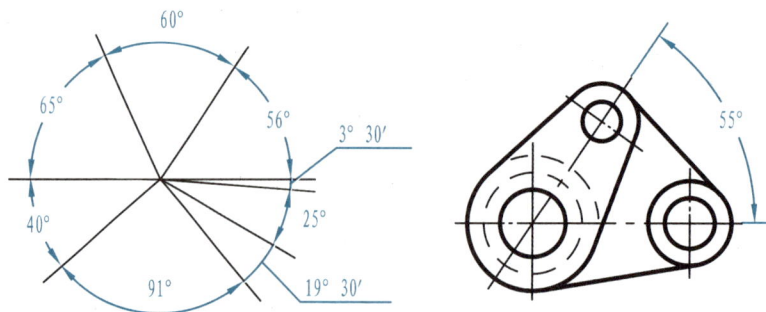

图1-10　角度的数字注写方法

1.2.3　尺寸标注中的符号

圆心角大于180°时，要标注圆的直径，且尺寸数字前加 ϕ ；圆心角小于等于180°时，要标注圆的半径，且尺寸数字前加 R ；标注球面直径或半径尺寸时，应在 ϕ 或 R 前再加 S ；同一平面上结构相同的孔用"数目×直径"标注，如图1-11所示。

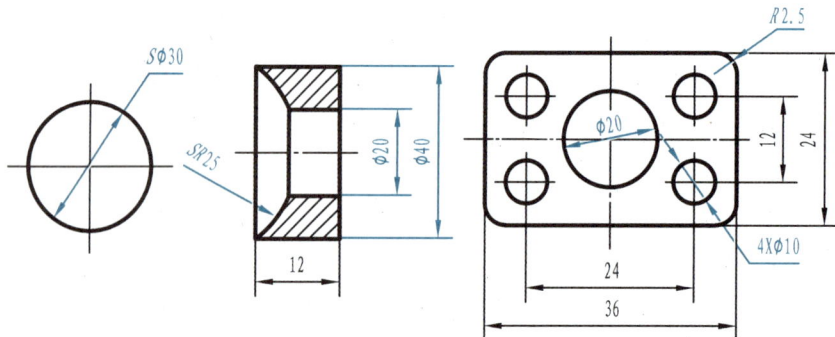

图1-11　直径和半径符号

锥度和斜度可按图1-12所示的方法标注。锥度和斜度符号的方向应与物体上锥度和斜度的方向一致。

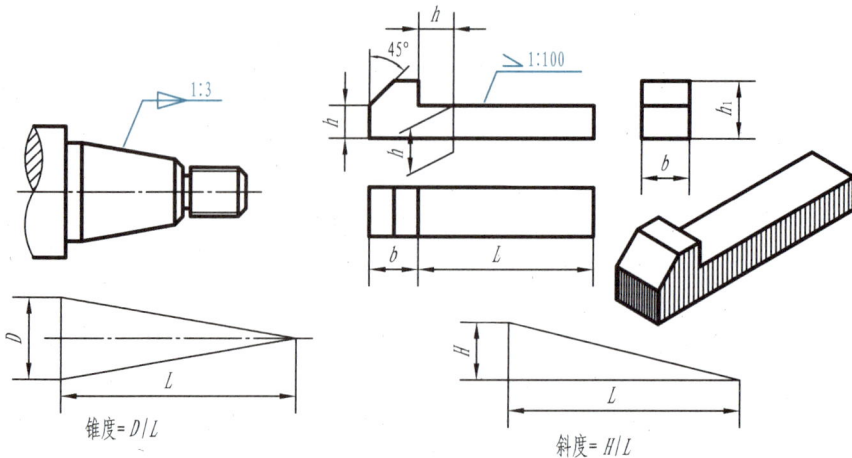

图1-12　锥度和斜度的标注

在同一图形中，对于尺寸相同的孔、槽等成组要素，可仅在一个要素上标注其数量和尺寸；均匀分布在圆上的孔可在尺寸数字后加注"EQS"表示均匀分布，如图1-13所示。

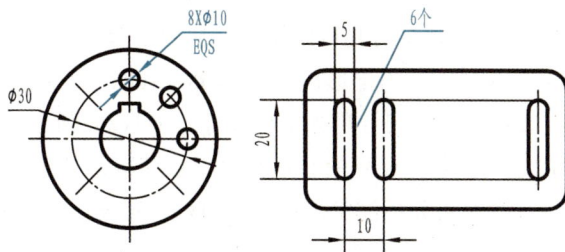

图1-13 相同要素的尺寸标注

1.3 平面图形的绘制和尺寸标注

图1-14为挂轮架的平面图形，结合该案例分析平面图形的绘制方法和尺寸标注方法。

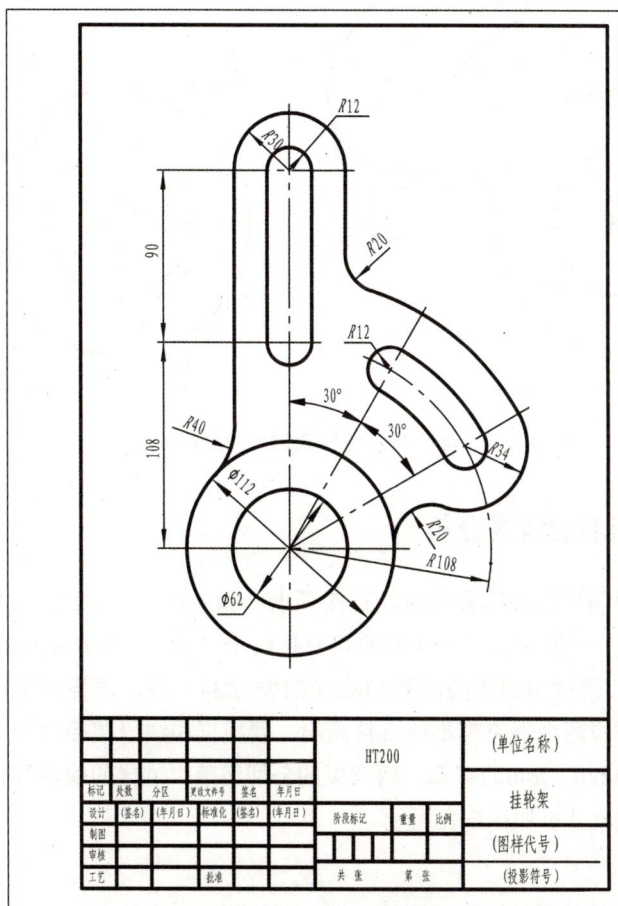

图1-14 挂轮架平面图形

1.3.1 平面图形的尺寸分析

挂轮架平面图形中，$\phi112$、$\phi62$等是确定图形几何元素形状大小的尺寸，确定图形几何元素形状大小的尺寸称为定形尺寸；$R108$、108、$30°$等是确定圆心位置的尺寸，确定几何元素位置的尺寸称为定位尺寸；$\phi112$的圆心和垂直中心线是108和$30°$等尺寸的起始位置，尺寸的起点称为尺寸基准。挂轮架的尺寸分析如图1-15所示。标注尺寸时可先标注定形尺寸，再标注定位尺寸。

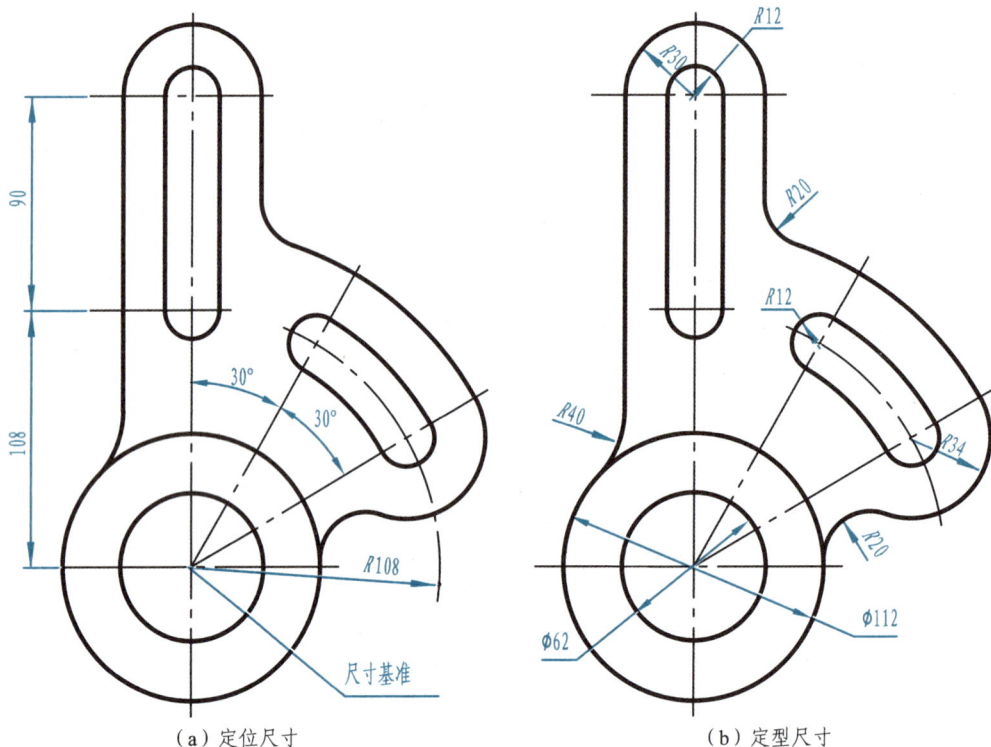

（a）定位尺寸　　　　　（b）定型尺寸

图1-15　挂轮架的尺寸分析

1.3.2 平面图形的线段分析

组成挂轮架平面图形的线段有的可以直接画出，如$\phi112$、$\phi62$等，这样的线段称为已知线段；有的线段的两个端点中只有一个端点可直接确定，另一个端点由线段与其他线段的关系来确定，如圆弧$R34$、和$R34$相接的圆弧$R142$（$R108+R34$）等，这样的线段称为中间线段；有的线段两个端点都不能直接画出，要根据和线段相接的两端线段的关系来确定，如$R20$、$R40$的圆弧，两圆弧的公切线等，这样的线段称为连接线段。挂轮架的线段分析如图1-16所示。

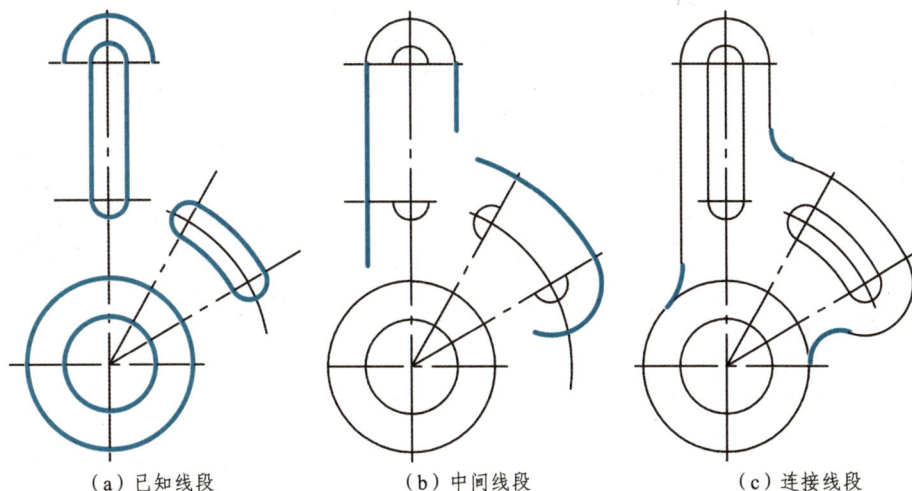

（a）已知线段　　　　　　　　（b）中间线段　　　　　　　　（c）连接线段

图1-16　挂轮架的线段分析

1.3.3　平面图形的画图方法和步骤

1. 准备工作

绘图之前的准备工作可以按下述步骤进行：清洁绘图工具→确定比例→选择图幅→固定图纸。固定图纸时用丁字尺和三角板配合将图纸找正，然后用胶带将图纸固定在图板的左下部，如图1-17（a）所示。为了保持图面的干净和整洁，可以将不画的图纸部分用草稿纸保护起来。

2. 绘制底稿

绘制底稿时用2H铅笔轻轻绘出底稿线，用分规在量具上精确测出尺寸，然后在图纸上轻轻做出标记。水平线用丁字尺绘制，垂直线用丁字尺和三角板配合绘制。绘制底稿一般按下述步骤进行：

（1）绘制图框线→绘制标题栏→布图→绘制定位基准线，如图1-17（b）所示。确定图样在图纸上的位置称为布图。布图时先不考虑要标注的尺寸，只按图形的大小通过计算确定图样在图纸上的位置，使图样在图纸上均匀分布，然后根据图样位置确定基准线的位置，并画出基准线。

（2）绘制已知线段的底稿，如图1-17（c）所示。

（3）绘制中间线段的底稿，如图1-17（d）所示。

（4）绘制连接线段的底稿，如图1-17（e）所示。上端R20的圆弧和R40的圆弧一端和直线相切，一端和圆弧相切；下端R20的圆弧一端和圆弧相切，一端和圆相切，要利用相切关系求出圆心位置和切点。

3. 加深图形

为了防止将尺寸注错，在标注尺寸前要先加深图形如图1-17（f）所示，加深图形时要先加深圆弧，后加深直线；先加深粗线，后加深细线。

4. 绘制尺寸线和尺寸界线的底稿

尺寸的底稿只绘制尺寸界线和尺寸线，箭头和尺寸数字不画底稿，尺寸数字只绘制控制高度的底稿线即可，如图1-17（g）所示。

5. 加深尺寸、图框线和标题栏

加深尺寸界线、尺寸线→绘制箭头→注写尺寸数字→加深图框线和标题栏→填写标题栏，如图1-17（h）所示。图框线和标题栏是最后加深的，目的是防止绘图仪器将图面弄脏。

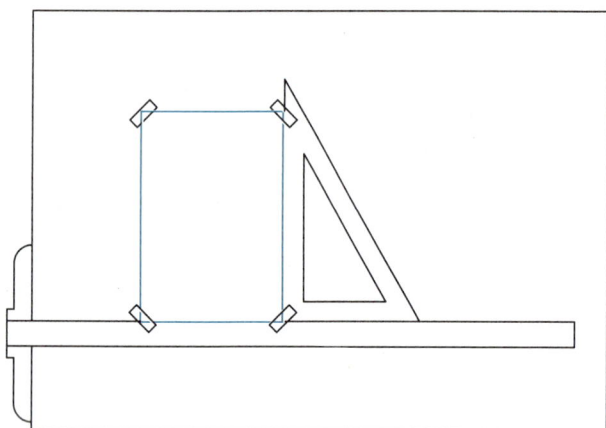

（a）固定图纸

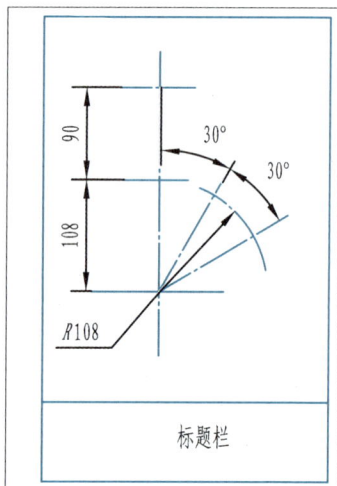

（b）绘制图框线、标题栏和定位基准线的底稿

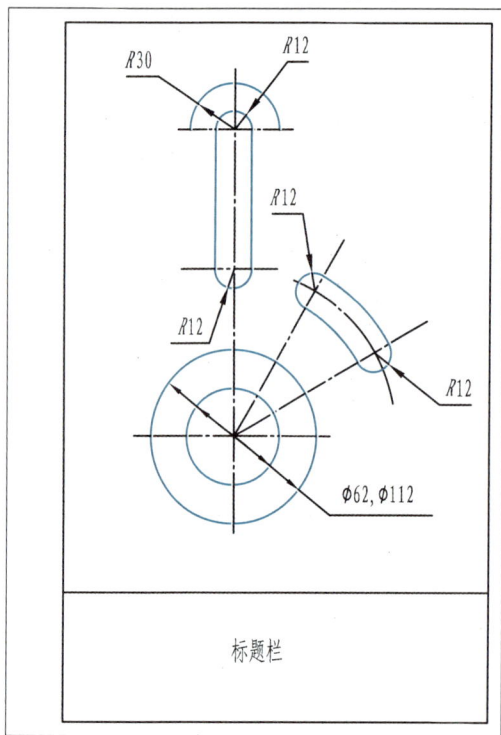

（c）绘制已知线段的底稿

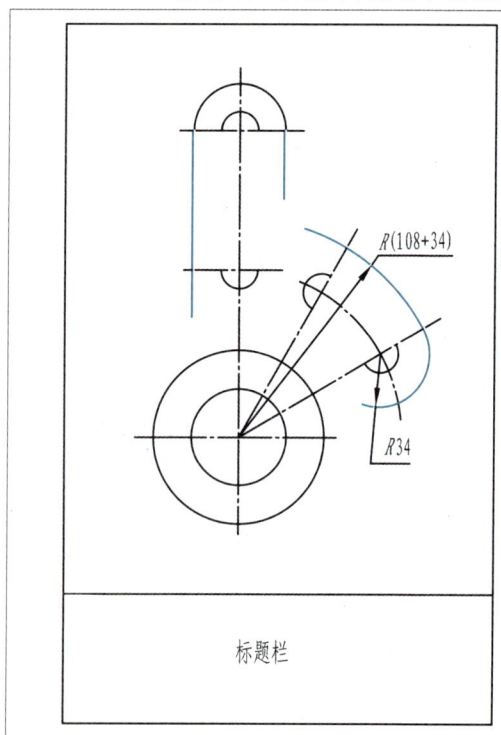

（d）绘制中间线段的底稿

20

$R(142+20)$

40

$R(56+40)$

$R(34+20)$

$R(56+20)$

标题栏

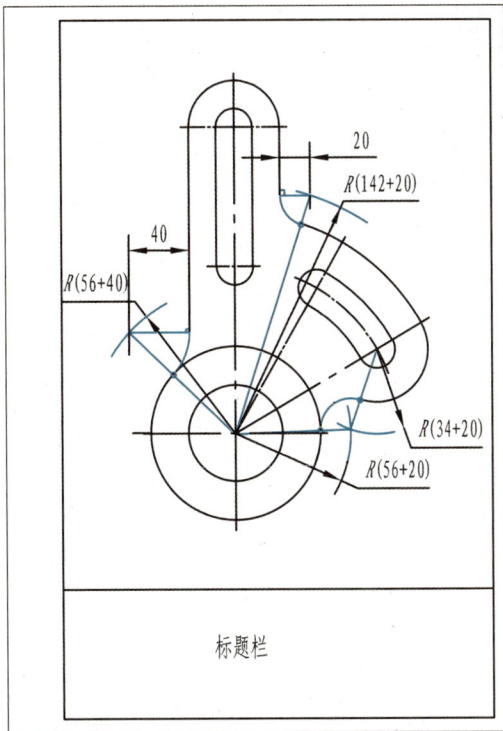

（e）绘制连接线段的底稿

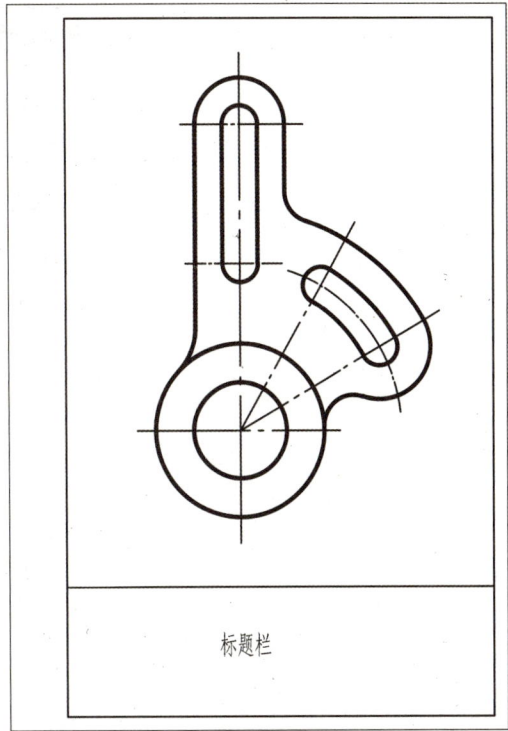

标题栏

（f）加深图形

控制数字高度
的底稿线

标题栏

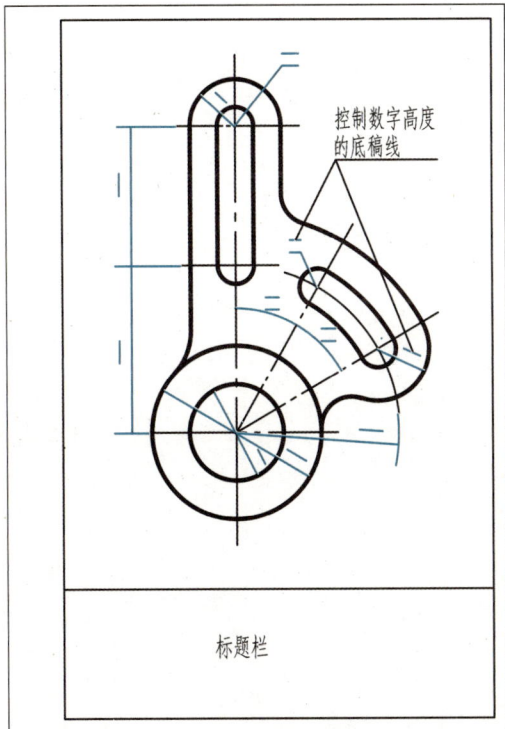

（g）绘制尺寸线和尺寸界限的底稿

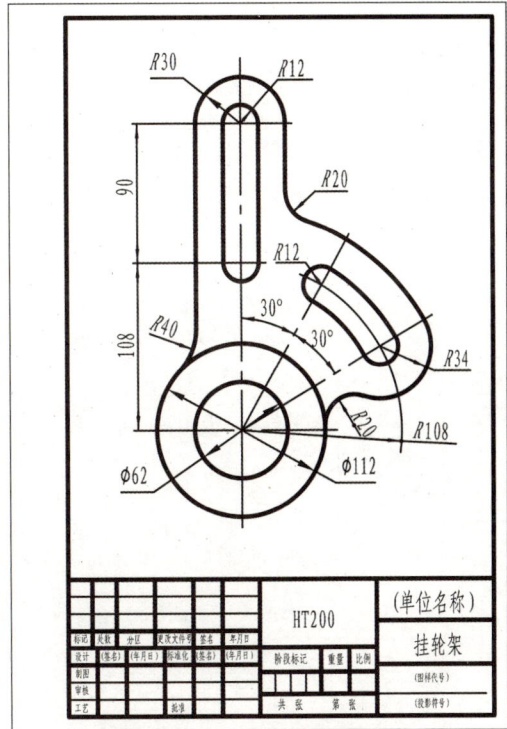

$R30$ $R12$

90

$R20$

$R12$

108 $R40$ 30° 30°

$R34$

$R20$ $R108$

$\phi62$ $\phi112$

				HT200		（单位名称）
标记	处数	分区	更改文件号			挂轮架
设计	（签名）	（年月日）	标准化	（签名）	（年月日）	阶段标记	重量	比例	
制图									（图样代号）
审核									
工艺			批准			共 张	第 张		（投影符号）

（h）加深尺寸、图框线和标题栏

图1-17 挂轮架的主要画图步骤

15

在线测试

第2章

正投影法和视图

教学导航

学习目标	能利用形体分析法绘制物体的三视图；了解物体上的点、直线、平面的投影规律；对带斜面的物体能利用线面分析法绘制其三视图		
重点难点	重点是三视图的形成及其投影规律，以及物体上的点、直线、平面的投影规律。难点是利用形体分析法和线面分析法绘制物体的三视图		
学习指导	在学习绘制物体的三视图时，要用形体分析法研究物体的形成过程，然后按形成过程绘制物体的三视图。在学习物体上的点、直线、平面的投影规律时，和立体的投影结合起来。用"长对正、高平齐、宽相等"的规律研究点、线、面等几何元素的投影规律，反过来用几何元素的投影规律研究物体三视图的绘制方法和阅读方法		
教学安排		教学内容	作业
	第一讲	2.1 投影法及三视图	习题2-1至2-3
	第二讲	2.2 点、直线、平面的投影	习题2-4至2-15
	第三讲	2.3 点、线、面的投影规律在绘制三视图中的应用案例	习题2-16至2-20

2.1 投影法及三视图

2.1.1 物体的投影

在日常生活中，如果物体处于灯光或日光的照射下，墙面或地面上就会显现出该物体的影子，通过影子能看出物体的外轮廓形状，但由于仅是一个影子，它不能表现清楚物体的完整结构。人们对这种现象进行科学的抽象，总结出物体、投影面、观察者之间的关系，形成了投影法的概念。将投射线通过物体向投影面投射，并在投影面上得到图形的方法称为投影法。根据投影法得到的图形称为投影，如图2-1所示。为了得到物体的投影，必须具有投射线、物体和投影面三个条件，其中，投射线可自一点发出，也可是一束与投影面成一定角度的平行线，这样就使投影法分为中心投影法和平行投影法。

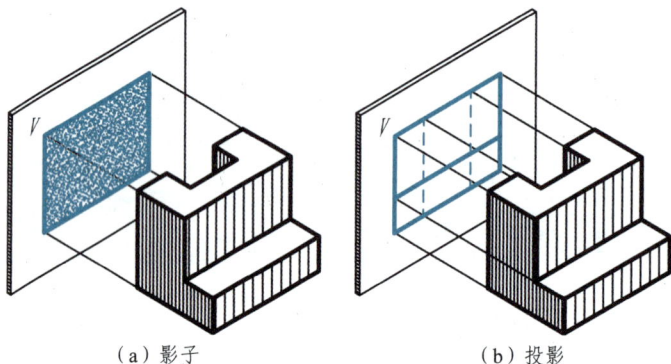

（a）影子   （b）投影

图2-1　物体的影子和投影

2.1.2 中心投影法

中心投影法的投射线自一点S发出，S称为投射中心。物体投影的大小取决于物体、投影面、投射中心三者之间的相互位置，如图2-2所示。中心投影法绘制的图形符合人的视觉习惯，立体感较强，广泛应用于建筑、装饰设计等领域，但不能反映物体的真实大小，度量性差，在机械图样中很少采用。

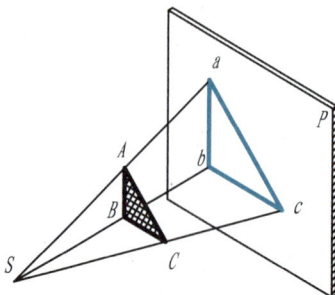

图2-2　中心投影法

2.1.3　平行投影和正投影

投射线为平行线时的投影称为平行投影。若投射线与投影面倾斜，则为斜投影；若投射线与投影面垂直，则为正投影，如图2-3所示。正投影的特性如下：

（1）实形性：当物体上的平面图形（或棱线）与投影面平行时，其投影反映实形（或实长）。

（2）积聚性：当物体上的平面图形（或棱线）与投影面垂直时，其投影积聚为一条直线（或一个点）。

（3）类似性：当物体上的平面图形（或棱线）与投影面倾斜时，其投影与原形状类似，即凹凸性、直曲性和边数不变，但平面图形变小了，线段变短了。

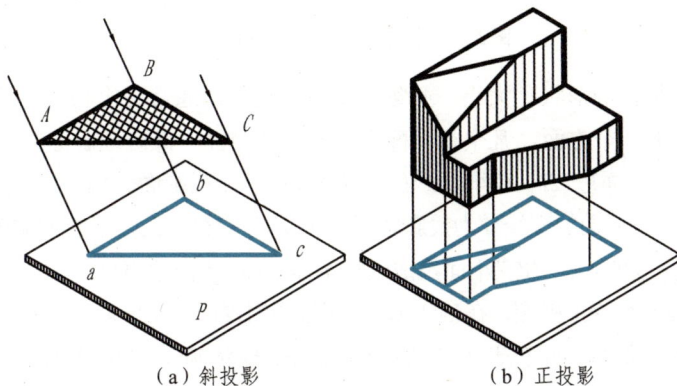

（a）斜投影　　　　　　（b）正投影

图2-3　斜投影和正投影

2.1.4　三视图的形成

用正投影法所绘制的物体的图形称为视图。物体的一个视图只能反映两个方向的尺寸情况，不同物体的一个视图可能相同，如图2-4所示。因此，一个视图不能准确地表达物体的形状。

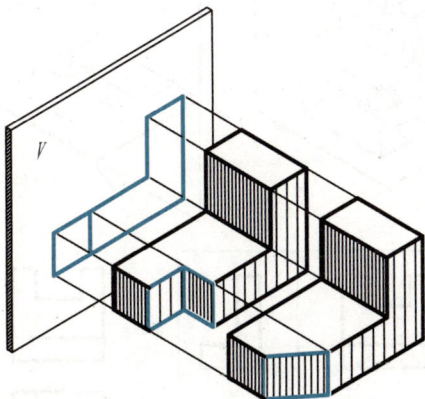

图2-4　不同物体的一个视图相同

用互相垂直的两个平面作投影面，将物体向这两个投影面作正投影，这两个正投影联合起来能表达物体长、宽、高三个方向的尺寸。一般情况下，两个视图能表达清楚物体的形状，但有些物体用两个视图也不能准确地表达其形状，如图2-5所示。

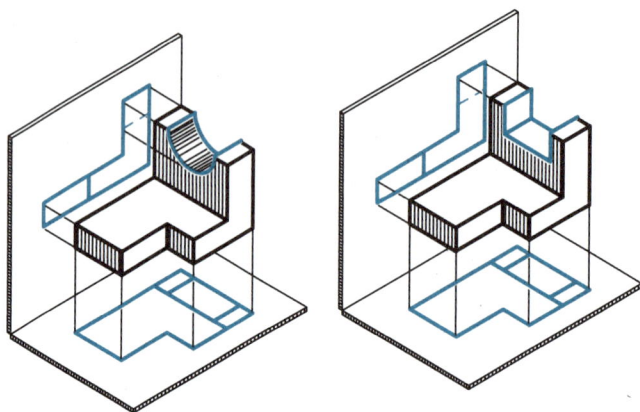

图2-5　不同物体的两个视图相同

为了唯一确定物体的形状和大小，必须采用多面投影，通常画出物体的两个或三个视图，每个视图表示物体的一个方面，几个视图配合起来就能全面、准确地表达物体的形状。

用互相垂直的三个面V、H、W作投影面，将物体向三个投影面分别作正投影，得到的三个视图称为三视图，三个投影面的交线称为投影轴，用OX、OY、OZ表示。三视图的形成过程如下。

（1）将物体放入由V、H、W三个面组成的投影体系中，用正投影的方法分别得到物体的三个投影，在V面上的投影称为主视图，在H面上的投影称为俯视图，在W面上的投影称为左视图。

（2）拿走物体，保持V面不动，将H面绕X轴向下旋转90°，W面绕Z轴向后旋转90°，使H面、W面和V面展平到一个平面内。

（3）通常不画投影面和投影轴，根据图纸的大小调整三个视图的相对位置，如图2-6所示。

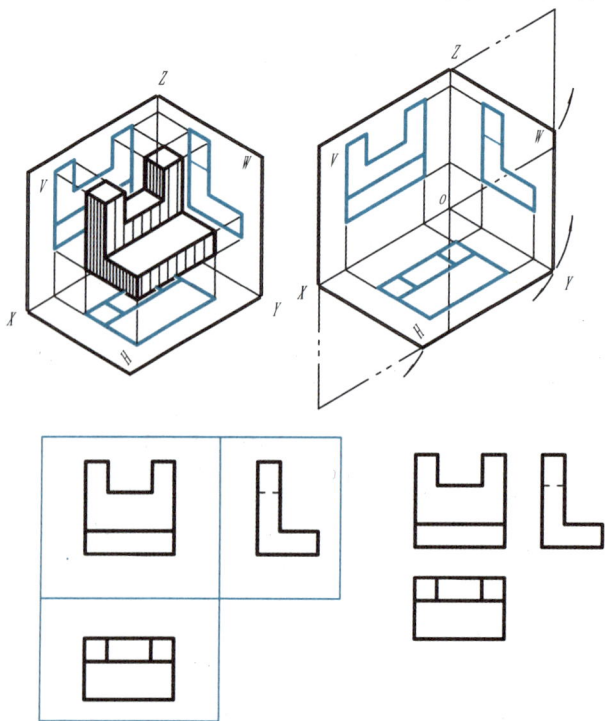

图2-6　三视图的形成

2.1.5 三视图的投影规律

主视图反映了物体长度方向（X方向）和高度方向（Z方向）的尺寸；俯视图反映了物体宽度方向（Y方向）和长度方向的尺寸；左视图反映了物体高度方向和宽度方向的尺寸。因此，三视图存在如下投影规律：

（1）主视图和俯视图长对正。

（2）主视图和左视图高平齐。

（3）俯视图和左视图宽相等。

"长对正、高平齐、宽相等"反映了三视图的内在联系，不仅物体的总体尺寸要符合上述规律，物体上的每一个形体、平面、直线、点也都要符合上述规律，如图2-7所示。

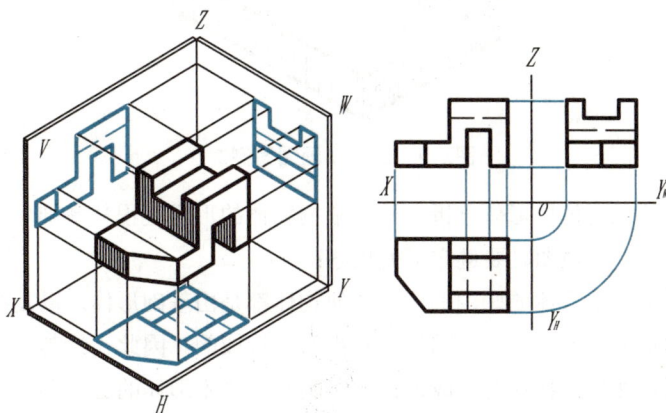

图2-7　三视图的投影规律

2.1.6 三视图中图线的绘制

三视图中，可见的棱线和轮廓线用粗实线绘制，不可见的棱线和轮廓线用细虚线绘制，回转曲面的轴线、圆的中心线、视图的对称轴线用细点划线绘制，如图2-8所示。

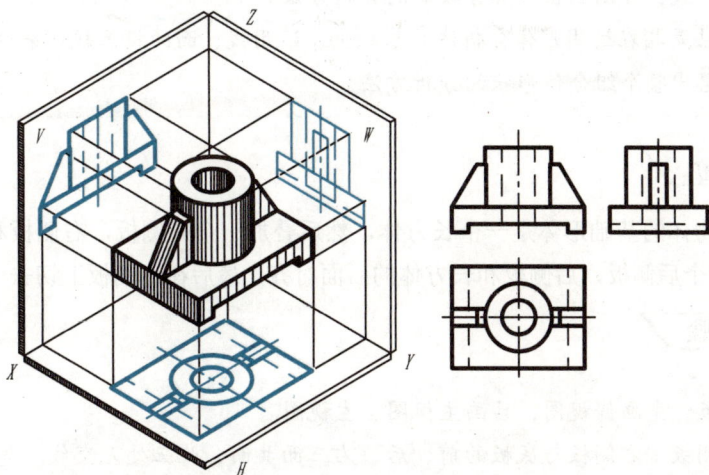

图2-8　三视图中图线的绘制

2.1.7　绘制三视图案例

案例 2-1

根据图2-9所示物体的轴测图，绘制其三视图。

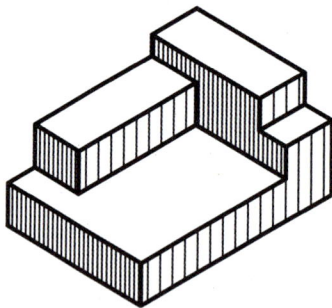

图2-9　三视图画图案例2-1

画图之前首先要对物体作形体分析，然后根据物体的形成过程从基础形体入手，由大到小逐步完成。所以，绘制三视图时要遵守下列顺序：

（1）组成物体的基本形体的画图顺序。任何物体都是由基础形体，以及在基础形体上叠加或切割的其他基本形体（如长方体、圆柱、圆锥等）构成的。因此，绘制三视图时，要先绘制基础形体的三视图，然后按物体的形成过程，绘制其他基本形体的三视图，将一个基本形体的三视图绘制完成后，再绘制下一个基本形体的三视图。

（2）同一个形体三个视图的画图顺序。三个视图中要先绘制形状特征最明显的那个视图，然后根据"长对正、高平齐、宽相等"的规律绘制其他两个视图。

> **小贴士**
>
> 形体分析法是指根据组合体的形状将其分解成若干部分，弄清各部分的形状和它们的相对位置及组合方式，分别画出各部分投影的分析方法。
>
> 线面分析法是指在运用形体分析法的基础上，运用线、面的投影规律来分析形体表面的投影，从而构思出整个组合体形状的分析方法。

形体分析

案例2-1中物体的基础形体是一个长方体，然后叠加一个右侧板，右侧板和长方体的右面对齐，再叠加一个后侧板，后侧板和长方体的后面对齐，最后在右侧板上切去一角。

画图步骤

（1）画底板。先画俯视图，后画主视图、左视图。

（2）画右侧板。右侧板与底板的前、后、右三面共面，此三处无交线。先画主视图，后画俯视图、左视图。

（3）画后侧板。后侧板与底板的后面共面，和右侧板不等高。先画主视图，后画俯视图、左视图。

（4）画右侧板切角。先画左视图，后画主视图、俯视图。

（5）检查，擦去多余图线，加深图线，完成全图。

案例2-1画图步骤如图2-10所示。

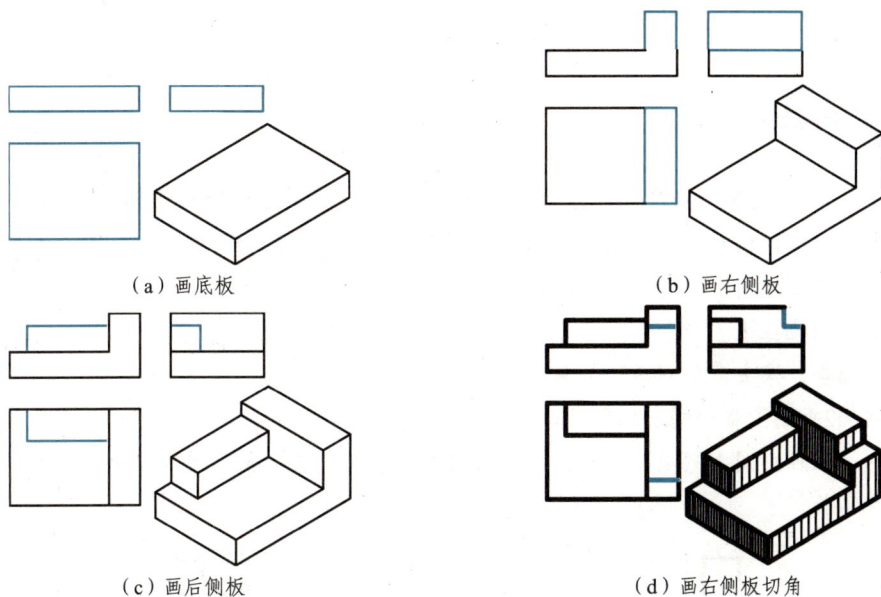

（a）画底板

（b）画右侧板

（c）画后侧板

（d）画右侧板切角

图2-10 案例2-1画图步骤

案例 2-2

如图2-11所示，已知物体的主视图，参考其轴测图，补画其俯视图、左视图。

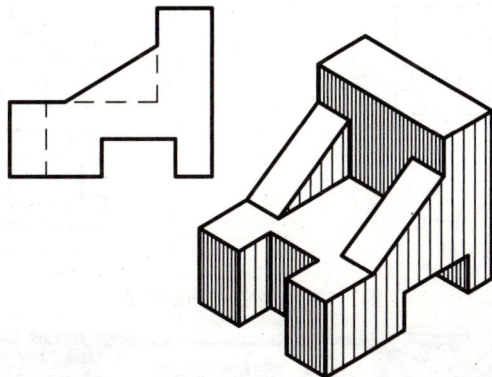

图2-11 三视图画图案例2-2已知条件

形体分析

案例2-2中物体的基础形体是一个L形立体，在左侧和下部各切去一个矩形通槽，再叠加两个三棱柱板，如图2-12所示。由主视图可以知道长和高两个方向的尺寸，宽度方向的尺寸要从立体图上测量。

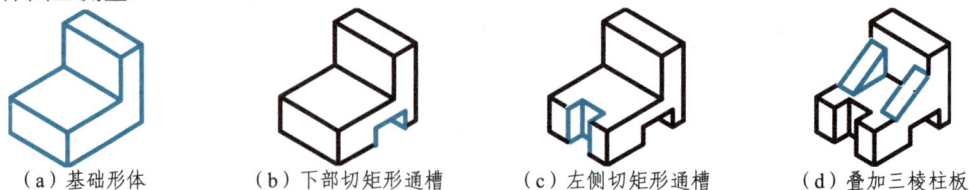

| （a）基础形体 | （b）下部切矩形通槽 | （c）左侧切矩形通槽 | （d）叠加三棱柱板 |

图2-12　案例2-2形体分析

画图步骤

（1）画基础形体。高度和长度尺寸与主视图对齐，宽度尺寸从立体图上测量。

（2）画下部切槽和左侧切槽。下部切槽先画主视图，左侧切槽先画俯视图。主视图上有的尺寸不要从立体图上测量，没有的尺寸从立体图上测量。

（3）画三棱柱板。

（4）检查，擦去多余图线，加深图线，完成全图。

案例2-2画图步骤如图2-13所示。

注意，从轴测图上测量尺寸时，必须沿投影轴方向测量，轴测图上和投影轴不平行的线段不反映实长。

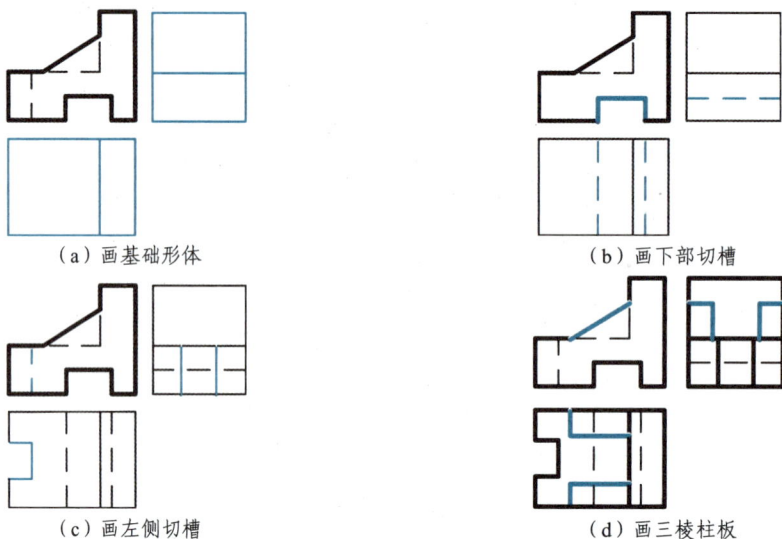

| （a）画基础形体 | （b）画下部切槽 |
| （c）画左侧切槽 | （d）画三棱柱板 |

图2-13　案例2-2画图步骤

案例2-3

根据图2-14所示物体的轴测图，绘制其三视图。

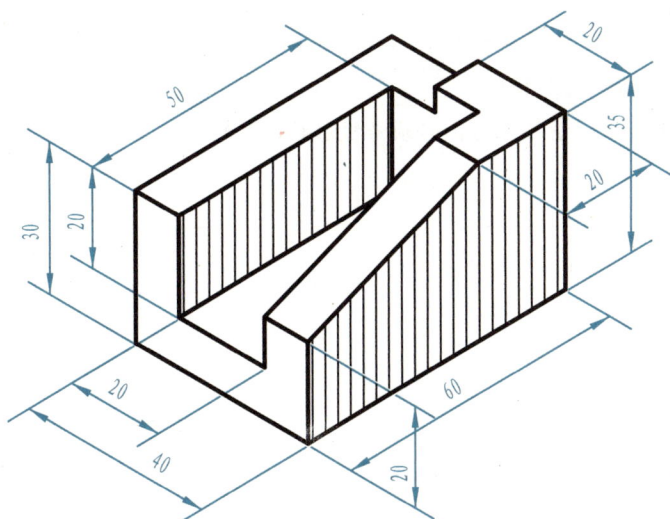

图2-14 三视图画图案例2-3

📖 **形体分析**

案例2-3中物体是由一个长方体经四步切割而成，先切割一个长方体的槽，再用两个平面切去一个角，最后切去一个三棱柱角，如图2-15所示。

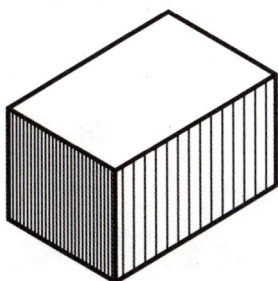

（a）长方体

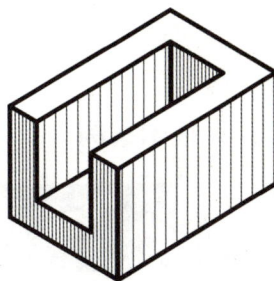

（b）切割长方体的槽

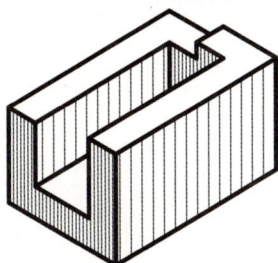

（c）两个平面切去一个角

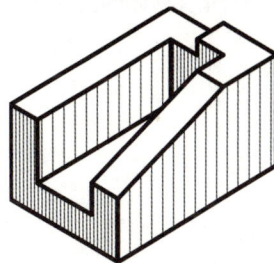

（d）切去一个三棱柱角

图2-15 案例2-3形体分析

⚙️ **画图步骤**

（1）画基础图形。依次画长方体的主视图、左视图、俯视图。

（2）画长方体切槽。先画俯视图，再画左视图和主视图。

（3）画切角。先画左视图，再画俯视图和主视图。

（4）画三棱柱切角。先画主视图，再画俯视图和左视图。

案例2-3画图步骤如图2-16所示。

注意，从轴测图上测量尺寸时，必须沿投影轴方向测量，轴测图上和投影轴不平行的线段不反映实长。

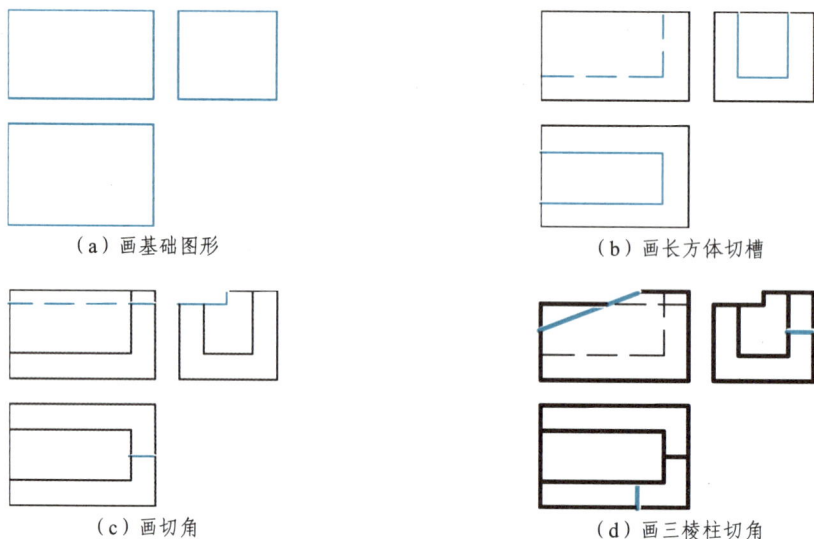

（a）画基础图形　　　　　　　　　　　　（b）画长方体切槽

（c）画切角　　　　　　　　　　　　（d）画三棱柱切角

图2-16　案例2-3画图步骤

2.1.8　读三视图案例

案例2-4

根据图2-17所示物体的三视图，想象物体的形状，并分析物体的形成过程（形体分析）。

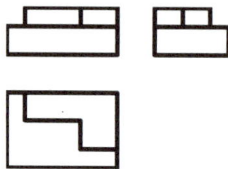

图2-17　读三视图案例2-4

形体分析

案例2-4中物体的基础形体是一个长方体底板，从俯视图上看，在长方体底板上又叠加了一个L形的板，L形板的后面和底板的后面共面，L形板的右面和底板的右面共面。

读图过程

（1）从俯视图上的长方形看，"长对正"到主视图上对应一个矩形，再从主视图"高平齐"到左视图，从俯视图"宽相等"到左视图均对应一个矩形，可以想象得出是个长方体底板，如图2-18（a）所示。

（2）从俯视图上的L形看，"长对正"到主视图上，"高平齐"和"宽相等"到左视图上，可以想象得出是个L形的板，如图2-18（b）所示。

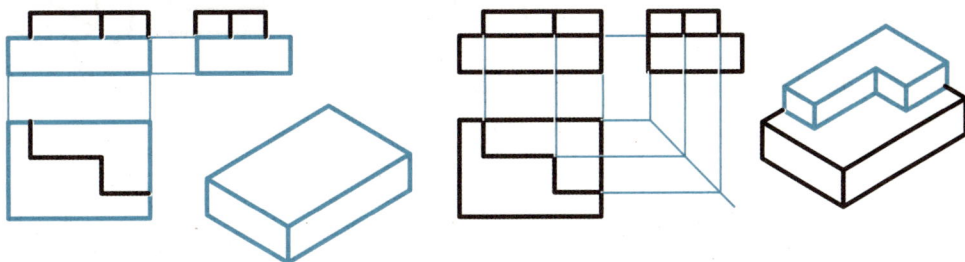

（a）基础形体　　　　　　　　　　　　　　　（b）叠加L形板

图2-18　案例2-4读图过程

案例 2-5

根据图2-19所示物体的三视图，想象物体的形状，并分析物体的形成过程（形体分析）。

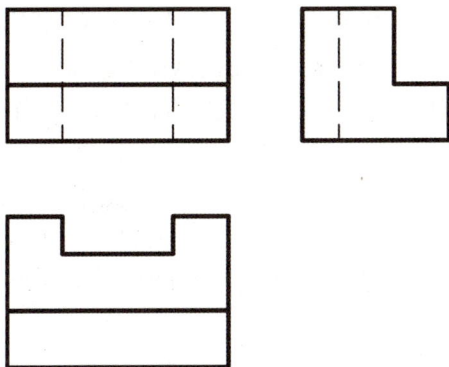

图2-19　读三视图案例2-5

形体分析

案例2-5中物体的基础形体是一个长方体，从左视图上看，在长方体上切去了一个长方体的角，从俯视图上看，在长方体的后面切去了一个长方体的槽。

读图过程

（1）从三个视图上看，基础形体是个长方体，如图2-20（a）所示。

（2）从左视图上看，在长方体上切去了一个长方体的角，"高平齐"到主视图上对应一条线，"宽相等"到俯视图上也对应一条线，如图2-20（b）所示。

（3）从俯视图上看，在长方体上切去了一个槽，"长对正"到主视图上对应两条细虚线，"宽相等"到左视图上对应一条细虚线，如图2-20（c）所示。

（a）基础形体　　　　　　　　（b）切去一个角　　　　　　　　（c）切去一个槽

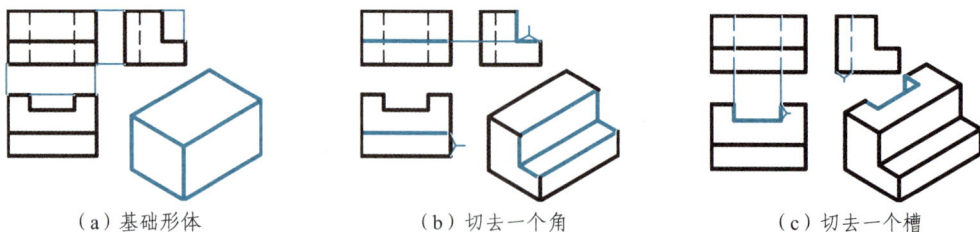

图2-20　案例2-5读图过程

2.2 点、直线、平面的投影

2.2.1 点的投影

空间点对于由 V、H 和 W 面组成的投影体系有如下三种位置关系：

（1）当点的 x、y、z 坐标均不为零时，点的三面投影均落在投影面内。

（2）当点的 x、y、z 坐标有一个为零时，空间点在投影面上，其两个投影落在投影轴上，特别要注意的是，当点在 H 面上时，其 W 面的投影落在 Y 轴上，当按三视图的形成方法展开投影体系时，其 W 面的投影随 Y 轴一起绕 Z 轴向后旋转落在 Y_W 轴上。

（3）当点的 x、y、z 坐标有两个为零时，空间点在投影轴上，其一个投影与原点重合，如图2-21所示。

无论点在空间中处于什么位置，其三面投影仍然遵守"长对正、高平齐、宽相等"的投影规律。

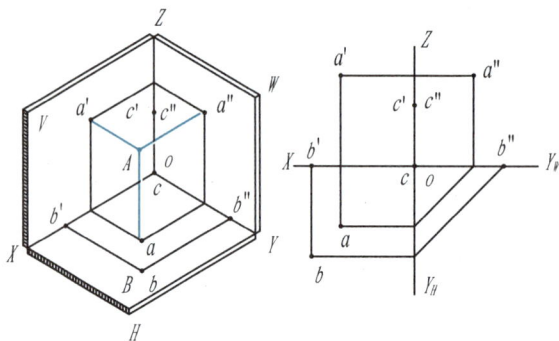

图2-21　点的投影

2.2.2 直线的投影

空间直线对投影面有三种位置关系：平行、垂直和倾斜（一般位置）。

1. 投影面平行线

若空间直线平行于一个投影面，倾斜于其他两个投影面，这样的直线称为投影面平行线。平行于 V、H、W 面的直线分别称为正平线、水平线和侧平线。投影面平行线在其平行的投影面上的投影反映实长，在其他两个投影面上的投影垂直于相应的投影轴，且投影线段的长小于空间线段的实长。如果直线和V、H、W面的夹角分别定义为α、β和γ，则直线和其平行的投影面的夹角为0°，和其他两个投影面的夹角在其平行的投影面上反映真实大小。投影面平行线见表2-1所列。

表2-1　投影面平行线

正平线	水平线	侧平线

2. 投影面垂直线

若空间直线垂直于一个投影面，则必平行于其他两个投影面，这样的直线称为投影面垂直线。垂直于V、H、W面的直线分别称为正垂线、铅垂线和侧垂线。投影面垂直线在其垂直的投影面上的投影积聚为一个点，在其他两个投影面上的投影垂直于相应的投影轴，且反映实长。投影面垂直线见表2-2所列。

表2-2　投影面垂直线

正垂线	铅垂线	侧垂线

3. 一般位置直线

一般位置直线相对于三个投影面均处于倾斜位置，其三个投影和投影轴倾斜，且投影线段的长小于空间线段的实长，从投影图上也不能直接反映出空间直线和投影平面的夹角。一般位置直线如图2-22所示。

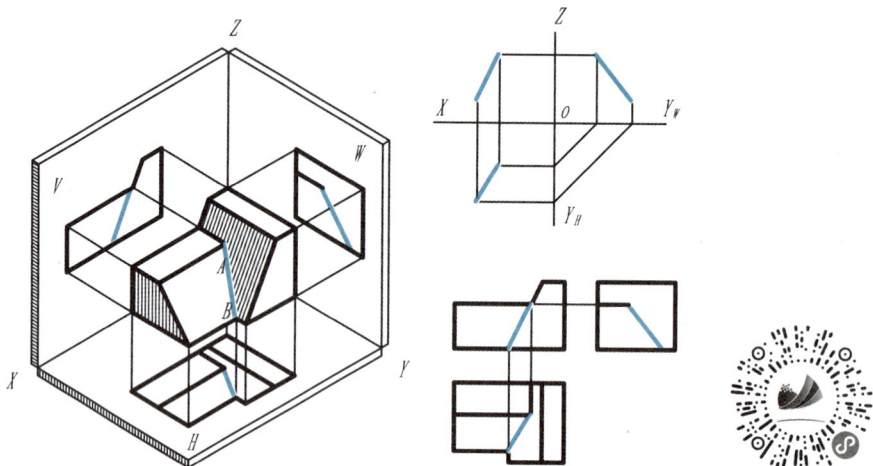

图2-22　一般位置直线

2.2.3　平面的投影

空间平面对投影面有三种位置关系：平行、垂直和倾斜（一般位置）。

1. 投影面平行面

若空间平面平行于一个投影面，则必垂直于其他两个投影面，这样的平面称为投影面平行面。平行于V、H、W面的平面分别称为正平面、水平面和侧平面。投影面平行面在其平行的投影面上的投影反映实形，在其他两个投影面上的投影积聚成一条直线，且平行于相应的投影轴。投影面平行面和其平行的投影面的夹角为0°，和其他两个投影面的夹角为90°。投影面平行面见表2-3所列。

表2-3　投影面平行面

正平面	水平面	侧平面

（续表）

正平面	水平面	侧平面

2. 投影面垂直面

若空间平面垂直于一个投影面，而倾斜于其他两个投影面，这样的平面称为投影面垂直面。垂直于 V、H、W 面的平面分别称为正垂面、铅垂面和侧垂面。投影面垂直面在其垂直的投影面上的投影积聚成一条直线，该直线和投影轴的夹角反映了空间平面和其他两个投影面所成的二面角，在其他两个投影面上的投影为类似形。投影面垂直面见表2-4所列。

表2-4　投影面垂直面

正垂面	铅垂面	侧垂面

3. 一般位置平面

若空间平面和三个投影面均处于倾斜位置，这样的平面称为一般位置平面。一般位置平面在三个投影面上的投影均为类似形，在投影图上不能直接反映空间平面和投影面所成的二面角。一般位置平面如图2-23所示。

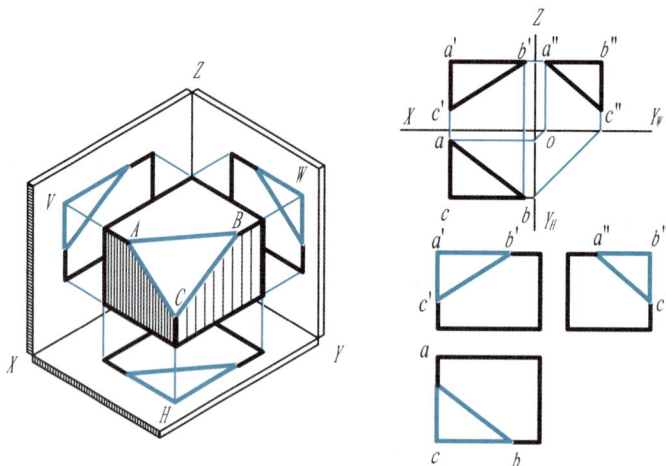

图2-23 一般位置平面

2.3 点、线、面的投影规律在绘制三视图中的应用案例

案例 2-6

如图2-24所示，已知物体的主视图和左视图，分析物体上的平面对投影面的位置关系，想象物体的形状，补画出俯视图。

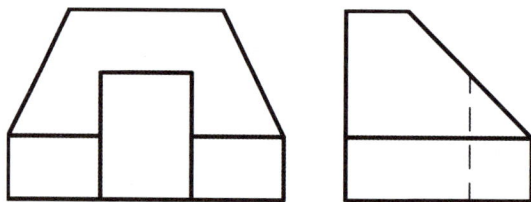

图2-24 案例2-6已知条件

形体分析

首先想象其基础形体，案例2-6中物体的基础形体是长方体，然后由主视图上两条斜线可知，在长方体上用两个正垂面切去左右两个角，由左视图上的斜线可知，在长方体上用一个侧垂面切去上前方的一个角，最后切去一个矩形竖槽，竖槽和侧垂面产生了交线，如图2-25所示。

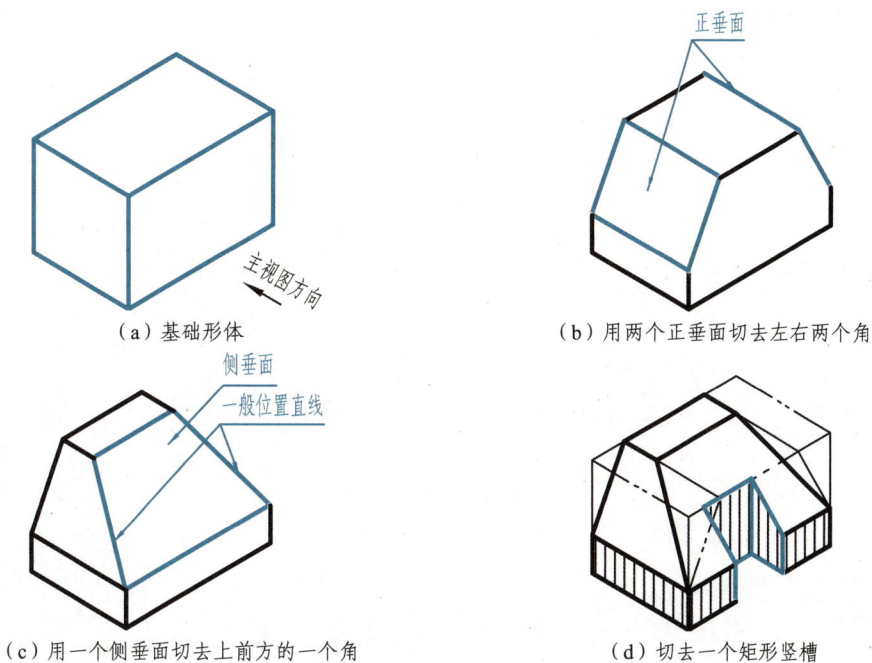

正垂面

（a）基础形体

主视图方向

（b）用两个正垂面切去左右两个角

侧垂面

一般位置直线

（c）用一个侧垂面切去上前方的一个角

（d）切去一个矩形竖槽

图2-25　案例2-6形体分析

画图步骤

补画俯视图时，先画长方体的俯视图，然后画左右切角后的俯视图，再画上前方切角后的俯视图，最后画矩形竖槽的俯视图。补画的俯视图如图2-26所示。

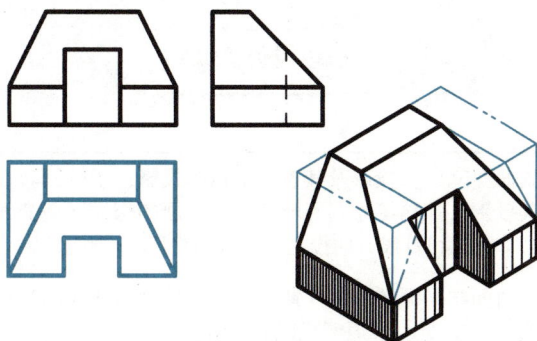

图2-26　补画的俯视图

在线测试

第 3 章

立体及其表面交线

教学导航

		教学内容	作业
学习目标		能绘制基本曲面立体的投影及其表面上点的投影；了解回转曲面对投影面的转向轮廓线的概念及其投影；能熟练绘制回转曲面与平面的交线（截交线）的投影；能熟练绘制曲面与曲面的交线（相贯线）的投影；了解相贯线的简化画法	
重点难点		重点是回转曲面与平面的交线（截交线）和曲面与曲面的交线（相贯线）的性质和投影画法。难点是带有截交线和相贯线的立体视图的画法	
学习指导		学习本章时要注意回转曲面对投影面的转向轮廓线的概念及其在求截交线和相贯线投影过程中的作用，特别是部分截交和部分相贯，要用形体分析法和线面分析法研究截交线和相贯线	
教学安排	第一讲	3.1 基本回转曲面的投影	习题3-1至3-4
	第二讲	3.2 几种常见回转体的截交线	习题3-5至3-12
	第三讲	3.3 截交线绘图案例	习题3-13至3-16
	第四讲	3.4 圆柱相贯线	习题3-17至3-21

3.1 基本回转曲面的投影

3.1.1 圆柱体的投影及其表面上的点

圆柱体的投影如图3-1所示。若圆柱体的轴线垂直于H面，则其俯视图的可见轮廓为圆，这个圆反映了圆柱体上、下底面的实形，也表示圆柱面的俯视图。主视图的可见轮廓为矩形，矩形的上、下两条边为圆柱体的上、下底面的投影，左、右两条边为圆柱面最左、最右两条线素的投影，这两条线素将柱面分为前半个柱面和后半个柱面，前半个柱面可见，后半个柱面不可见，这两条线素称为柱面对V面的转向轮廓线，该转向轮廓线的水平投影积聚到圆的最左点和最右点，W面投影和轴线重合。左视图的可见轮廓虽然和主视图相同，但其左、右两条边的含义和主视图不同，这两条线表示柱面上最前、最后两条线素的投影，这两条线素即柱面对W面的转向轮廓线，该转向轮廓线的水平投影积聚到圆的最前点和最后点，V面投影和轴线重合。

已知柱面上点M的V面投影m'，M点的其他两个投影可以求出来。因为柱面的水平投影积聚成圆，所以点M的水平投影一定在圆上，又因为m'可见（不可见时用圆括号括起来），所以点M的水平投影一定在前半个圆弧上，根据"长对正"即可求出点M的水平投影m，根据"高平齐"和"宽相等"即可求出点M的侧面投影m"，因为点M在左半个柱面上，所以m"可见。

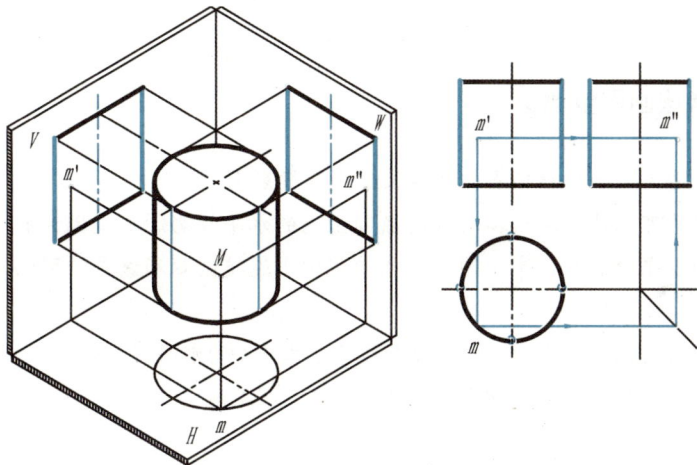

图3-1 圆柱体的投影

3.1.2 圆锥体的投影及其表面上的点

圆锥体的投影如图3-2所示。若圆锥体的轴线垂直于H面，则其俯视图的可见轮廓为圆，这个圆表示圆锥体底面的实形和锥面的投影，锥面上任一线素的投影均为圆的半径。主视图的可见轮廓和左视图的可见轮廓均为等腰三角形，主视图的两腰为锥面对V面的转向轮廓线的投影，该转向轮廓线是正平线，水平投影是平行于X轴的半径，侧面投影和轴线重合。左视图的

两腰为锥面对W面的转向轮廓线的投影，该转向轮廓线是侧平线，水平投影是垂直于X轴的半径，V面投影和轴线重合。

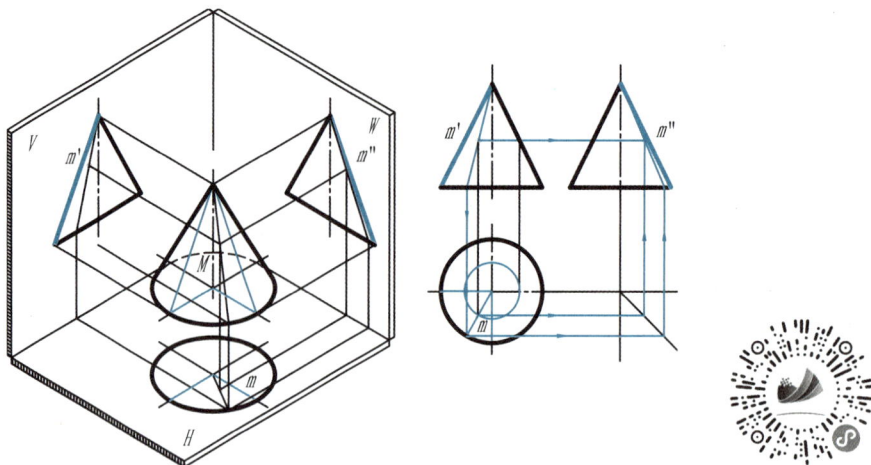

图3-2　圆锥体的投影

已知锥面上点M的V面投影m′，求点M其他两个投影的方法有两种：辅助线素法和辅助圆法。辅助线素法的原理是过锥顶和点M作一条线素，求出该线素的三面投影，点M的投影一定在该线素的投影上；辅助圆法的原理是过点M在锥面上作一个辅助圆，求出该圆的三面投影，点M的投影一定在该圆的投影上。根据m′的可见性和"长对正"即可求出水平投影m，然后由m′和m求出m″。

辅助线素法画图步骤

（1）在主视图上，连接锥顶和m′并延长到底圆投影上。

（2）根据m′的可见性，求出辅助线素底圆上点的水平投影。本例因为m′可见，所以辅助线素底圆上点的水平投影在前半个圆上，在俯视图上连接圆心和该点，得到辅助线素的水平投影。

（3）根据"长对正"和点M从属于辅助线素，求出M的水平投影m。

（4）根据"高平齐"和"宽相等"求出M的侧面投影m″。

3.1.3　圆球体的投影及其表面上的点

圆球体的三个视图均为圆，A、B、C三个圆代表圆球体上三个不同方向的纬圆，是球面对投影面的转向轮廓线，这三个纬圆分别平行于三个投影面。圆球体的投影如图3-3所示。

已知球面上一点M的V面投影m′，如何求出点M的水平投影和侧面投影？可假想用水平面过点M将球面剖切成两个球冠，点M一定在球冠的圆上，圆的水平投影反映实形，画出圆的水平投影后，根据m′的可见性可求出点M的水平投影m（不可见时用括号括起来），由水平投影m和V面投影m′可求出侧面投影m″。

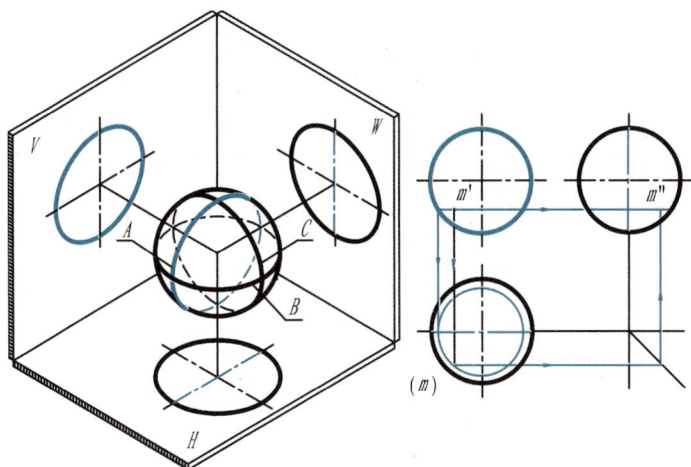

图3-3 圆球体的投影

3.2 几种常见回转体的截交线

当立体被平面截断成两部分时，用来截切立体的平面称为截平面，截平面与立体表面的交线称为截交线，截交线围成的平面图形称为截断面。截交线有以下两个基本性质：

（1）共有性。截交线是截平面和立体表面的共有线。

（2）封闭性。截交线是闭合的平面图形。

3.2.1 圆柱面截交线

圆柱体被平面切割时，圆柱面与平面的截交线有三种情况（见表3-1）：

（1）当截平面与圆柱体的轴线垂直时，截交线为圆。

（2）当截平面与圆柱体的轴线平行时，截交线为矩形。

（3）当截平面与圆柱体的轴线倾斜时，截交线为椭圆。

表3-1 圆柱面与平面的截交线

截平面垂直于轴线	截平面平行于轴线	截平面倾斜于轴线

画图步骤

（1）画出圆柱体被切割之前的三视图。

（2）在截平面垂直于投影面的视图上，确定截平面的位置。因为截平面垂直于该投影面，所以截断面在该投影面上的投影为直线，根据立体图（或模型）确定截平面在该投影面上的投影。

（3）求截交线的其他两个视图。在柱面投影为圆的视图上，截交线的投影和圆重合；在柱面投影不为圆的视图上，根据前两个视图求出该投影面上的视图。如果投影为椭圆，则要先求出椭圆的长、短轴端点的投影，再求出椭圆上的一些一般点的投影，然后用曲线板连成光滑曲线。

（4）整理轮廓线，把切去的轮廓线擦除。

3.2.2 圆锥面截交线

圆锥体被平面切割时，圆锥面与平面的截交线有五种情况（见表3-2）：

（1）当截平面过圆锥体的锥顶时，截交线为等腰三角形。

（2）当截平面垂直于圆锥体的轴线时，截交线为圆。

（3）当截平面与圆锥体轴线所成的夹角大于半锥角时，截交线为椭圆。

（4）当截平面与圆锥体轴线所成的夹角等于半锥角，即截断面与圆锥体的某条素线平行时，截交线为抛物线。

（5）当截平面与圆锥体的轴线平行时，截交线为双曲线。

表3-2 圆锥面与平面的截交线

截平面位置	过锥顶	垂直于轴线	倾斜于轴线（$\alpha > \beta$）	倾斜于轴线（$\alpha = \beta$）	平行于轴线
截交线	直线	圆	椭圆	抛物线	双曲线
轴侧图					
投影图					

注：α为截平面与圆锥体轴线所成的夹角，β为圆锥的半锥角。

画图步骤

（1）画出圆锥体被切割之前的三视图。

（2）根据模型或立体图，确定截断面积聚为直线的投影。

（3）截交线的投影为曲线时，先求特殊点的投影。立体对投影面转向轮廓线上的点和特征点（如椭圆的长、短轴的端点，双曲线的顶点等）称作特殊点。

（4）用辅助线素法和辅助圆法求一般点的投影。一般点指不在转向轮廓线上，也不是特征点的点。

（5）用曲线板连接成光滑曲线。

（6）整理轮廓线，把切去的轮廓线擦除。

3.2.3 圆球面截交线

圆球体被平面切割时，不论截平面处于什么位置，截交线总为圆。当圆球体被投影面平行面切割时，截断面在其平行的投影面上的投影为圆，在其他两个投影面上的投影为直线。当圆球体被投影面垂直面切割时，截断面在其垂直的投影面上的投影为线段，在其他两个投影面上的投影为椭圆。圆球面与平面的截交线见表3-3所列。

表3-3 圆球面与平面的截交线

截平面为水平面	截平面为正平面	截平面为侧平面	截平面为正垂面

3.3 截交线绘图案例

案例 3-1

根据图3-4所示物体的轴测图，绘制其三视图。

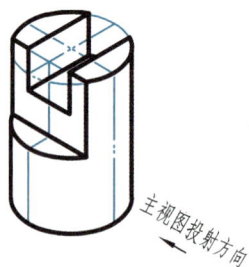

图3-4 圆柱截交线案例3-1轴测图

📘 **形体分析**

案例3-1中物体的基础形体为圆柱体。先用一个侧平面和一个水平面切去一角，侧平面和柱面的交线为线段，水平面和柱面的交线为圆弧；再用两个正平面和一个水平面切去一个矩形槽，矩形槽的侧面和柱面的交线为线段，矩形槽的底面与柱面的交线为圆弧。案例3-1形体分析如图3-5所示。

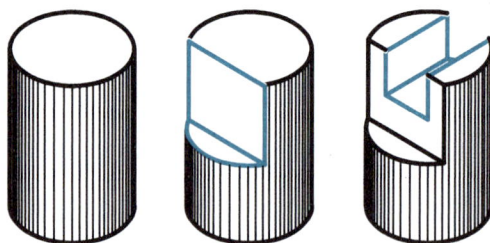

图3-5 案例3-1形体分析

⚙️ **画图步骤**

（1）画出圆柱体被切割之前的三视图。

（2）画切角。切角的投影要先画主视图，再画俯视图，左视图是由主视图和俯视图求出来的。

（3）画矩形切槽。矩形切槽的投影要先画左视图，再画俯视图，主视图是由俯视图和左视图求出来的。

（4）整理轮廓线，把切去的轮廓线擦除。

案例3-1画图步骤如图3-6所示。

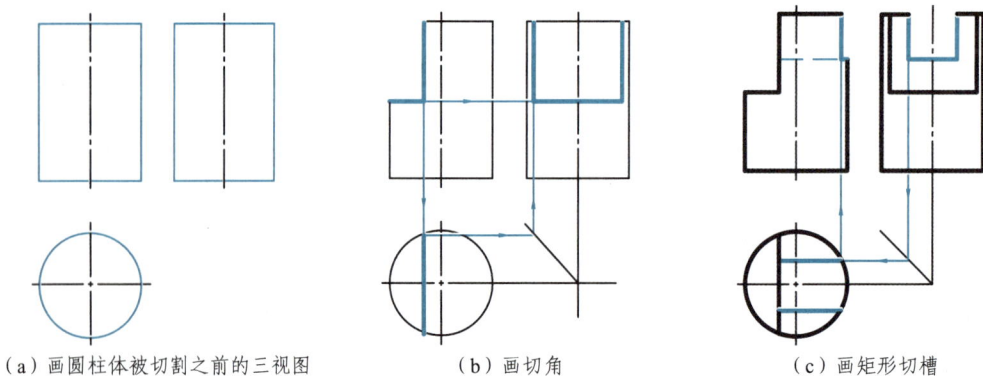

（a）画圆柱体被切割之前的三视图　　　　　（b）画切角　　　　　（c）画矩形切槽

图3-6 案例3-1画图步骤

案例 3-2

根据图3-7所示物体的轴测图，绘制其三视图。

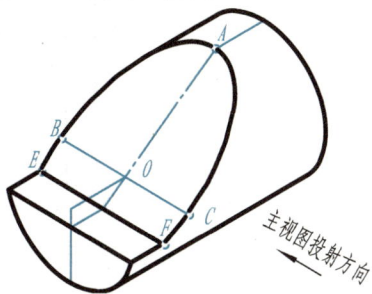

图3-7 圆柱截交线案例3-2轴测图

形体分析

案例3-2中物体的基础形体为圆柱体，分别用一个水平面和一个正垂面切去一角。水平面和柱面的交线为线段，截断面形状为矩形。正垂面和柱面的交线为椭圆弧，椭圆弧的圆心为点O，点O在圆柱体的轴线上，椭圆弧长轴的端点为点A，点A在柱面最上边的线素（柱面对V面的转向轮廓线）上，椭圆弧短轴的端点为点B和点C，点B、点C在柱面最后边和最前边的线素（柱面对H面的转向轮廓线）上，点E、点F是椭圆弧的端点，也是水平截断面和柱面交线的端点。

画图步骤

（1）画出圆柱体被切割之前的三视图。

（2）根据轴测图在主视图上确定截断面的位置。

（3）画左视图。水平矩形截断面的左视图为直线，椭圆弧截交线的左视图为圆弧。

（4）由主视图和左视图画俯视图。椭圆弧的俯视图仍为椭圆弧，可先求出椭圆弧上特殊点（转向轮廓线上的点和曲线段的端点）的水平投影，再求出一些一般点的水平投影，求一般点的水平投影时可利用对称性求出对称点，然后用曲线板光滑连接各投影点。

（5）整理轮廓线。圆柱对H面的转向轮廓线从椭圆弧短轴端点点B、点C往左部分被切除，只保留了点B、点C往右部分。

案例3-2画图步骤如图3-8所示。

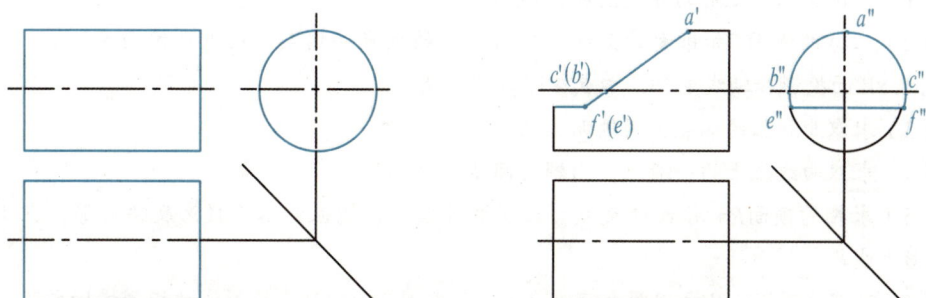

（a）画圆柱体被切割之前的三视图　　　　（b）根据轴测图确定截断面的位置并画左视图

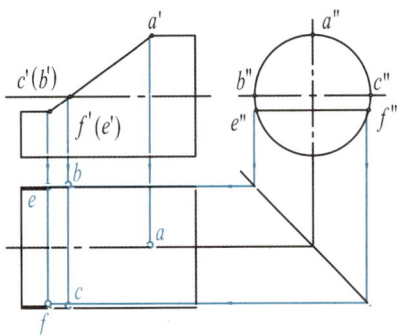

（c）求椭圆弧上特殊点的水平投影　　　　　　（d）求椭圆弧上一般点的水平投影，整理轮廓线

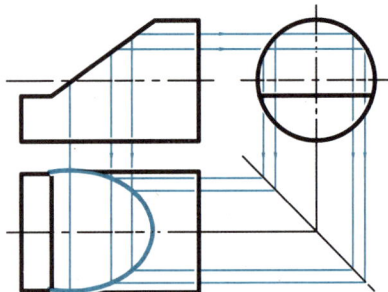

图3-8　案例3-2画图步骤

案例 3-3

如图3-9所示，已知圆台切矩形槽后的主视图，参考轴测图，补画俯视图和左视图。

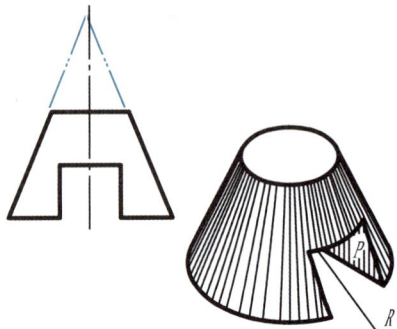

图3-9　圆锥截交线案例3-3已知条件

形体分析

矩形槽的侧面P为侧平面，并和圆锥的轴线平行，因此，P平面和锥面的交线为双曲线段，并且侧面投影反映实形；矩形槽的上面R为水平面，并和圆锥的轴线垂直，因此，R平面和锥面的交线为圆弧，并且水平投影反映实形，圆弧的半径可从主视图上求得。

画图步骤

（1）画圆台切槽之前的左视图和俯视图。

（2）求槽的侧面P和锥面的交线（双曲线）的顶点和端点，顶点在锥面对V面的转向轮廓线上，W面投影和轴线重合，端点在圆台的底圆上。

（3）求双曲线弧的端点，用辅助圆法。

（4）求双曲线弧上的一般点，用辅助圆法。

（5）求槽的顶面R和锥面的交线。该交线为圆弧，圆弧的水平投影反映实形，在W面上的投影为线段。

（6）整理轮廓线。从主视图上可以看出，锥面对W面的转向轮廓线被矩形槽切去了一段。

圆台的底圆也被切去了一段圆弧，因此，俯视图不再是完整的圆。

案例3-3画图步骤如图3-10所示。

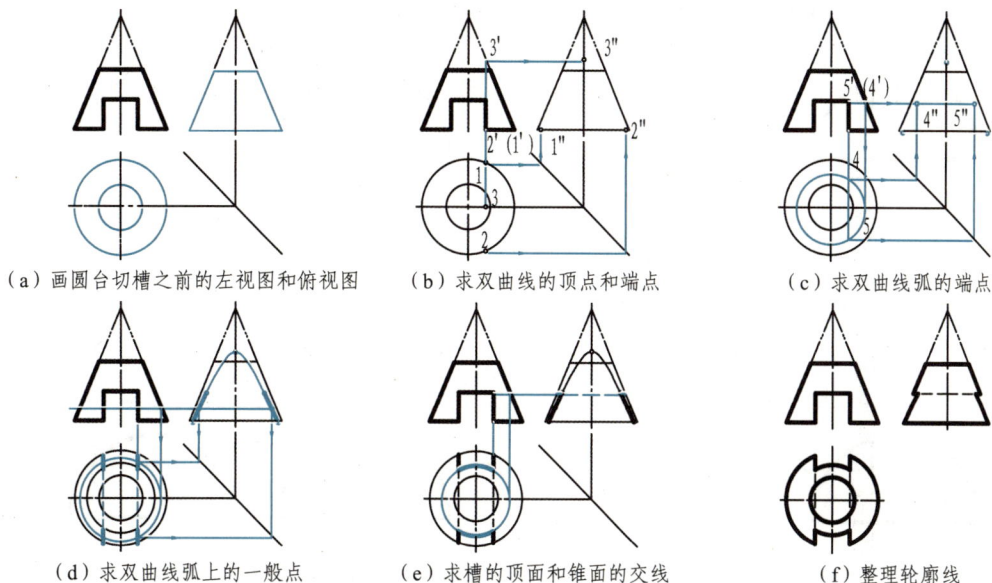

（a）画圆台切槽之前的左视图和俯视图　　（b）求双曲线的顶点和端点　　（c）求双曲线弧的端点

（d）求双曲线弧上的一般点　　（e）求槽的顶面和锥面的交线　　（f）整理轮廓线

图3-10　案例3-3画图步骤

案例 3-4

如图3-11所示，已知半圆球切矩形槽后的主视图，参考轴测图，补画俯视图和左视图。

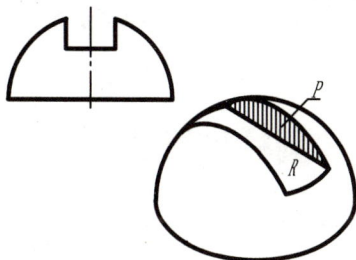

图3-11　球面截交线案例3-4已知条件

形体分析

矩形槽的侧面P、底面R和球面的交线均为圆弧。侧面P和球面的交线在W面上的投影反映实形，水平面投影积聚成线段；底面R和球面的交线在H面上的投影反映实形，侧面投影积聚成线段。

画图步骤

（1）画半球被切割之前的左视图和俯视图。

（2）求槽侧面P和球面交线圆弧的投影。先画左视图(半径为R1)，后画俯视图。

（3）求槽的底面R和球面交线圆弧的投影。先画俯视图(半径为R2)，后画左视图。

（4）判断可见性，整理轮廓线。

案例3-4画图步骤如图3-12所示。

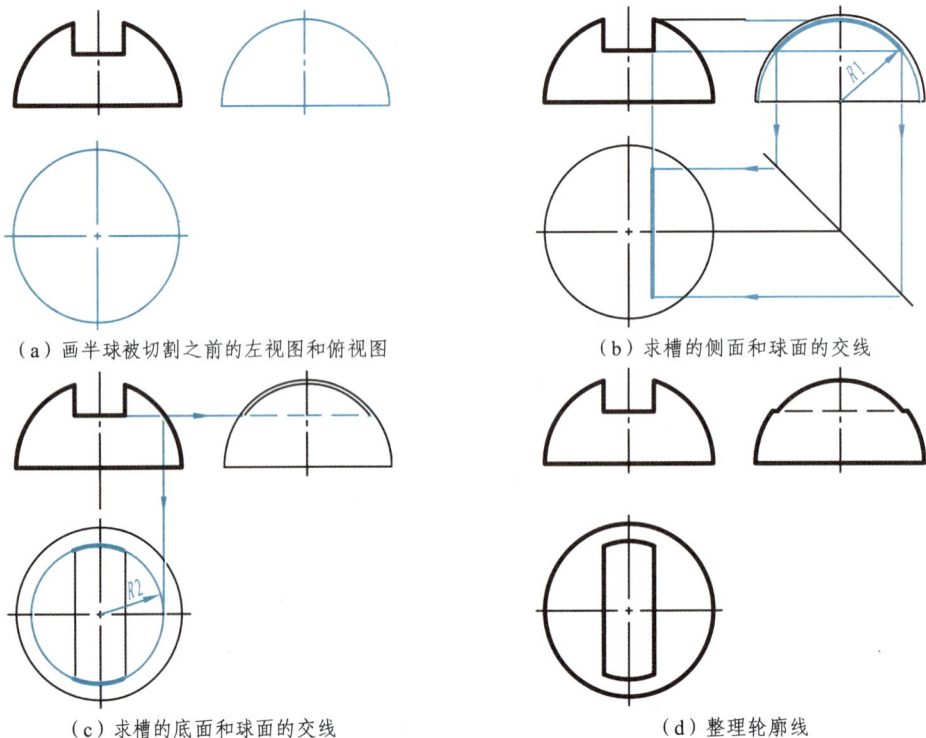

（a）画半球被切割之前的左视图和俯视图

（b）求槽的侧面和球面的交线

（c）求槽的底面和球面的交线

（d）整理轮廓线

图3-12　案例3-4画图步骤

3.4　圆柱相贯线

3.4.1　圆柱相贯线概述

圆柱面和圆柱面的轴线垂直相交时称为正交。两圆柱正交时，相贯线有两个对称面，相贯线在两个柱面反映圆的视图上的投影为圆和圆弧，在两个柱面不反映圆的视图上的投影为曲线。两圆柱正交时，相贯线按柱面的可见性分为外圆柱与外圆柱相贯、外圆柱与内圆柱相贯、内圆柱与内圆柱相贯三种（见表3-4）。绘制两圆柱相贯线的方法有利用投影的积聚性表面取点法、简化画法和模糊画法。

表3-4 两圆柱正交时相贯线的种类

外圆柱与外圆柱相贯	外圆柱与内圆柱相贯	内圆柱与内圆柱相贯

3.4.2 两圆柱正交时相贯线的简化画法

为了简化作图，可以采用简化画法绘制两圆柱正交相贯线的投影，即用圆弧代替非圆曲线。如图3-13（a）所示，在画出两圆柱的三视图之后，主视图上的相贯线，用过a'、d'（c'）和b'三点的圆弧代替相贯线。由于圆弧$a'b'c'$和圆弧abc的弦长和弓高相等，所以两圆弧全等。圆弧$a'b'c'$的半径等于大圆柱的半径R，圆心在小圆柱的轴线上，如图3-13（b）所示。

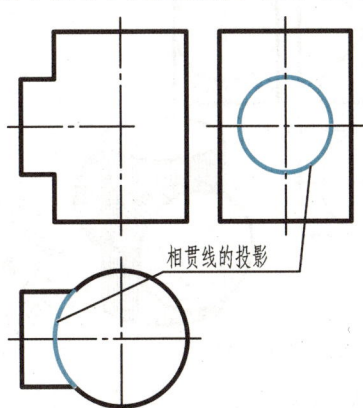

相贯线的投影

（a）柱面投影有聚集性视图上的相贯线投影

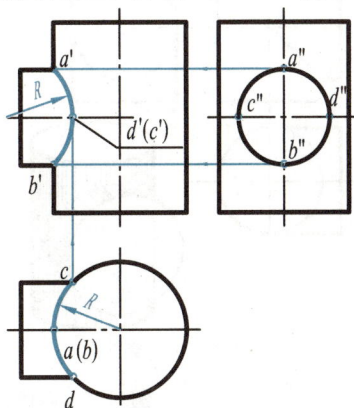

（b）过a'、d'（c'）、b'三点的圆弧和
过c、$a(b)$、d三点的圆弧全等

图3-13 两圆柱正交时相贯线的简化画法

3.4.3 相贯线的模糊画法

柱面与柱面偏交（轴线相交，但不垂直）、或柱面与组合曲面相交时，在不致引起误解的情况下，相贯线可采用图3-14所示的模糊画法。需要注意的是，采用模糊画法不能影响相贯体的形状、大小和相对位置，也不能产生分离的图形，以免给读图带来困难。

（a）相贯线的模糊画法一　　　　　　　（b）相贯线的模糊画法二

（c）相贯线的模糊画法三　　　　　　　（d）相贯线的模糊画法四

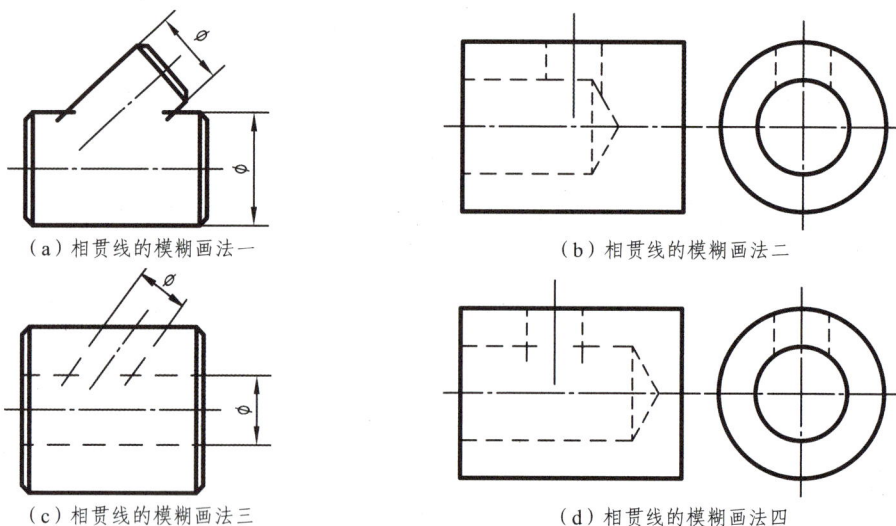

图3-14　相贯线的模糊画法

3.4.4　两圆柱正交时的特殊情况

当两个圆柱的直径相等时，相贯线将由空间曲线变为平面曲线，曲线形状是椭圆弧或椭圆，如图3-15所示。椭圆平面是正垂面，和水平面成45°角，两个椭圆在V面上的投影聚积成直线，在其他两个投影面上的投影为圆或圆弧。

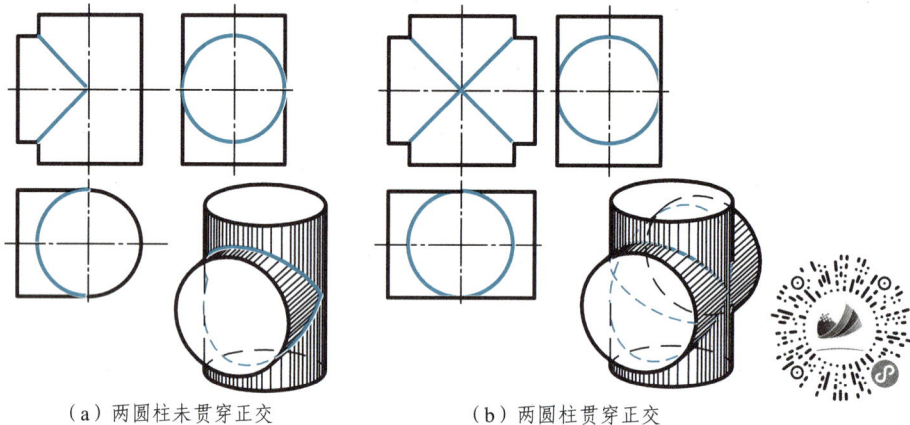

（a）两圆柱未贯穿正交　　　　　　　（b）两圆柱贯穿正交

图3-15　两圆柱正交时的特殊情况

3.4.5　相贯线绘图案例

案例 3-5

如图3-16所示，已知俯视图和左视图，参考轴测图，补画主视图。

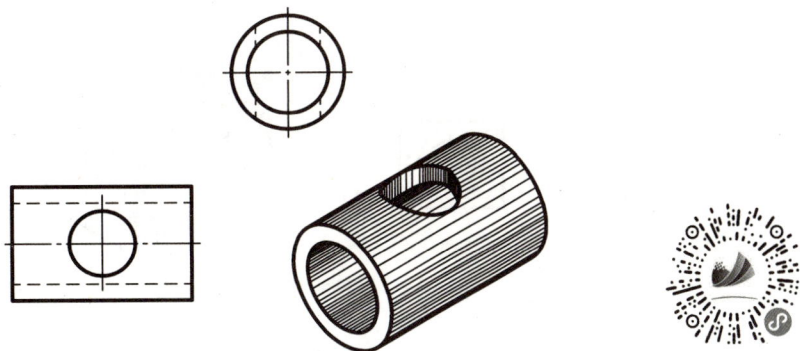

图3-16 圆柱相贯线案例3-5已知条件

形体分析

案例3-5中物体的基础形体为水平放置的圆柱筒，在圆柱筒上钻了一个孔，钻孔的直径小于圆筒的内径，钻孔和圆筒的内、外圆柱面共产生四条相贯线，在主视图上孔和孔的相贯线不可见。当两个柱面的直径不相等时，可以采用圆弧绘制相贯线的V面投影。

画图步骤

（1）画圆柱筒和钻孔的轮廓线。

（2）找出相贯线在H面和W面的投影，画相贯线的V面投影。钻孔和圆筒外圆柱面的相贯线用半径R1绘制，钻孔和圆筒内圆柱面的相贯线用半径R2绘制。

（3）判断可见性，整理轮廓线。圆筒内、外圆柱面对V面的转向轮廓线被钻孔切断，钻孔对V面的转向轮廓线只有圆筒壁之间的一段，孔内没有转向轮廓线。

案例3-5画图步骤如图3-17所示。

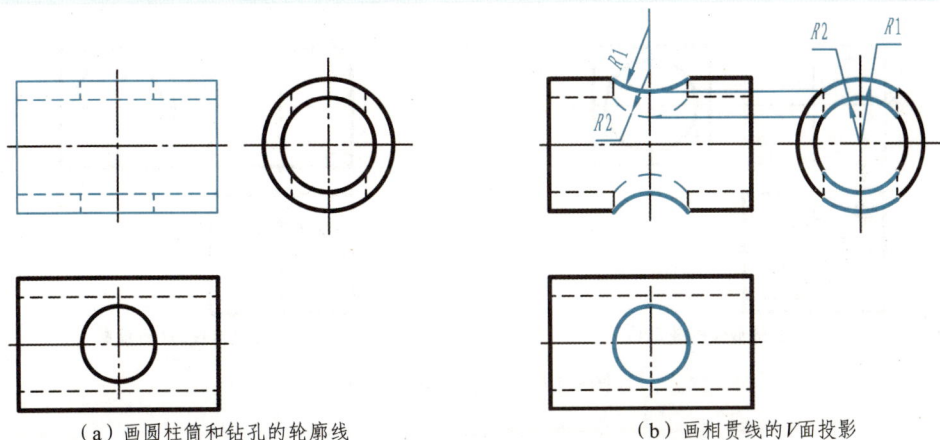

（a）画圆柱筒和钻孔的轮廓线　　　　　　（b）画相贯线的V面投影

图3-17 案例3-5画图步骤

案例 3-6

如图3-18所示，已知俯视图和左视图，参考轴测图，补画主视图。

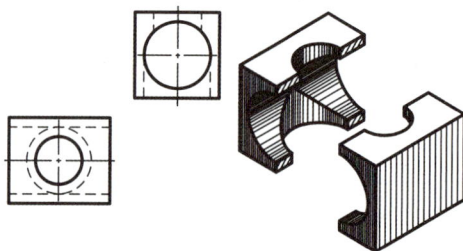

图3-18　圆柱相贯线案例3-6已知条件

形体分析

　　案例3-6中物体的基础形体是一个长方体，先在长方体上水平钻一个通孔，然后从上向下钻一个细孔，和水平孔钻通，再从下向上钻一个和水平孔直径相等的孔。两直径相等的内圆柱面相交产生的相贯线是两段椭圆弧，V面投影积聚为直线且不可见，两个直径不相等的内圆柱面相交，相贯线的V面投影可以用圆弧绘制。

画图步骤

　　（1）画基础形体的轮廓线。水平圆柱孔内没有垂直圆柱孔的转向轮廓线，垂直圆柱孔内也没有水平圆柱孔的转向轮廓线。

　　（2）画相贯线的V面投影。先找出相贯线的水平投影和侧面投影，再画相贯线的V面投影，用圆弧画相贯线时，圆弧的半径等于两个相交圆柱面中大圆柱的半径R。

　　（3）判断可见性，整理轮廓线。

　　案例3-6画图步骤如图3-19所示。

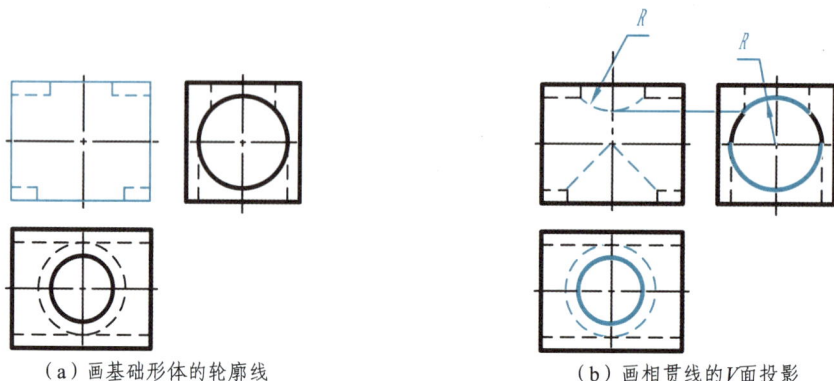

（a）画基础形体的轮廓线　　　　　　　　（b）画相贯线的V面投影

图3-19　案例3-6画图步骤

在线测试

第4章

组合体

学习目标	能利用形体分析法和线面分析法绘制组合体的三视图、读组合体的三视图和标注尺寸；熟练掌握形体分析法在画图、读图和尺寸标注中的应用
重点难点	重点是形体分析法和线面分析法，难点是读图，特别是对于已知两个视图补画第三个视图的作业，很多同学感到很困难，想象不出物体的形状，或想象出物体的形状而画不出第三视图。究其原因是对形体分析法没有掌握，不会应用形体分析法解决问题。要想把尺寸标注的正确、完整、清晰、合理也不是一件容易的事情
学习指导	形体分析法的实质是将物体按形成过程分解为一些基本形体，画图时要按物体的形成过程逐个绘制这些基本形体的视图，还要注意形体和形体之间的关系，如相切、相贯等。读图时要抓住主要形体，可以忽略一些细节，只有想象出主要形体，一些细节结构才能有依附，有时还要借助线面分析法对一些关键线面做分析，才能正确理解物体的形状。标注组合体的尺寸也要用形体分析法来标注，先标注基本形体的尺寸，再标注细节结构的尺寸，要站在制造的角度标注尺寸，要这么想：把这个形体制造出来需要几个尺寸？如何测量？不作任何分析看到两条线就标注一个尺寸是错误的标注方法

教学安排		教学内容	习题
	第一讲	4.1 组合体的绘图方法	习题4-1至4-3
	第二讲	4.2 组合体的读图方法	习题4-4至4-6
	第三讲	4.3 组合体的尺寸标注	习题4-7至4-9

4.1 组合体的绘图方法

一般来说，任何复杂的物体都可以看成是由几个基本几何体组合而成的。组合的形式有叠加和切割，多数情况下是综合应用这两种组合形式。几个基本几何体组合在一起时，邻接表面的连接形式有共面、相切和相交三种情况。在绘制组合体的视图之前，首先要对组合体作形体分析，即将组合体分解成若干个基本形体，并找出其中的一个基础形体，其他形体是在基础形体的基础上叠加或切割。然后再作线面分析，即分析基本形体在叠加、切割时的邻接表面的连接形式。如果是共面，则没有交线；如果是相交，则要分析邻接面及其交线的形状和投影；如果是相切，则要分析邻接面和切线的位置及投影。形体分析法和线面分析法是绘制组合体视图、读组合体视图和标注尺寸的基本原理和思维方法。

4.1.1 利用形体分析法绘制组合体的三视图

利用形体分析法绘制组合体的三视图时，要注意以下两个顺序：

（1）组合体的各基本几何体的绘图顺序。一般按组合体的形成过程先绘制基础形体的视图，再绘制其他形体的视图。

（2）同一个形体三个视图的绘图顺序。一般先绘制形状特征最明显的那个视图，或有积聚性的视图，再绘制其他两个视图。

1. 叠加

案例 4-1

如图4-1所示，对组合体作形体分析，并绘制其三视图。

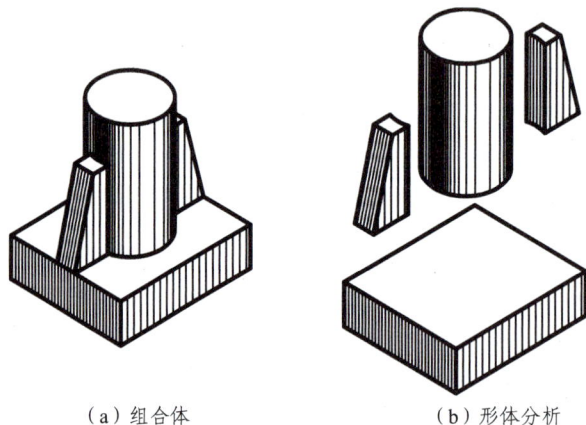

（a）组合体　　　　　　　　　（b）形体分析

图4-1　叠加案例4-1

案例4-1中组合体是由一个长方体、一个圆柱体、两个梯形肋板叠加而成的。基础形体是长方体，在长方体上先叠加圆柱体，再叠加肋板。圆柱体的轴线通过长方体的顶面中心，整个物体前后对称。在叠加肋板时，肋板的前后侧面和柱面产生的交线为直线，肋板的顶面和柱面的轴线垂直，产生的交线为圆弧。

画图步骤

（1）画基础形体（长方体）的三视图。

（2）画圆柱体的三视图。先画俯视图，再画主视图和左视图。

（3）画梯形肋板的三视图。画梯形肋板的三视图时，要特别注意三个视图的画图顺序，应先画俯视图，再画左视图，最后根据"长对正"和"高平齐"求出主视图。

案例4-1画图步骤如图4-2所示。

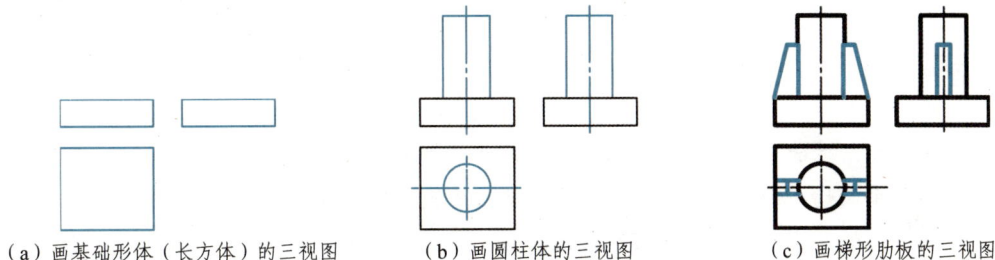

（a）画基础形体（长方体）的三视图　　（b）画圆柱体的三视图　　（c）画梯形肋板的三视图

图4-2　案例4-1画图步骤

2. 切割

案例 4-2

如图4-3所示，对组合体作形体分析，并绘制其三视图。

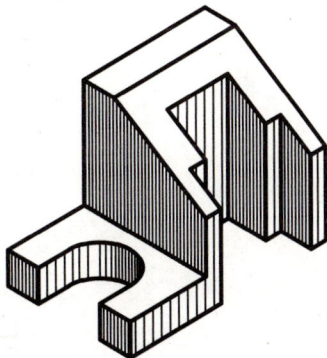

图4-3　切割案例4-2

形体分析

案例4-2中组合体的基础形体是两个长方体组成的"L"形柱体，被侧垂面切去一个角，然后切去一个凸字形槽，再用圆柱铣刀铣一个槽，槽的右端是半圆柱面，如图4-4所示。

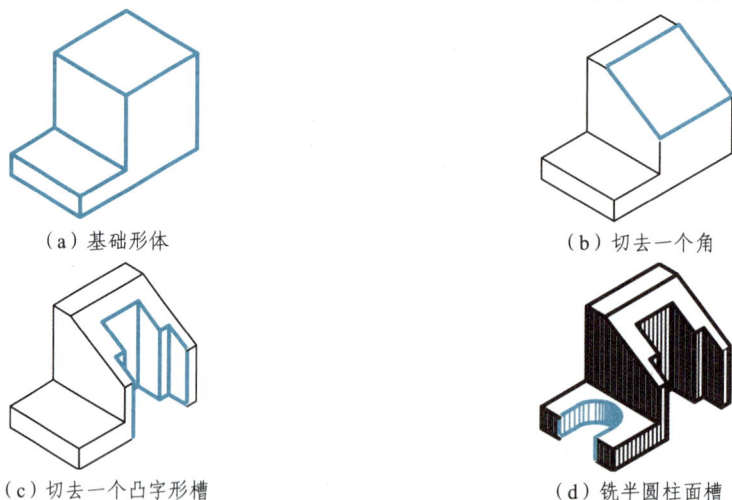

（a）基础形体

（b）切去一个角

（c）切去一个凸字形槽

（d）铣半圆柱面槽

图4-4　案例4-2形体分析

画图步骤

（1）画基础形体的三视图。先画主视图，再画俯视图和左视图。

（2）画侧垂面切去的一角。先画左视图，再画主视图和俯视图。

（3）画切去的凸字形槽。先画有积聚性的俯视图，再根据"宽相等"画左视图，最后由俯视图和左视图求出主视图。

（4）画左侧半圆形槽。因为俯视图上有积聚性，所以先画俯视图，再画主视图和左视图。在左视图上虚线和粗实线重合时，画粗实线。

案例4-2画图步骤如图4-5所示。

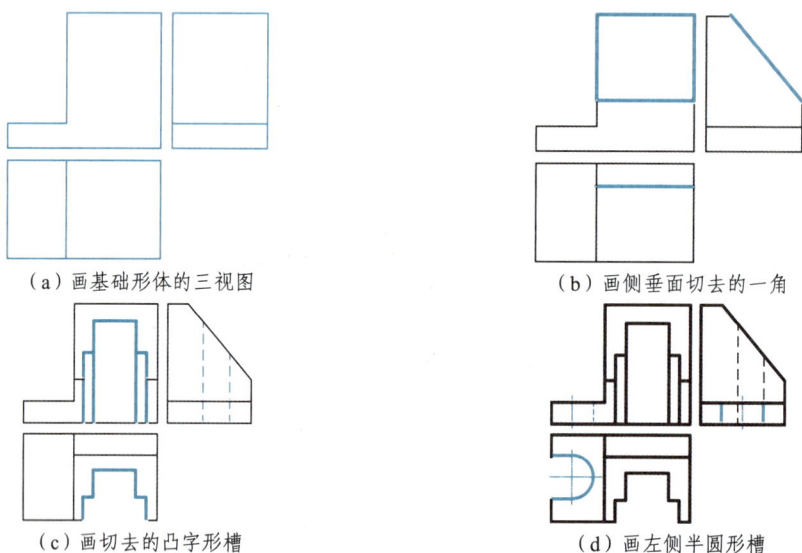

（a）画基础形体的三视图

（b）画侧垂面切去的一角

（c）画切去的凸字形槽

（d）画左侧半圆形槽

图4-5　案例4-2画图步骤

4.1.2 利用线面分析法绘制组合体的三视图

案例 4-3

如图4-6所示，对组合体作形体分析和线面分析，并绘制其三视图。

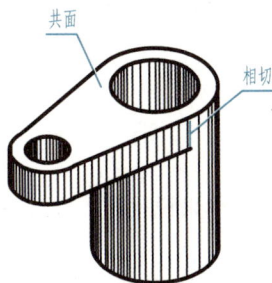

图4-6 相切案例4-3

形体分析

案例4-3中组合体的基础形体是一个圆柱体，在基础形体上面叠加一个板，然后钻两个孔。大孔和基础圆柱体同轴，小孔和板左面的圆柱面同轴。在基础形体上叠加板时，板的上面和圆柱体的上面共面，所以不产生交线，板的侧面和外圆柱面相切。两面相切时，面的交接处是光滑的，没有明显的棱线，但存在几何上的切线，切线是两个形体的分界线。

画图步骤

（1）画基础形体的三视图。

（2）叠加板。板的侧面和外柱面相切，表现在俯视图上为直线和圆相切。在主视图和左视图上，相切处不画线，板的下面的V面和W面投影只画到切点处。

（3）画孔。

案例4-3画图步骤如图4-7所示。

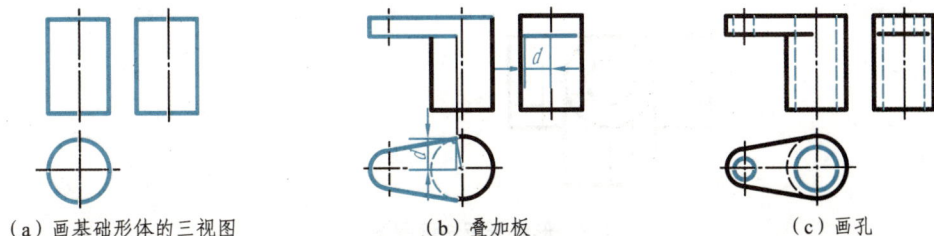

（a）画基础形体的三视图　　　（b）叠加板　　　（c）画孔

图4-7 案例4-3画图步骤

4.2 组合体的读图方法

读图是画图的逆向思维过程，画图是由物到图，读图是由图到物，二者是互相联系的。读图能力可通过多画图来提高，同时也应当总结读图的基本规律。读图时要经过逐步地分析，想象出物体的形状。

4.2.1 形体分析法

形体分析法是读图的基本方法。简单来说就是：分部分想形状，合起来想整体，由整体到局部，由局部到整体。

首先，将物体的视图分成几个部分，一部分一部分地想象其形状，每一部分先从形状特征最明显的视图看起，再按投影规律与其他视图找联系，从而想象出物体的形状。其次，想象每一部分的形状时，要先想象其总体大的外形，再深入到局部细节。最后，将各部分合起来想象出物体的整体形状，这时要注意各部分之间的相互位置关系。

案例 4-4

如图4-8所示，根据组合体的三视图，想象出物体的形状。

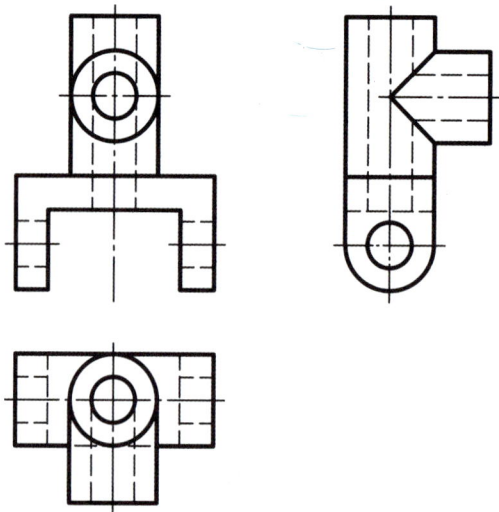

图4-8 形体分析法读图案例4-4

形体分析

首先从主视图读起，将其分为三部分1'、2'和3'，然后按"长对正"和"高平齐"分别找出俯视图和左视图上的对应形体，分别想象其形状，最后分析形体之间的关系，将三个形体合起来想象出整体形状，如图4-9所示。

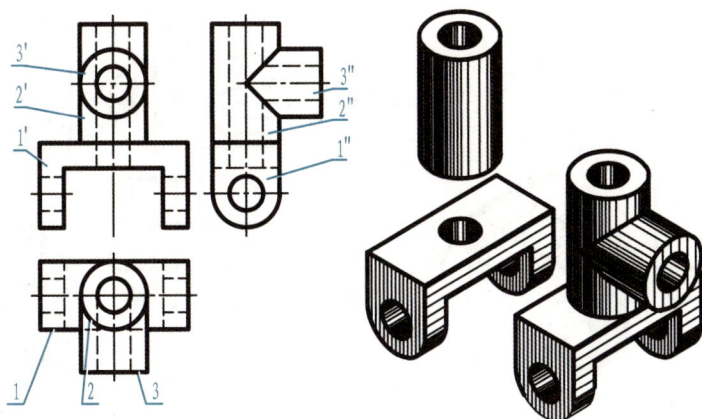

图4-9　案例4-4形体分析

案例 4-5

如图4-10所示，已知主视图和俯视图，想象出物体的形状，并补画出左视图。

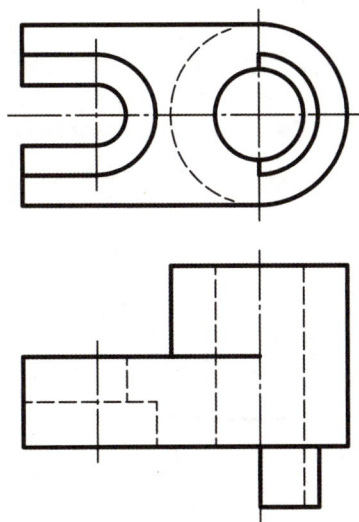

图4-10　形体分析法读图案例4-5

形体分析

（1）想象基础形体。首先从俯视图读起，将俯视图分成1、2、3三部分，分别找出主视图上对应的1'、2'和3'。1的基础形体是圆柱体，2的基础形体是长方体，3的基础形体是半圆柱体。三者的位置关系如图4-11（a）所示，想象出基础形体后，画出其左视图。

（2）想象细节。想象出物体的基础形体后，再想象细节。由主视图和俯视图可以看出，圆柱上钻了一个孔，板上切了一个阶梯环形槽。补画左视图上的细节时要注意，圆孔在半圆柱部分是半圆孔，如图4-11（b）所示。

（a）想象基础形体 （b）想象细节

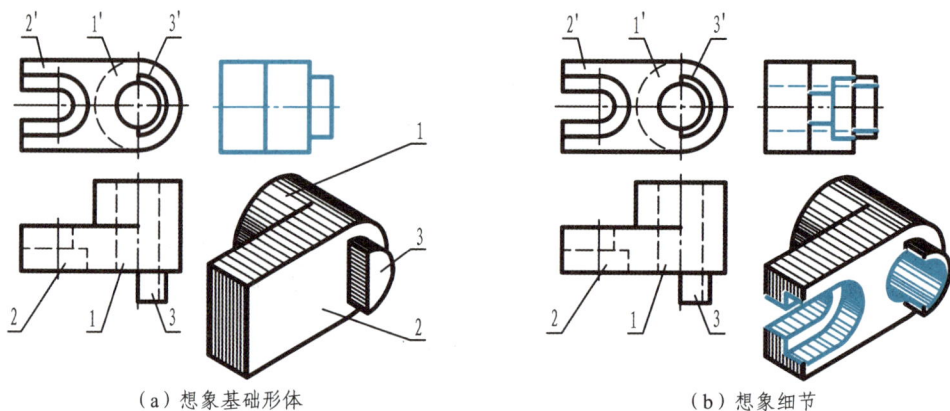

图4-11 案例4-5形体分析

4.2.2 线面分析法

当物体的视图不易简单地分割为几个部分时，可采用形体分析法和线面分析法相结合的方法进行读图。

案例 4-6

如图4-12所示，已知左视图和俯视图，想象出物体的形状，并补画出主视图。

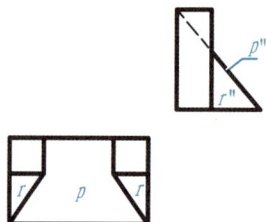

图4-12 线面分析法读图案例4-6

形体分析

根据左视图，想象基础形体应该是两个长方体夹一个三棱柱，如图4-13（a）所示，此时左视图对应得上，俯视图对应不上。分析已知条件，俯视图上的线框p，对应左视图上的斜线p''，应为侧垂面，俯视图上左右两边的小三角形r，只能和左视图上的三角形r''对应，应为两个小斜面，如图4-13（b）所示，此时左视图对应得上，俯视图仍对应不上。进一步分析已知条件，平面三角形R上有一条正垂线，所以R应为正垂面，如果点A移动到点B，其他结构不变，如图4-13（c）所示，此时，左视图和俯视图均对应得上。

(a) 由左视图想象的基础形体，
俯视图对应不上

(b) 俯视图上平面*P*、*R*的投影对应不上

(c) 正确答案

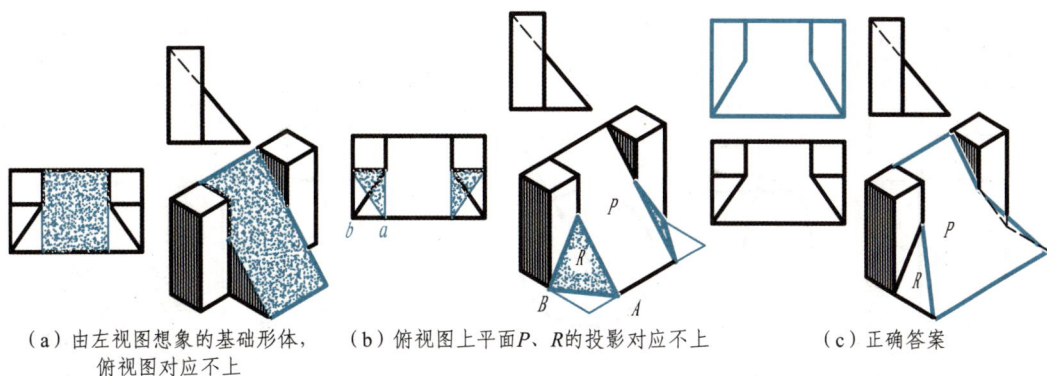

图4-13 案例4-6形体分析

4.3 组合体的尺寸标注

4.3.1 基本几何体的尺寸标注

基本几何体是构成机件的基本元素，可分为两类：一类是平面立体，另一类是曲面立体。常见的平面立体有棱柱、棱锥等；常见的曲面立体有圆柱体、圆锥体、圆球体等。

1. 基本平面立体的尺寸标注

常见的基本平面立体的尺寸标注如图4-14所示。对于基本的平面立体，其大小一般由长、宽、高三个方向的尺寸来确定。对于像正六棱柱等正多边形的尺寸，已知其两对边的距离，就可以计算出外接圆的直径。外接圆直径是其理论值，作为参考尺寸标注时，应将其放入括号内。

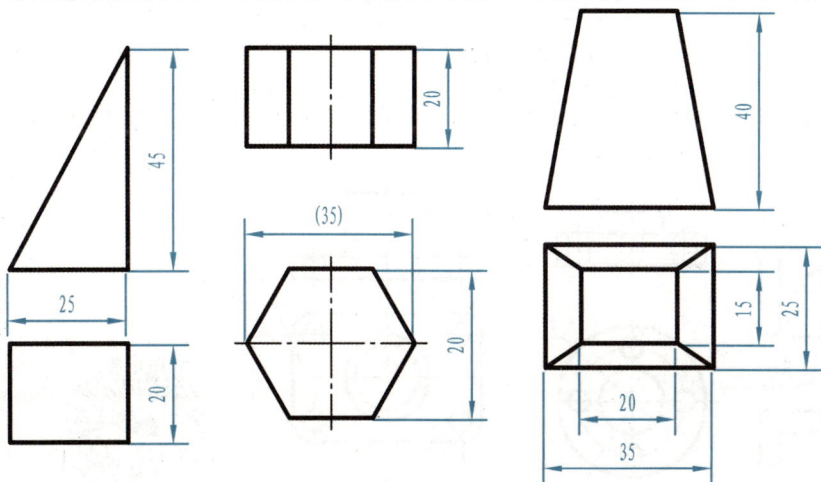

图4-14 常见的基本平面立体的尺寸标注

2. 基本曲面立体的尺寸标注

常见的基本曲面立体的尺寸标注如图4-15所示。圆柱体和圆锥体的尺寸有径向和轴向两个

方向，球体只有一个方向的尺寸。对于其他的回转体，除径向和轴向的尺寸外，还应标注母线的定形尺寸。

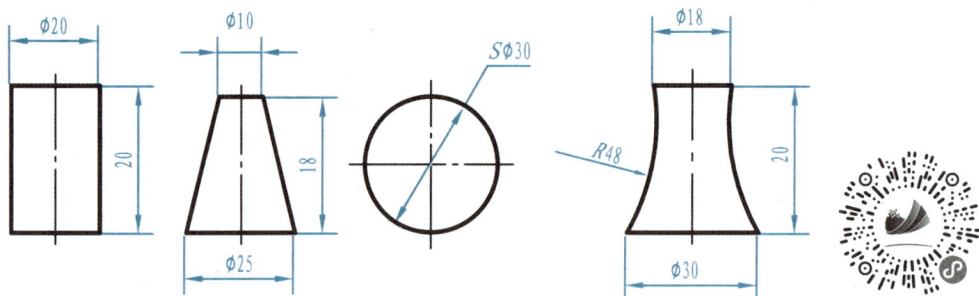

图4-15　常见的基本曲面立体的尺寸标注

4.3.2　尺寸分类和尺寸基准

1. 尺寸分类

按尺寸所起的作用，可将尺寸分为三类：定形尺寸、定位尺寸和总体尺寸。

确定基本形体形状和大小的尺寸称为定形尺寸，如图4-16所示。

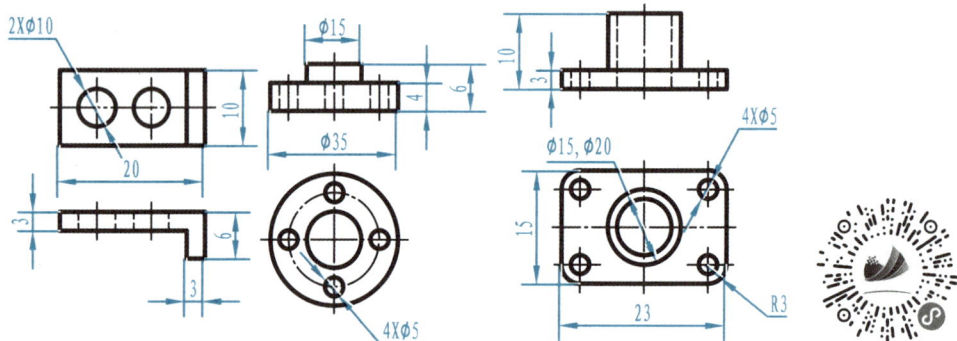

图4-16　定形尺寸

确定基本形体之间相互位置的尺寸称为定位尺寸，定位尺寸的起始位置称为基准，如图4-17所示。

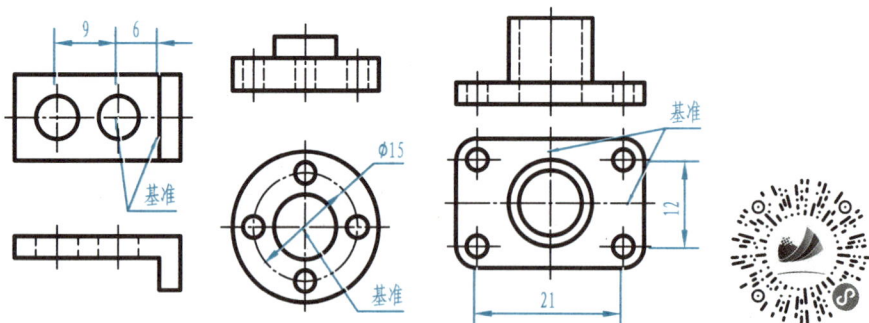

图4-17　定位尺寸及基准

确定物体的总长、总宽、总高的尺寸称为总体尺寸。需要注意的是，总体尺寸有时也是定形尺寸，如图4-18所示。

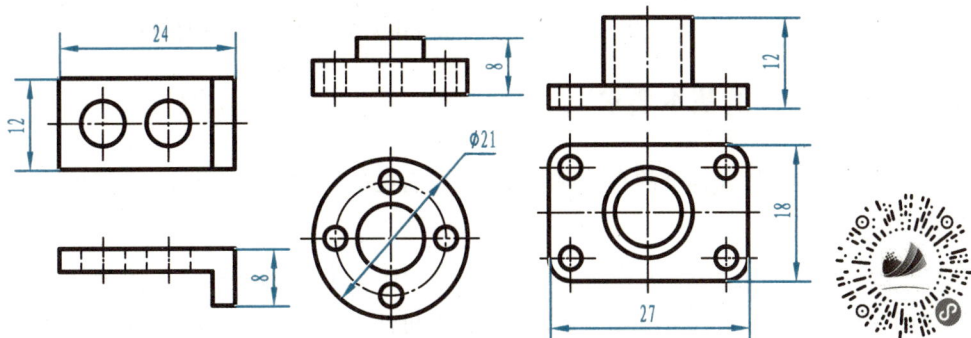

图4-18　总体尺寸

标注尺寸时，可以先按形体分析法标注各基本形体的定形尺寸，再标注确定基本形体之间相互位置的定位尺寸，最后根据组合体的结构特点，标注总体尺寸。

2. 尺寸基准

标注确定基本形体位置的定位尺寸时所依据的几何要素称为尺寸基准。组合体长、宽、高三个方向上至少各有一个基准。标注定位尺寸时，首先要考虑基准问题，通常以对称平面、回转曲面的轴线或物体上较大的底面、端面等为尺寸基准。同一方向上的定位尺寸基准尽量统一，这一原则称为"基准统一原则"。

如图4-19所示，底板的定形尺寸是55、34、10和$R10$，底板的底面和后面是高度和宽度方向的基准，对称轴是长度方向的基准，所以底板不需要定位尺寸。底板上2个孔的定形尺寸是$\phi10$，定位尺寸是24和35，确定孔的位置所依据的基准是底板的后面和对称轴。立板的定形尺寸是$R16$、14，立板的后面是尺寸基准，所以前后方向不需要定位，立板的对称轴是基准，所以左右方向不需要定位。尺寸34既是立板的定形尺寸，也是$\phi14$孔高度方向的定位尺寸。三棱柱肋板的定形尺寸是12、13、10，不需要定位尺寸。

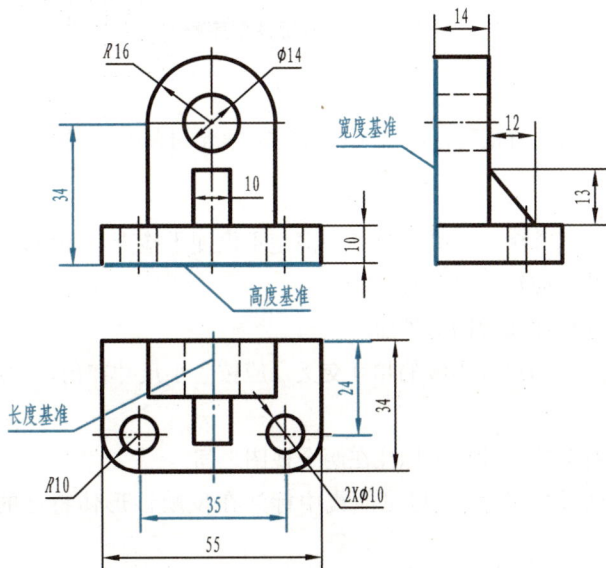

图4-19　尺寸基准

需要注意的是，底板上的尺寸R10虽然可以由55和35计算出来，但前提是R10的圆弧和φ10的孔同心，所以R10必须标注出来，并且按国家标准规定不标注圆角的数目。

4.3.3　尺寸标注的基本要求

标注尺寸时除遵守国家标准的有关规定外，还要满足完整、正确、清晰、合理的要求。

1. 完整

完整是指尺寸必须齐全，不允许遗漏尺寸和重复标注尺寸。遗漏尺寸将使机件无法加工；重复标注同一个尺寸时，若尺寸互相矛盾，同样将使机件无法加工，若尺寸不互相矛盾，也将使尺寸标注混乱，检验标准不统一，不利于看图。因此，不允许遗漏尺寸和重复标注尺寸。能通过已注尺寸计算出的尺寸为多余尺寸，通常不允许标注，但若必须标注，应将尺寸数字放在括号内供参考，如图4-20所示。

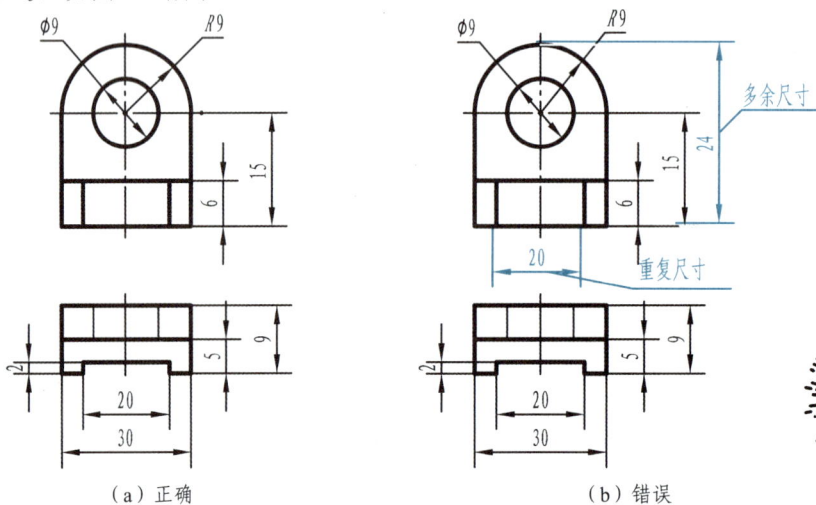

（a）正确　　　　　　　　（b）错误

图4-20　尺寸标注要完整

2. 正确

正确是指标注尺寸的数值正确，注法应符合国家标准的有关规定。

3. 清晰

清晰是指尺寸布置要整齐、清楚。整齐、清楚不仅便于检查，还可以防止误读尺寸，在生产上有重要意义。为此，应注意以下几点：

（1）尽可能把尺寸标注在视图的外面。

（2）尽量避免尺寸线和尺寸界线的相互交叉，应按"小尺寸在内，大尺寸在外"的原则布置尺寸，如图4-21所示。

（3）与两个视图有关的尺寸尽量标注在两个视图之间。

（4）物体上同一形体的尺寸应尽可能集中标注在反映该形体特征的视图上，如图4-22所示。

（5）圆弧的尺寸必须标注在反映圆的视图上。

（6）尽量避免在虚线上标注尺寸。

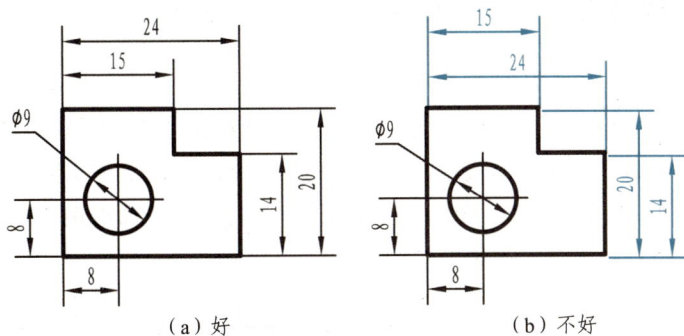

（a）好　　　　　　　　　　（b）不好

图4-21　尺寸标注要清晰

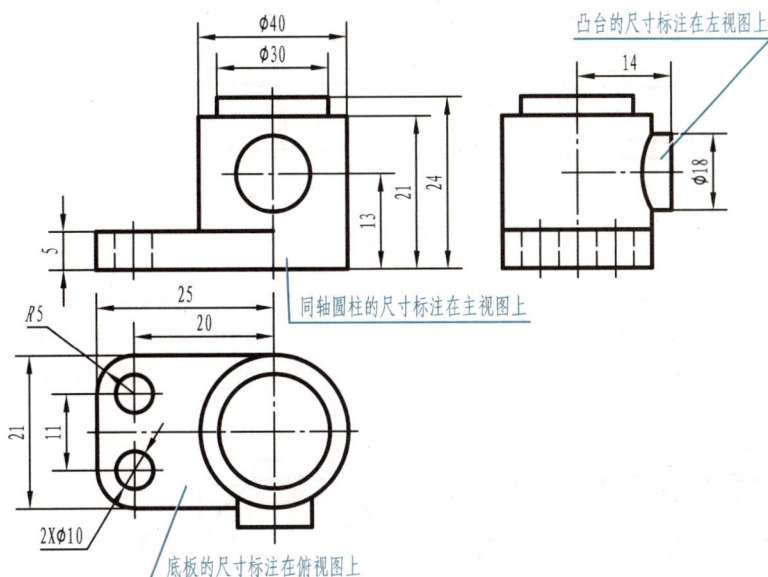

凸台的尺寸标注在左视图上

同轴圆柱的尺寸标注在主视图上

底板的尺寸标注在俯视图上

图4-22　尺寸的集中标注

4. 合理

合理是指尺寸标注要符合加工和测量的要求，如图4-23（a）所示，图4-23（b）中的轴向尺寸5不方便直接测量，属于不合理的尺寸标注。

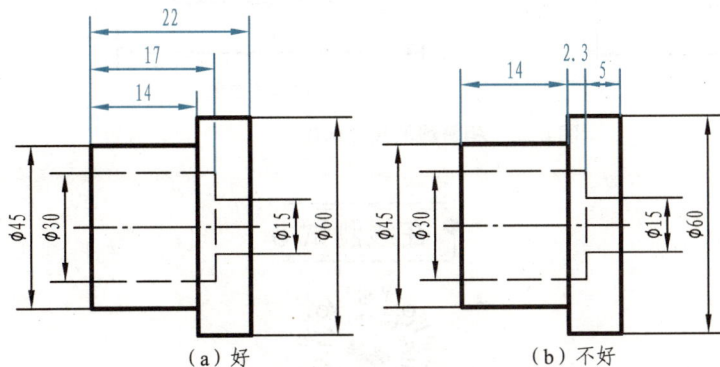

（a）好　　　　　　　　　　（b）不好

图4-23　尺寸标注要符合加工和测量的要求

4.3.4　具有截交线和相贯线的组合体的尺寸标注

当组合体上有交线时，应特别注意不要直接在交线上标注尺寸，而应该标注形成交线的基本形体的定形尺寸和定位尺寸。具有截交线的组合体，截交部分的尺寸标注应标注截平面的定位尺寸，而不应标注截平面的定形尺寸，因为截断面的形状由回转体的定形尺寸和截平面的定位尺寸确定。如图4-24（a）所示，20、33和6这三个尺寸是截平面的定位尺寸。图4-24（b）是最常见的不合理标注，应尽量避免。

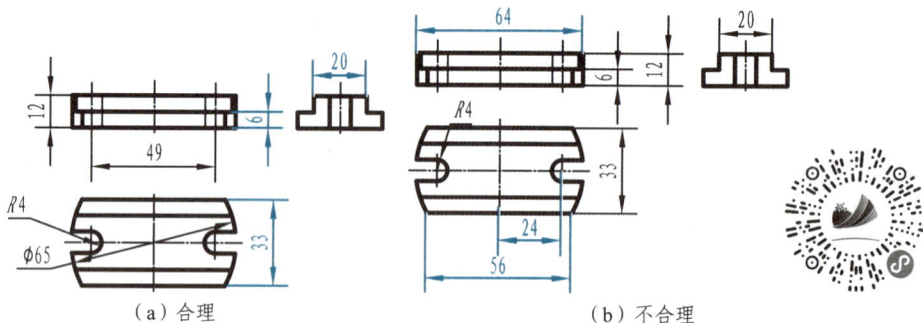

图4-24　截交线的尺寸标注

具有相贯线的组合体，应标注参与相贯的回转体的定形尺寸和确定它们之间相互位置的定位尺寸，而不应标注相贯线的定形尺寸，如图4-25所示。其中，$\phi40$的半圆标注直径，是因为这个机件要和另一个机件固定在一起加工，另一个机件上也有一个$\phi40$的半圆孔。

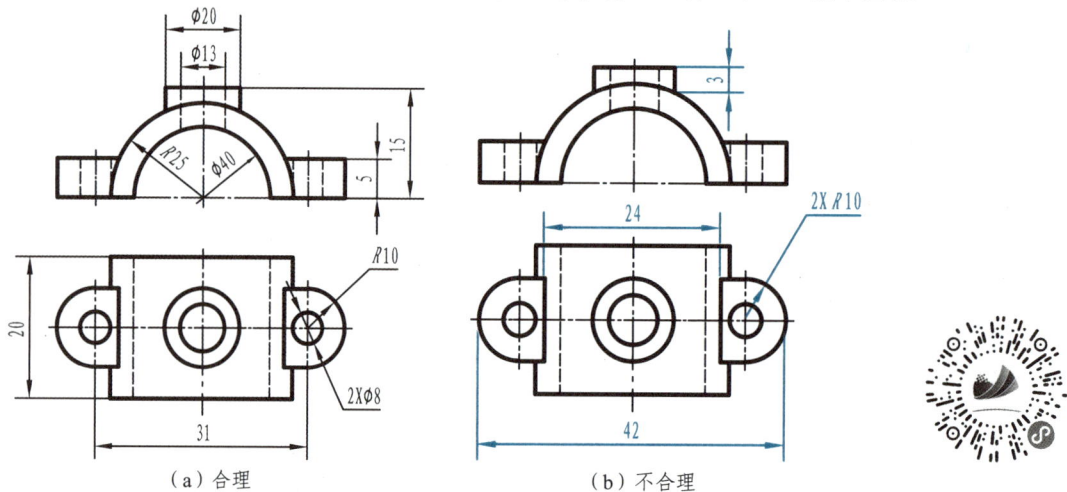

图4-25　相贯线的尺寸标注

在线测试

第5章

机件的基本表示方法

教学导航

学习目标	能正确应用国家标准《技术制图》和《机械制图》中规定的各种表示方法表达机件的形状和结构；掌握常用表达方法的画法和标记，并能合理标注尺寸
重点难点	重点是六个基本视图、局部视图、剖视图和断面图的概念和画法。难点是阶梯孔、肋板等结构的剖视图画法。选用简洁、合理的表达方案把机件的内外形状表达清楚是本章的重点和难点
学习指导	学习本章时要结合案例理解各种表达方法的特点和应用，对常用的表达方法，如单一剖切面的全剖视图、半剖视图和局部剖视图要深刻理解其概念和画法，其他表达方法可触类旁通

		教学内容	习题
教学安排	第一讲	5.1 视图（GB/T 17451—1998、GB/T 4458.1—2002）	习题5-1至5-4
	第二讲	5.2 剖视图（GB/T 17452—1998、GB/T 4458.6—2002）	习题5-5至5-12
	第三讲	5.3 断面图（GB/T 17452—1998、GB/T 4458.6—2002） 5.4 局部放大图和简化表示法	习题5-13至5-16
	第四讲	5.5 剖视图的尺寸标注 5.6 第三角画法简介	习题5-17至5-19

5.1 视图

5.1.1 基本视图

根据《技术制图 图样画法 视图》（GB/T 17451—1998）和《机械制图 图样画法 视图》（GB/T 4458.1—2002），基本视图是物体向基本投影面投射所得到的视图。为了准确、完整、清晰地表达出机件各部分的形状，在原来三个投影面的基础上，再添加三个投影面，形成一个六面体盒子，六面体的六个面称为基本投影面。将物体放置于六面体盒子里，用正投影的方法向六个基本投影面投射，即可得到六个基本视图，如图5-1（a）所示。

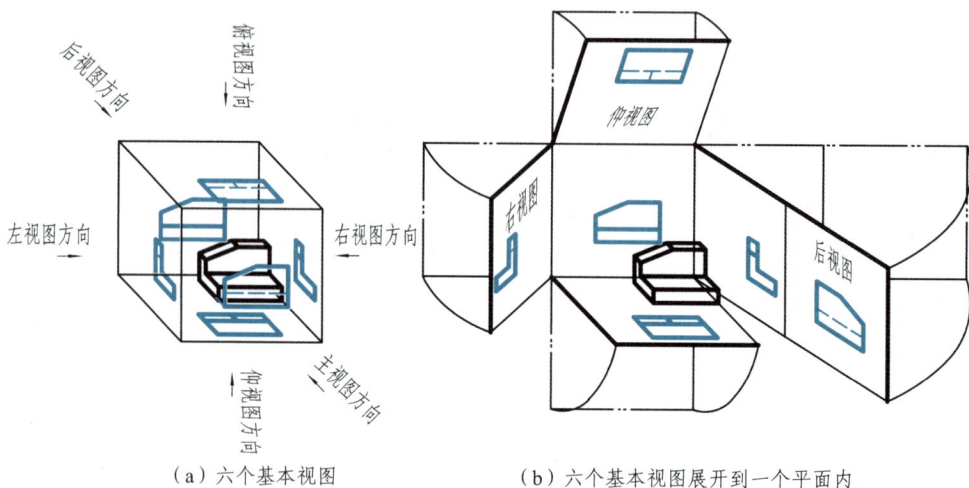

（a）六个基本视图　　　　　　　（b）六个基本视图展开到一个平面内

图5-1　基本视图

在主视图、俯视图和左视图的基础上，从物体的右面投射得到右视图，从物体的下面投射得到仰视图，从物体的后面投射得到后视图。这样在主视图、俯视图和左视图的基础上，又增加了三个视图，这六个视图合称基本视图。

为了将基本视图展开到一个平面内，保持主视图不动，将右视图向后转90°，仰视图向上转90°，俯视图向下转90°，后视图先向前转90°，再和左视图一起向后转90°，这样五个视图就和主视图展开到了一个平面内，如图5-1（b）所示。六个视图仍然保持"长对正、高平齐、宽相等"的投影关系，如图5-2所示。在同一张图纸上，按六个基本视图展开位置配置视图时，可不加任何标注。

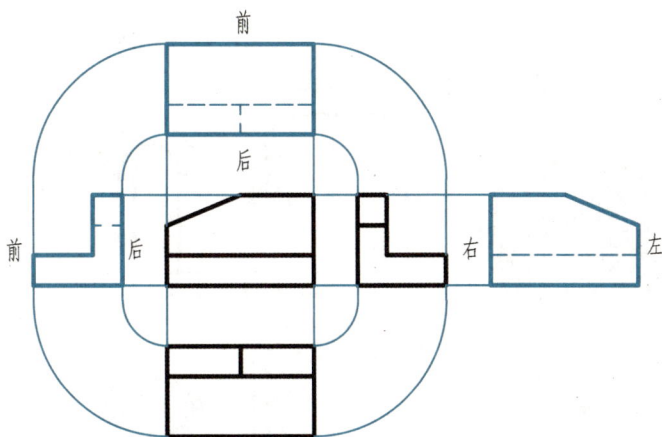

图5-2　六个基本视图的配置

5.1.2　向视图

向视图是可以自由配置的基本视图。在同一张图纸上不能按六个基本视图展开位置配置时，或不绘制在同一张图纸上时，要在视图的上方用大写拉丁字母标出视图名称，在对应的基本视图上用箭头标出投射方向，并注上同样的字母，这样绘制的视图称为向视图，如图5-3所示。

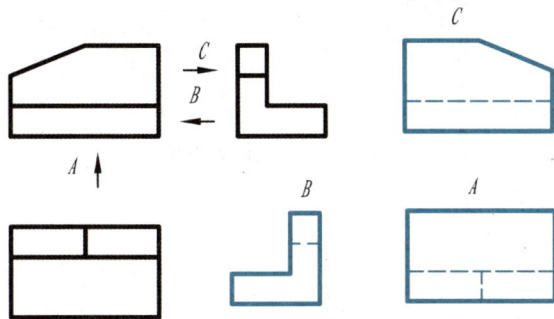

图5-3　向视图

在理解向视图这一概念时需要注意以下几点：

（1）向视图的投射方向是基本视图方向，向视图是按箭头方向投射得到的视图，表示投射方向的箭头可以注在基本视图上，也可以注在其他向视图上，视图和投射方向必须对应。

（2）向视图必须是物体一个完整的视图，不能只绘制局部图形，否则就是局部视图。

5.1.3　局部视图

局部视图是将物体的某一部分向基本投影面投射所得到的视图。局部视图需画出假想的断裂边界，用波浪线或双折线表示。当局部视图的外形轮廓线是封闭图形时，波浪线可省略不画。需要注意的是，波浪线可理解为机件假想断裂边界的投影。因此，波浪线只能画在实体部分，不能画到轮廓线的外面，也不能画在孔洞处。

局部视图若按基本视图的配置形式配置，且中间又没有其他图形，可不加任何标注；若按向视图的配置形式配置，标记方法同向视图，如图5-4所示。

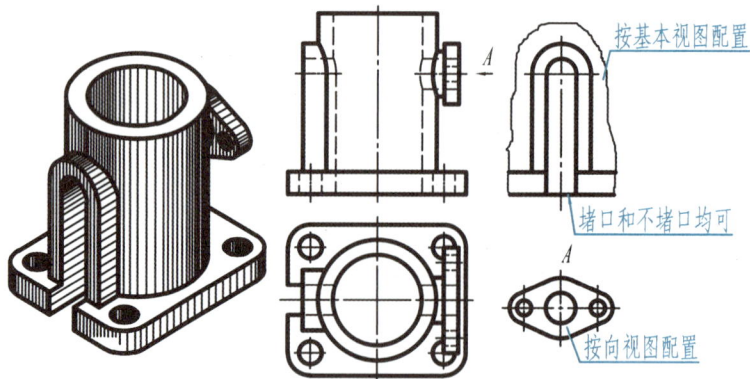

按基本视图配置

堵口和不堵口均可

按向视图配置

图5-4 局部视图

为了节省绘图时间和图幅，对称机件的视图可只画一半或四分之一，并在对称中心线的两端画出两条与其垂直的平行细实线，如图5-5所示。

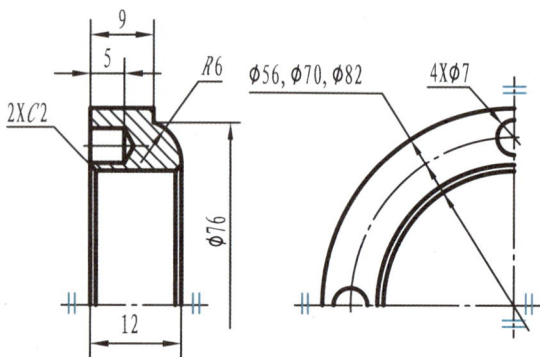

图5-5 局部视图

5.1.4 斜视图

物体向不平行于基本投影面的平面投射所得的视图称为斜视图。新投影面一般为基本投影面的垂直面，如图5-6所示。

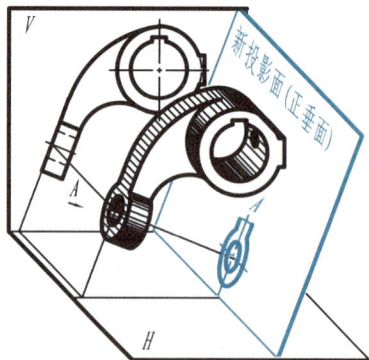

图5-6 斜视图

画斜视图的目的是表示机件上倾斜部分的实形，因此斜视图通常都画成局部视图，并用波浪线或双折线断开，波浪线的画法和局部视图中波浪线的画法相同，标记方法也相同。在不致引起误会的情况下，允许将斜视图旋转配置，并且用箭头注出旋转方向。如图5-7所示的机件，俯视图和右视图采用了局部视图，为了表示倾斜部分的实形，采用了A向斜视图。

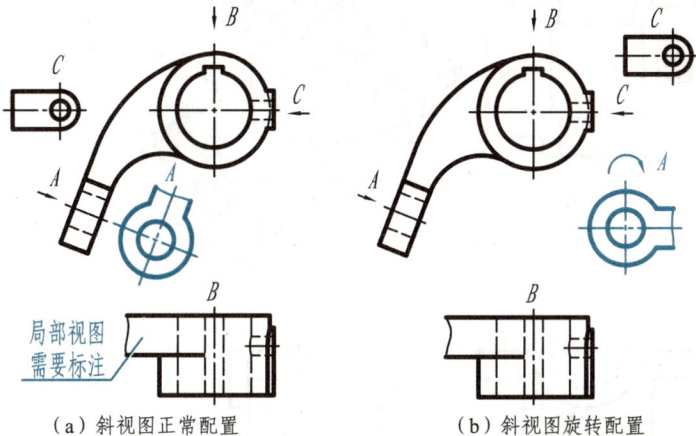

（a）斜视图正常配置　　　　　　　　（b）斜视图旋转配置

图5-7　斜视图的画法和标记

5.2 剖视图

5.2.1 剖视图的概念和画法

1. 剖视图的概念

根据《技术制图 图样画法 剖视图和断面图》（GB/T 17452—1998）和《机械制图 图样画法 剖视图和断面图》（GB/T 4458.6—2002），为了表示机件的内部结构，假想用一个剖切平面（或曲面）将机件剖开，移去观察者和剖面之间的部分，将留下的部分向投影面投影，所得视图称为剖视图，如图5-8所示。因为剖视图是用假想的平面将物体切开得到的视图，所以一个视图画成剖视图后，其他视图仍按完整的模型绘制视图。

将图5-8剖视图和图5-9不剖的视图比较，可以看出：没有采用剖视图时，主视图、俯视图和左视图上均画虚线才能表达清楚机件的结构；主视图画成剖视图后，俯视图和左视图仍画成完整的视图，但俯视图和左视图上的虚线省略后，补充一个A向的局部视图，仍能表达清楚机件的结构。

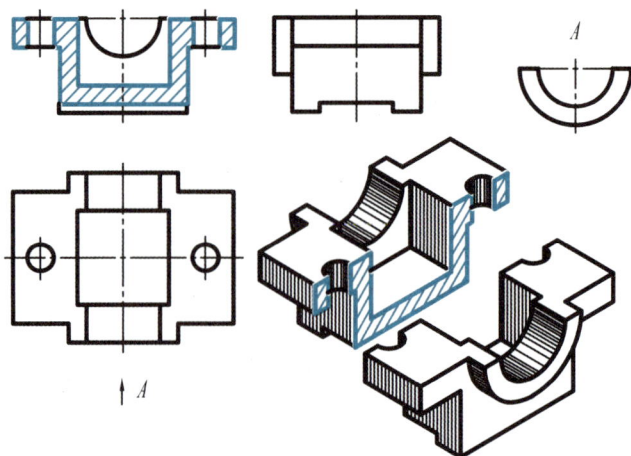

图5-8　剖视图

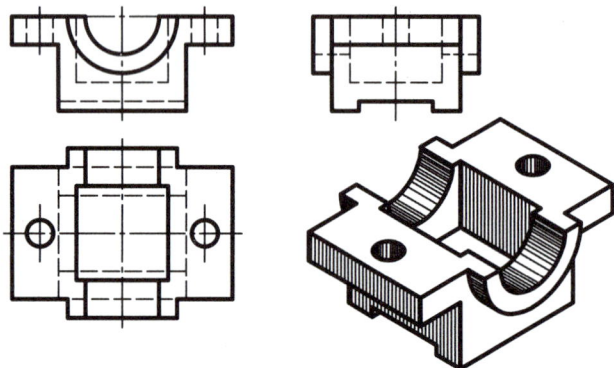

图5-9　不剖的视图

2. 剖面区域的表示法

机件和剖切平面重合的部分叫作剖切面。剖视图的剖切面上应画出剖面符号，机件的材料不同，剖面符号也不同。当不需要在剖面区域中表示物体的材料类别时，根据国家标准《技术制图 图样画法 剖面区域的表示法》（GB/T 17453—2005），剖面符号用通用剖面线表示，通用剖面线是与图形的主要轮廓线或剖面区域的对称线成45°（或135°）角的细实线。同一个机件所有视图上的剖面线方向相同，间距相等，剖面线的间距一般取2~4 mm。

3. 剖视图中阶梯孔的画法

如图5-10所示的机件，内孔为阶梯孔，在剖视图上，阶梯孔台阶面的投影是连续的，从立体图上看，剖开后虽然剖面处是断开的，但后面还有半个环形平面。孔与孔的相贯线也是同样的道理，剖开后相贯线为粗实线。

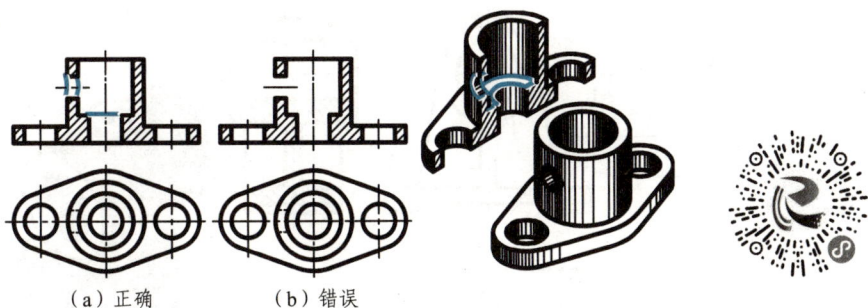

（a）正确　　　　（b）错误

图5-10　剖视图中阶梯孔的画法

4. 剖视图中肋板的画法

机件上的三棱柱肋板起加强机件强度和刚度的作用，当剖切平面平行于肋板时，肋板的投影不画剖面线，并用粗实线将肋板与其相邻部分分开，如图5-11所示。需要注意的是，剖开部分的肋板轮廓线为圆柱体的转向轮廓线。

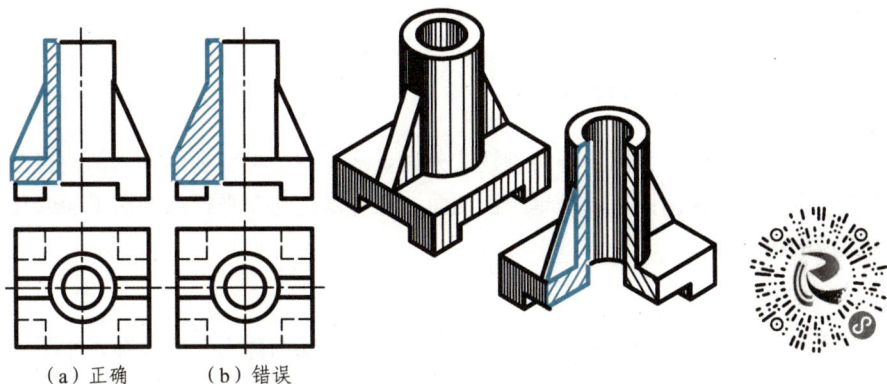

（a）正确　　　　（b）错误

图5-11　剖视图中肋板的画法

5.2.2　剖切平面位置的选择和剖视图的标记

1. 剖切平面位置的选择

画剖视图的目的是表达机件的内部结构，因此，剖切平面应尽可能通过较多内部结构的轴线或对称中心线，并且剖切平面应尽可能与投影面平行，这样在剖视图中可反映出剖切面的实形。

2. 剖视图的标记

一般情况下，应在剖视图的上方标注出剖视图的名称，如A—A、B—B等，在相应的视图上用剖切符号表示剖切位置，用箭头表示投射方向，并注上同样的字母，如图5-12所示。

3. 省略或简化标记的条件

当单一剖切平面通过机件的对称平面或基本对称平面，而且剖视图按投影关系配置，中间没有其他图形隔开时，可省略剖视图标记。图5-12中的左视图即为省略标记的情况。当剖视图按投影关系配置，且中间没有其他图形隔开时，可省略箭头。图5-12中，表示俯视图投射方向的箭头可以省略，但剖切符号和名称不能省略。

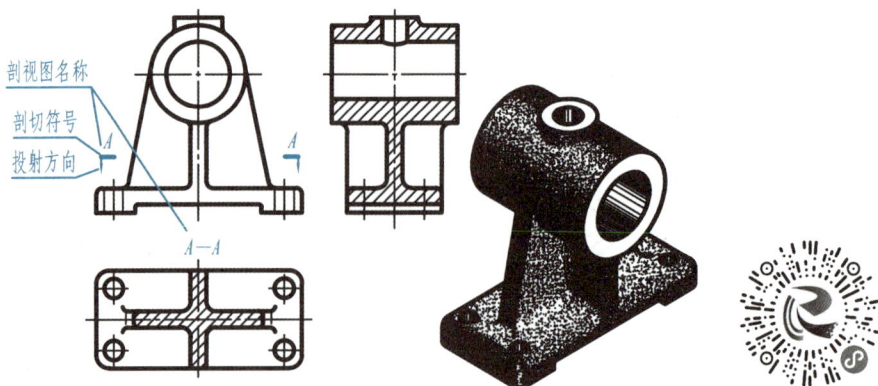

图5-12　剖视图的标记

需要注意的是，图5-12中俯视图上剖切平面与十字形肋板垂直，因此要画剖面线；左视图上剖切平面与一个肋板垂直，与另一个肋板平行，因此一个肋板画剖面线，另一个肋板不画剖面线。

5.2.3　剖视图的种类

按剖切开机件的范围，可将剖视图分为全剖视图、半剖视图和局部剖视图。剖切面可以是平面，也可以是曲面；可以是单一剖切面，也可以是几个平行的剖切平面或几个相交的剖切平面组成的组合面。

1. 全剖视图

用一个或一组剖切平面完全地剖开机件所得剖视图称为全剖视图。如图5-13所示，泵盖的主视图采用了单一剖切平面的全剖视图。全剖视图主要应用于表达外形简单、内部结构复杂的机件。

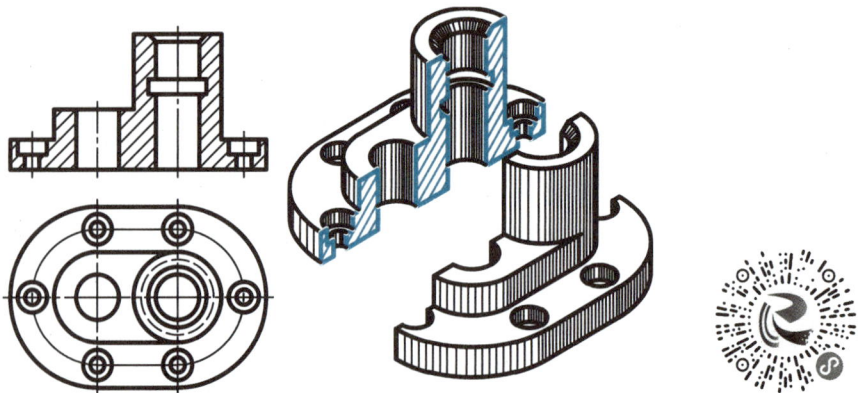

图5-13　单一剖切平面的全剖视图

2. 半剖视图

当机件具有对称平面（或基本对称）时，在垂直于对称平面的投影面上，以对称中心线为界，一半画成剖视，另一半画成视图，所得剖视图称为半剖视图。半剖视图具有既表示机件的内部结构，又表示外形的特点。半剖视图的外形部分不必画出虚线，但要画出回转曲面的中心线。半剖视图的剖切标记和全剖视图的剖切标记相同，当平行于投影面的剖面没有通过物体的对称平面时，剖切标记不能省略。例如图5-14中主视图的剖切标记可省略，俯视图的剖切标记不能省略。

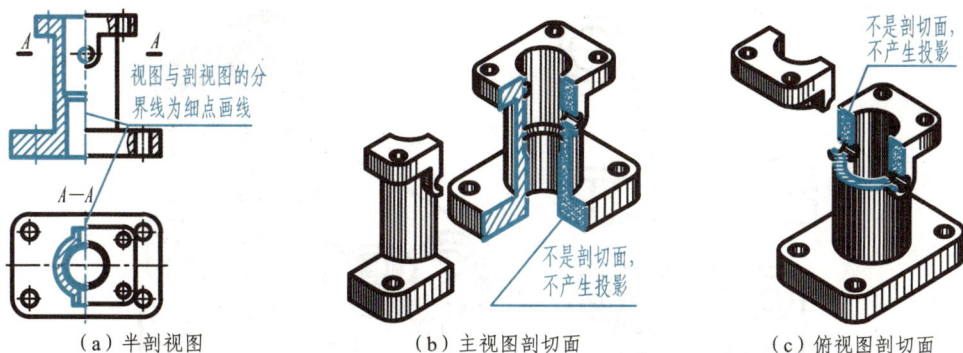

（a）半剖视图　　　　　　　　　（b）主视图剖切面　　　　　　　　（c）俯视图剖切面

图5-14　单一剖切平面的半剖视图

3. 局部剖视图

用剖切平面剖开机件的局部，假想将一部分折断，然后向投影面投射，所得剖视图称为局部剖视图。折断后所形成裂纹的投影用波浪线表示，波浪线遇到孔槽要断开，如图5-15所示。此外，波浪线不能与视图上的其他图线重合，但允许将回转体的轴线作为局部剖视图和视图的分界线。局部剖视图应用比较灵活，既可以表达机件上局部孔槽的结构，又可以保留需要表达的外形，所以应用非常广泛。

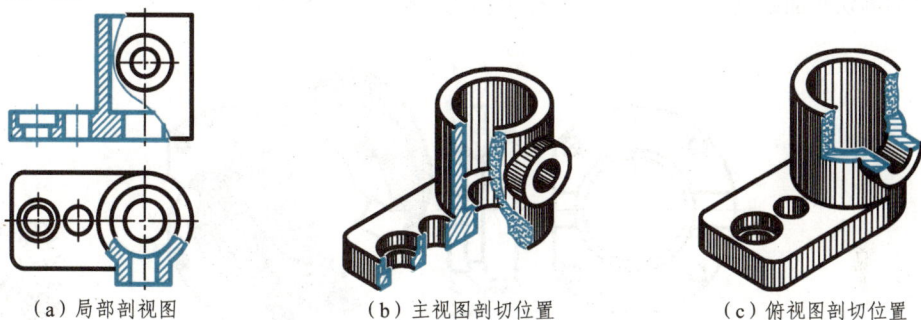

（a）局部剖视图　　　　　　　　（b）主视图剖切位置　　　　　　　（c）俯视图剖切位置

图5-15　单一剖切平面的局部剖视图

5.2.4　剖切面的种类

为了表达不同形状的机件，根据机件的结构特点，恰当地选择剖切面的组合方式和位置是非常重要的。剖切面的种类有单一剖切平面、几个平行的剖切平面、几个相交的剖切平面。上述三种剖切面均可绘制机件的全剖视图、半剖视图和局部剖视图。单一剖切平面已经在前面介绍过，下面介绍平行剖切平面和相交剖切平面。

1. 几个平行的剖切平面

当机件上回转孔的中心线不在同一个平面内时，可用一组平行的剖切平面将机件切开，然后将平行剖切平面后面的机件同时向投影面投射，即得到用平行剖切平面表示的剖视图。绘制平行剖切平面表示的剖视图时，剖切平面的转折面不是剖切平面，不画其投影。

用平行剖切平面得到剖视图的标记不能省略，应用直角表示出平行剖切平面的转折位置，并注出剖面名称，如图5-16所示。

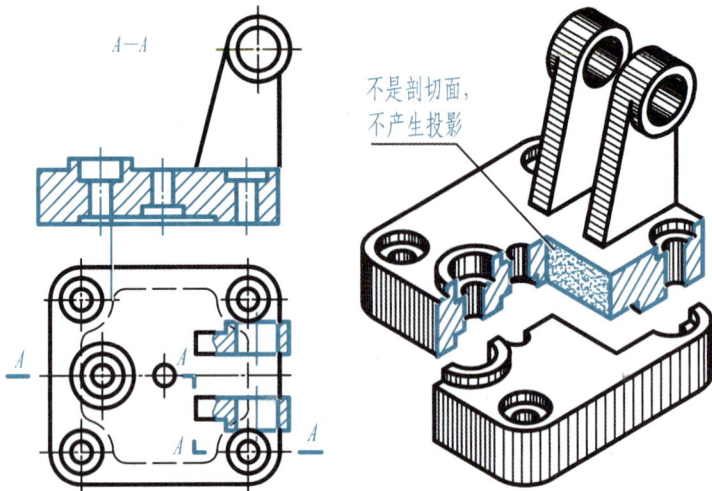

图5-16　两个平行剖切平面的全剖视图

2. 几个相交的剖切平面

当用一个剖切平面不能通过机件的各内部结构，而机件在整体上又具有回转轴时，可用几个相交的剖切平面剖开机件，然后将剖面的倾斜部分旋转到与基本投影面平行，再进行投射。用相交的剖切平面绘制的剖视图，剖切标记不能省略，如图5-17所示。

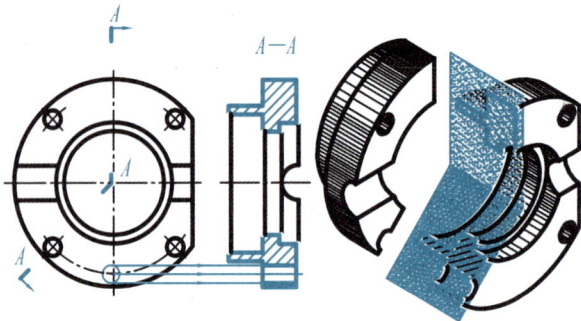

图5-17　两个相交剖切平面的全剖视图

图5-18所示的连杆，形体结构为三个圆柱体用两个十字形肋板连接，因为倾斜部分有回转中心，所以俯视图采用了相交的剖切平面剖切。垂直于V面的肋板，其纵向平面和剖切平面平行，俯视图不能画剖面线；平行于V面的肋板，其纵向平面和剖切平面垂直，俯视图要画剖面线。肋板的分界线要用粗实线画出，如图5-19所示。

图5-18　连杆

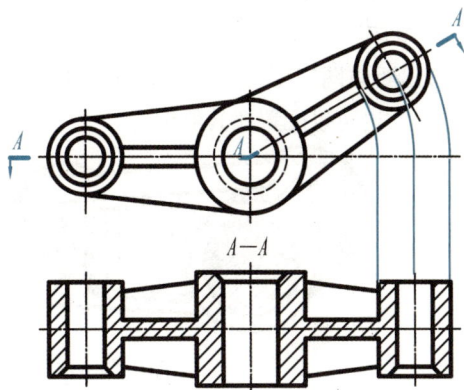

图5-19　相交剖切平面的全剖视图

5.3　断面图

根据《技术制图　图样画法　剖视图和断面图》（GB/T 17452—1998）和《机械制图　图样画法　剖视图和断面图》（GB/T 4458.6—2002），假想用剖切面将机件某处切断，仅画出剖切面和机件重合部分的图形称为断面图。断面图和剖视图的区别在于：断面图仅画出断面的形状，剖视图除要画出断面的形状外，还要画出剖切面后面机件的完整投影，如图5-20所示。断面图主要用来表示机件某一局部断面的形状。根据断面图的位置不同，断面图可分为移出断面图和重合断面图。

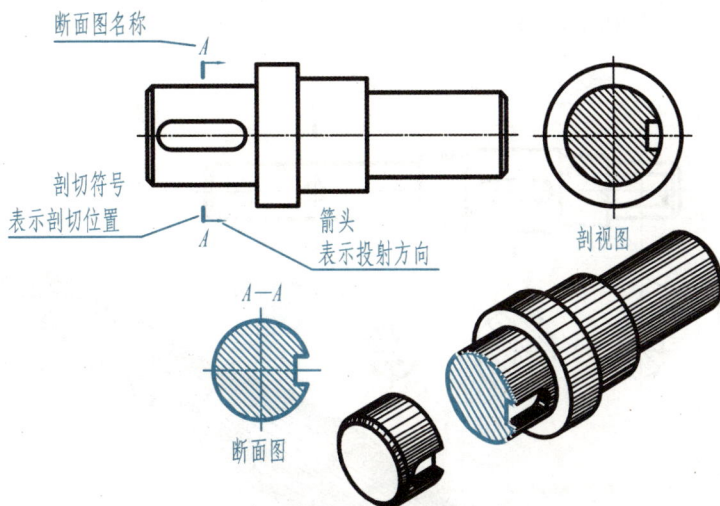

图5-20　断面图和剖视图的区别

5.3.1　移出断面图

画在视图之外的断面图称为移出断面图。移出断面图的轮廓线用粗实线绘制。

1. 移出断面图的配置

移出断面图应尽量配置在剖切符号处或剖切线的延长线上，也可以配置在视图断开处（见图5-21），也可以配置在其他位置。

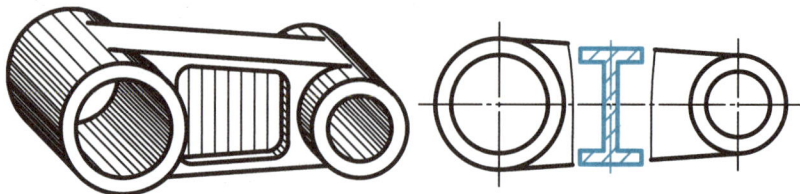

图5-21 移出断面图配置在视图断开处

2. 移出断面图的标注

移出断面图的标注形式及内容和剖视图相同。完整的断面图标注由三部分组成：粗短线表示剖切面位置，箭头表示投射方向，拉丁字母表示断面图名称。标注可以根据具体情况简化或省略。

（1）当移出断面图配置在剖切位置延长线上，且图形对称时，表示剖切位置的剖切符号用细点划线绘制（剖切线），表示投射方向的箭头和表示断面图名称的字母可以省略。

（2）当移出断面图配置在剖切位置延长线上，但图形不对称时，表示剖切位置的剖切符号用粗实线绘制，表示断面图名称的字母可以省略。

（3）当移出断面图没有配置在剖切位置延长线上，且图形对称时，表示剖切位置的剖切符号用粗实线绘制，表示投射方向的箭头可以省略。

（4）当移出断面图没有配置在剖切位置延长线上，且图形不对称时，必须采用完整的标注方法。

移出断面图的配置和标注如图5-22所示。

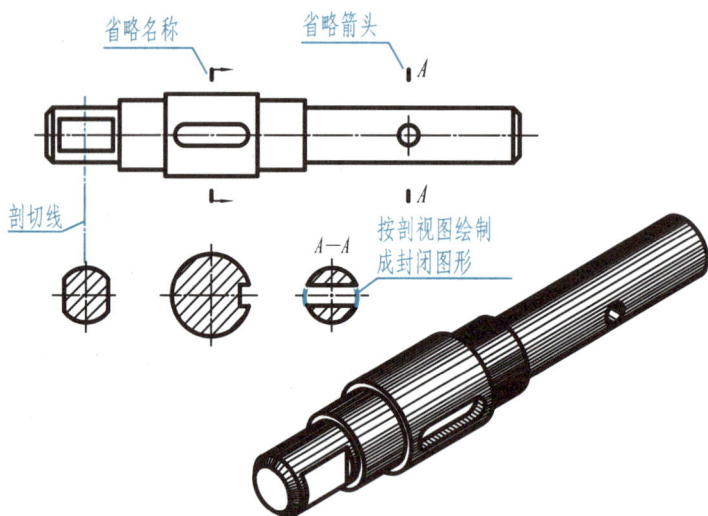

图5-22 移出断面图的配置和标注

3. 绘制移出断面图时的注意事项

（1）当剖切平面通过回转曲面形成的孔或凹坑的轴线时，这些结构按剖视图绘制，如图5-23所示。

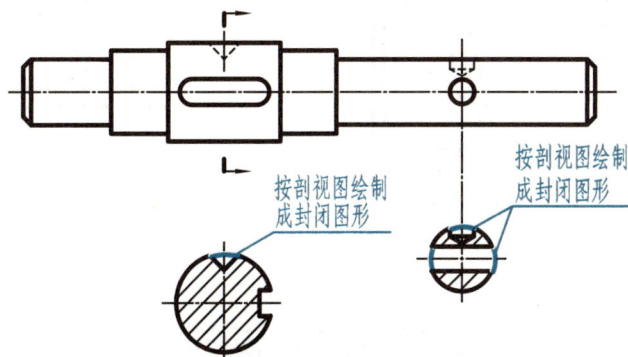

图5-23 带有孔和凹坑的移出断面图画法

（2）当剖切平面通过非回转曲面的孔槽时，会导致完全分离的断面，此时，这些结构也按剖视图绘制，如图5-24所示。

（3）当移出断面图是由几个相交的剖切平面剖切而成时，断面图的中间应断开，如图5-25所示。

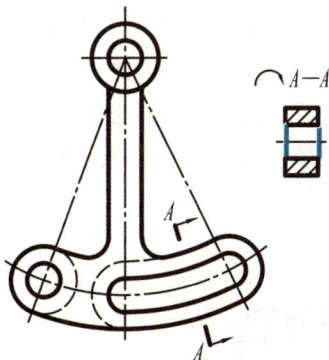

图5-24 带有非回转曲面孔槽的移出断面图画法

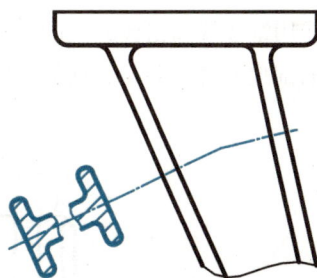

图5-25 两个相交的剖切平面得到的移出断面图

5.3.2 重合断面图

剖切后将断面图形重叠绘制在视图上，这样得到的断面图叫作重合断面图。重合断面图的轮廓线要用细实线绘制，当重合断面图的轮廓线和视图的轮廓线重合时，视图的轮廓线应连续画出，不应间断。当重合断面图不对称时，要标注箭头和剖切符号，如图5-26所示。

（a）对称的重合断面图　　　　　　　　　　（b）不对称的重合断面图

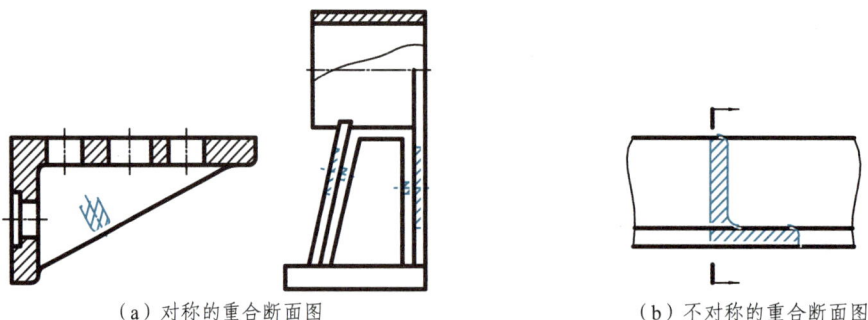

图5-26　重合断面图

5.4　局部放大图和简化表示法

5.4.1　局部放大图

根据《机械制图 图样画法 视图》（GB/T 4458.1—2002），将机件的局部结构用大于原图形所采用的比例画出的图形，称为局部放大图。局部放大图可采用与原图形相同的表达方法，也可采用与原图形不同的表达方法。例如，原图形为视图，局部放大图为剖视图。绘制局部放大图时，应用细实线圈出被放大的部位。当同一机件上有几个放大图时，必须用罗马数字依次为被放大的部位编号，并在局部放大图的上方注出相应的罗马数字和所采用的比例，如图5-27所示。

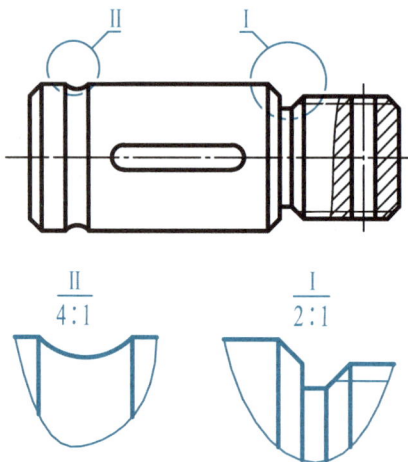

图5-27　局部放大图

5.4.2　简化表示法

根据《技术制图 简化表示法 第1部分：图样画法》（GB/T 16675.1—2012），当机件上具有若干相同的结构（如齿、槽等），并按一定的规律分布时，只需画出几个完整的结构，其余用细实线连接，并在图上注明该结构的总数，如图5-28（a）所示。若干直径相同的且成规律分布的孔，可以只画出几个，表示清楚其分布规律，其余只需用细点划线表示其中心位置，并注明孔的总数，如图5-28（b）所示。

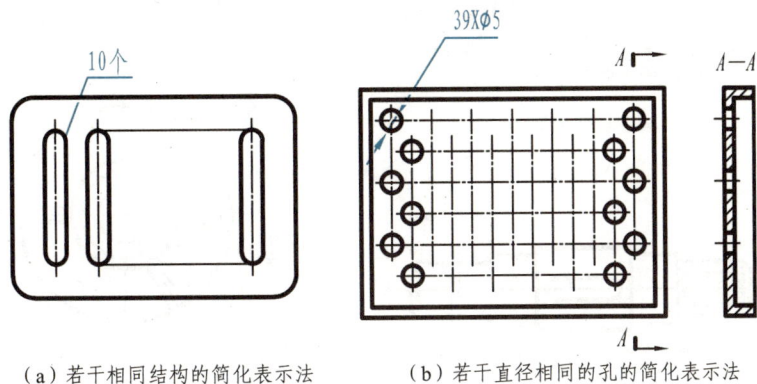

（a）若干相同结构的简化表示法　　　　（b）若干直径相同的孔的简化表示法

图5-28　简化表示法（1）

网状物、编织物或机件上的滚花部分，可在轮廓线附近用粗实线示意画出，并在视图上或技术要求中注明这些结构的具体要求。当视图不能充分表达平面时，可在图形上用相交的两条细实线表示平面。对于机件上的相贯线、截交线等，当交线和轮廓线非常接近，并且一个视图中已经表示清楚时，其他视图中可省略或简化。在不致引起误解时，零件图中的小圆角或小倒角允许省略不画，但必须注明尺寸或在技术要求中加以说明，如图5-29所示。

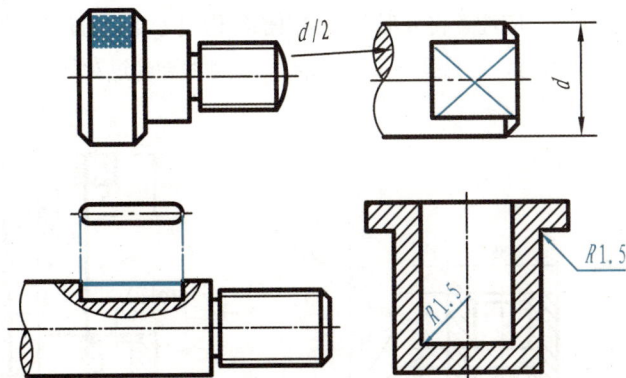

图5-29　简化表示法（2）

较长机件（如轴、杆、型材等）沿长度方向的形状一致或按一定规律变化时，可断开后缩短绘制，但长度尺寸必须按实际尺寸注出，断开处用波浪线或细双点划线绘制，如图5-30（a）和图5-30（b）所示。当机件回转体上均匀分布的孔、肋板等结构不处于剖切平面上时，可将这些结构假想旋转到剖切平面上，按剖视图绘制，如图5-30（c）所示。

（a）较长机件的简化表示法一

（b）较长机件的简化表示法二

（c）机件回转体上均匀分布的孔、肋板等结构的简化表示法

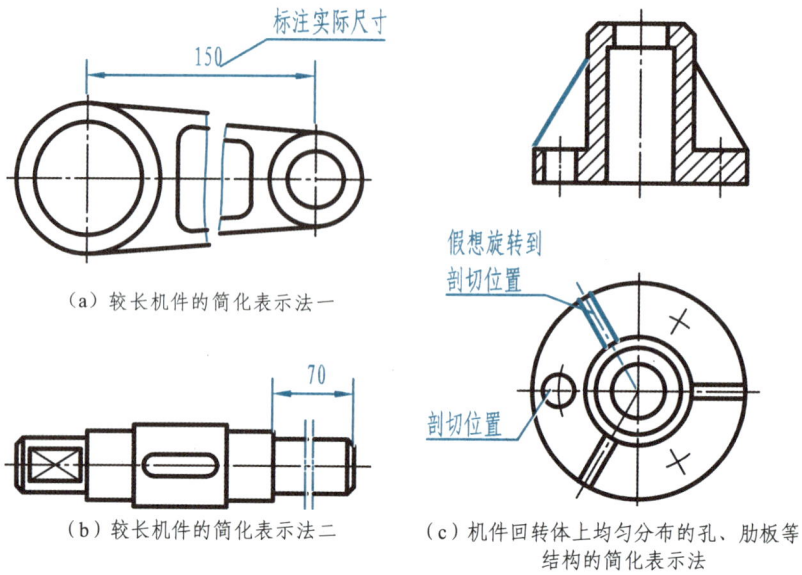

图5-30　简化表示法（3）

5.5　剖视图的尺寸标注

在剖视图上标注尺寸时，应注意将外形尺寸和内部结构尺寸尽量分注在视图两侧，如图5-31所示。半剖视图不完整结构的尺寸，可只画一条尺寸界线，尺寸线要超过对称中心线，如图5-32所示。

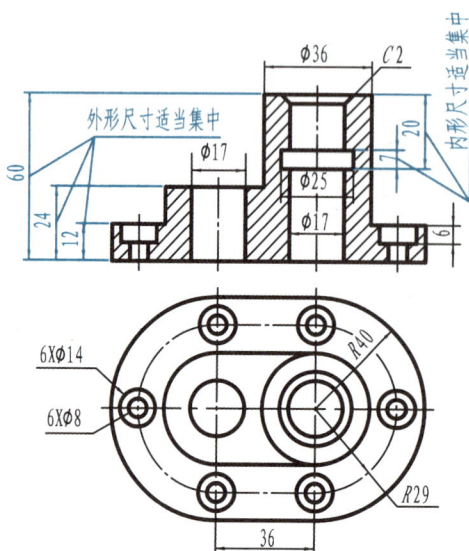

图5-31　全剖视图的尺寸标注

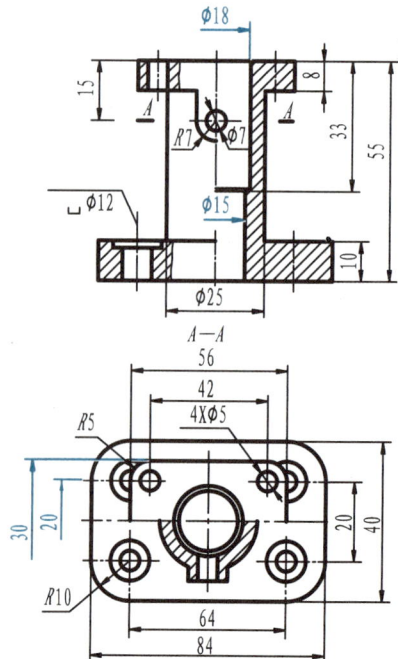

图5-32　半剖视图的尺寸标注

*5.6　第三角画法简介

《技术制图　图样画法　视图》（GB/T 17451—1998）规定："技术图样应采用正投影法绘制，并优先采用第一角画法"。《技术制图　投影法》（GB/T 14692—2008）对第三角画法做出了规定："必要时（如按合同规定等），允许使用第三角画法"。在工程图领域，法国、德国、俄罗斯等国家采用第一角画法，中国台湾地区以及美国、日本、加拿大、澳大利亚等国家采用第三角画法，中国大陆和英国两种画法都可以使用。随着国际间技术交流的发展，第三角画法的应用越来越普遍，所以应当了解第三角画法。

5.6.1　第三角画法中三视图的形成

在第三角画法中，将物体置于第三角内（V面之后，H面之下，W面之左），投影面处于观察者和物体之间，并假定投影面是透明的，采用正投影的方法得到物体在各投影面上的投影。在V面上得到的视图称为主视图，在H面上得到的视图称为俯视图，在W面上得到的视图称为右视图，如图5-33所示。

三个基本视图要展开到一个平面内，展开方法是V面不动，H面绕X轴向上旋转90°，W面绕Z轴向前旋转90°和V面展平到一个平面内，如图5-34所示。

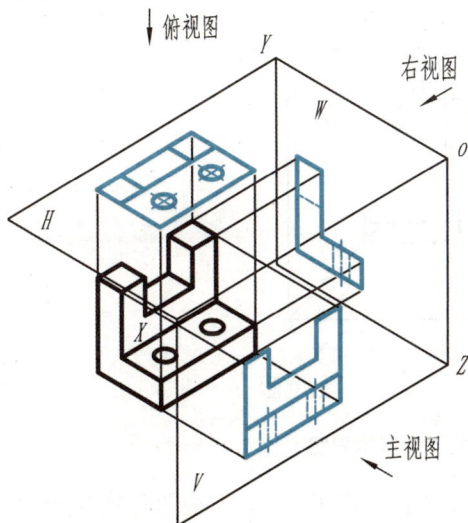

图5-33　第三角画法中的三视图

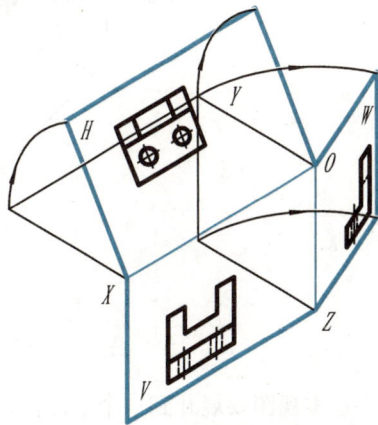

图5-34　三视图的展开

将三个视图展开到一个平面后，右视图在主视图的右边，俯视图在主视图的上方，三个视图仍然遵循"长对正、高平齐、宽相等"的投影规律。去掉投影面后三个基本视图的投影规律和配置如图5-35所示。

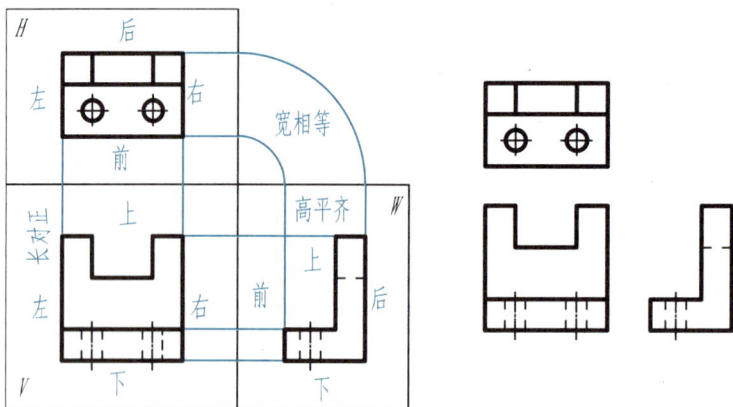

图5-35 去掉投影面后三个基本视图的投影规律和配置

5.6.2 第三角画法中的六个基本视图

将物体放入一个透明的六面体中，观察者站在六面体外面，从六个方向观察物体，在上述三个基本视图的基础上增加左视图、仰视图和后视图，得到六个基本视图，如图5-36所示。

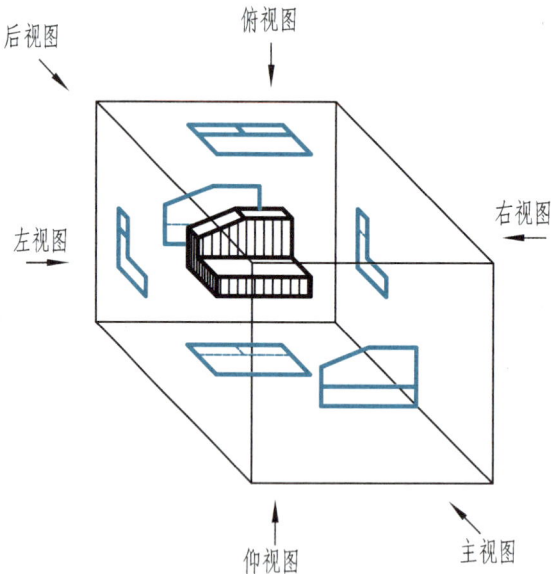

图5-36 第三角画法中的六个基本视图

六个基本视图要展开到一个平面内，展开方法是保持主视图不动，左视图向前旋转，俯视图向上旋转，仰视图向下旋转，后视图先和右视图展平到一个平面内，再向前旋转和主视图展平到一个平面内，如图5-37所示。

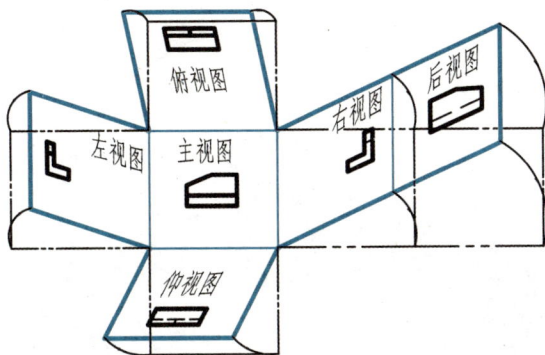

图5-37　六个基本视图的展开

第三角画法中六个基本视图的配置如图5-38所示，按此位置配置时，不需注写视图名称和投影方向，否则，需要按向视图绘制和标记。需要特别注意的是，采用第三角投影法时，必须在标题栏中画出第三角画法的识别符号，采用第一角投影法时，一般不必在标题栏中画出第一角画法的识别符号。第一、第三角画法的识别符号如图5-39所示。

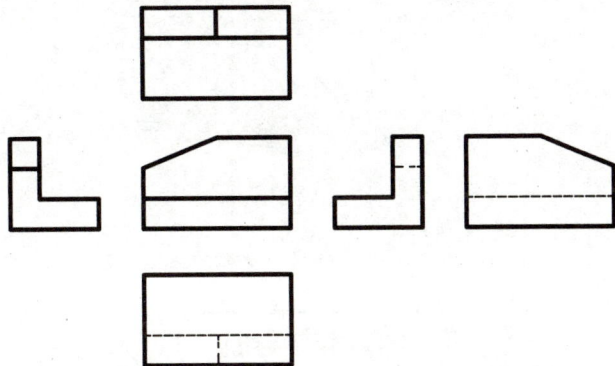

图5-38　第三角画法中六个基本视图的配置

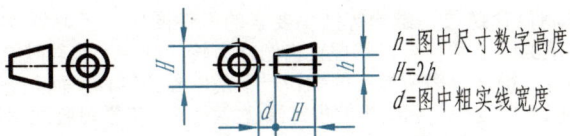

h=图中尺寸数字高度
$H=2h$
d=图中粗实线宽度

图5-39　第一、第三角画法的识别符号

在线测试

第**6**章

常用机件及结构要素的特殊表示法

教学导航

学习目标	能读懂和绘制包含螺纹、键槽等结构要素的机件图样，了解螺纹及其紧固件的画法和标记，了解轴承的画法和代号，掌握直齿圆柱齿轮的画法和齿轮啮合画法。本章中的螺纹连接、齿轮啮合、键连接等所涉及的知识已不是单独的零件，而是逐渐向部件过渡的典型装配结构，熟练掌握这些装配结构的规定画法将为下一步学习装配图打下基础
重点难点	重点是螺纹、键、齿轮、轴承等常用机件和标准件的特殊表示法。螺纹紧固件的表示法、轴承的规定画法等属于装配图的范畴，是本章的难点，学习本章时要注意对国家标准的正确理解和一些标准数据的查阅方法
学习指导	在学习螺纹和螺纹连接画法时，要在理解的基础上记住国家标准规定的表示法。对标准齿轮参数，已知齿数、模数和齿形角时，计算其他参数的公式要结合图形理解掌握。各种轴承的规定画法和特征画法要在理解轴承结构和特点的基础上掌握，对螺纹和轴承的标记要结合案例学习

教学安排		教学内容	习题
	第一讲	6.1 螺纹表示法（GB/T 4459.1—1995）	习题6-1至6-6
	第二讲	6.2 螺纹紧固件	习题6-7至6-9
	第三讲	6.3 键及其连接的表示法 6.4 齿轮表示法（GB/T 4459.2—2003）	习题6-10至6-12
	第四讲	6.5 滚动轴承表示法（GB/T 4459.7—2017）	习题6-13、6-14

　　标准件是指结构和尺寸都符合国家标准规定的零件或部件，如螺栓、螺钉、螺母、滚动轴承、普通圆柱螺旋压缩弹簧等（含标准零件和标准部件，轴承属标准部件）。常用机件是指机械产品中经常出现的零件或部件，如结构和尺寸都已经标准化的标准件和部分结构要素已经标准化的机件（如齿轮、花键等）。这些常用机件中大都含有多次重复出现的、已经标准化的结构要素（如螺纹、轮齿、键齿等），绘图时若按第5章中基本表示法的规定画出其真实投影，则十分烦琐，为此，国家标准规定了这些机件及结构要素的特殊表示法。

6.1　螺纹表示法

6.1.1　螺纹的基本要素

螺纹的基本要素包括牙型、大径、小径、中径、线数、螺距、导程、旋向等。

1. 牙型

　　在通过螺纹轴线的剖面上，螺纹的轮廓形状称为螺纹牙型。相邻两牙侧面间的夹角称为牙型角。常用的标准螺纹牙型见表6-1所列。

表6-1　常用的标准螺纹牙型

种类		特征代号	牙型放大图	说明
普通螺纹	粗牙和细牙	M	60°	常用的连接螺纹，一般连接多用粗牙。在相同的大径下，细牙螺纹的螺距较粗牙螺纹小，切深较浅，多用于薄壁或紧密连接的零件
管螺纹	55°密封管螺纹	R_1 R_c R_2 R_p	55°	包括圆锥内螺纹（R_c）与圆锥外螺纹（R_2）、圆柱内螺纹（R_p）与圆锥外螺纹（R_1）两种旋合方式。必要时，允许在螺纹副中添加密封物，以保证连接的紧密性。适用于管子、管接头、旋塞、阀门等
	55°非密封管螺纹	G	55°	螺纹本身不具有密封性，若要求连接后具有密封性，可压紧被连接件螺纹副外的密封面，也可在密封面间添加密封物。适用于管接头、旋塞、阀门等
梯形螺纹		T_r	30°	用于传递运动和动力，如机床丝杠、尾架丝杠等

（续表）

种类	特征代号	牙型放大图	说明
锯齿形螺纹	B		用于传递单向压力，如千斤顶螺杆等

2. 大径、小径和中径

大径（又称公称直径）是指和外螺纹的牙顶、内螺纹的牙底相切的假想圆柱或圆锥的直径；小径是指和外螺纹的牙底、内螺纹的牙顶相切的假想圆柱或圆锥的直径；在大径和小径之间设想有一圆柱或圆锥，在其轴线剖面内素线上的牙宽和槽宽相等，则该假想圆柱或圆锥的直径称为螺纹中径，如图6-1所示。

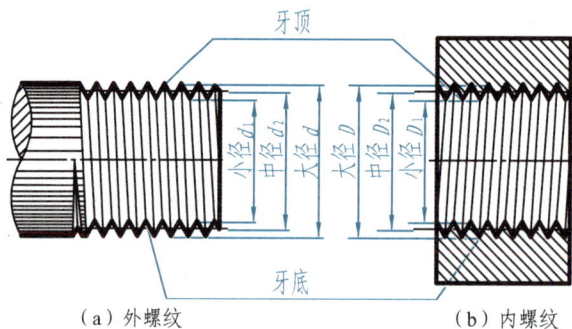

图6-1　螺纹的大径、中径和小径

3. 线数

形成螺纹的螺旋线条数称为线数。螺纹有单线螺纹和多线螺纹之分。多线螺纹在垂直于轴线的剖面内是均匀分布的，如图6-2所示。

4. 螺距和导程

相邻两牙在中径线上对应两点间的轴向距离称为螺距，同一条螺旋线上的相邻两牙在中径线上对应两点间的轴向距离称为导程，如图6-2所示。线数n、螺距P、导程P_h的关系为$P_h= nP$。

5. 旋向

沿轴线方向看，顺时针方向旋入的螺纹称为右旋螺纹，逆时针方向旋入的螺纹称为左旋螺纹，如图6-3所示。

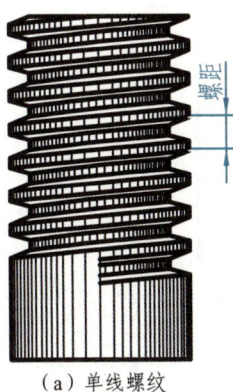
（a）单线螺纹

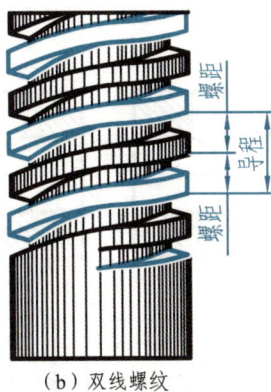
（b）双线螺纹

图6-2　单线螺纹和双线螺纹

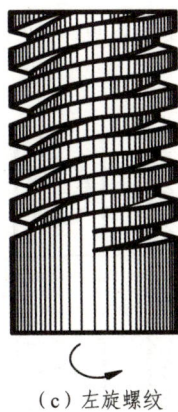
（c）左旋螺纹

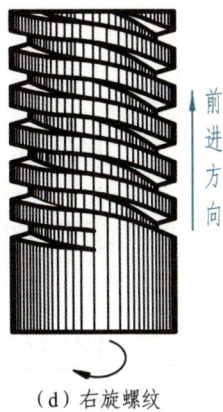
（d）右旋螺纹

图6-3　螺纹的旋向

螺纹的牙型、大径、线数、螺距和旋向称为螺纹五要素，只有这五个要素都相同的外螺纹和内螺纹才能相互旋合。

6.1.2　螺纹的规定画法

1. 外螺纹的画法

按《机械制图　螺纹及螺纹紧固件表示法》（GB/T 4459.1—1995）的规定，外螺纹的牙顶用粗实线表示，牙底用细实线表示。在不反映圆的视图中，牙底的细实线应画入倒角，螺纹终止线用粗实线表示。采用比例画法时，小径可按大径的85%绘制。螺尾部分一般不必画出，当需要表示时，该部分用与轴线成30°角的细实线画出。在反映圆的视图中，小径用大约3/4圈的细实线圆弧表示，倒角圆不画，如图6-4所示。

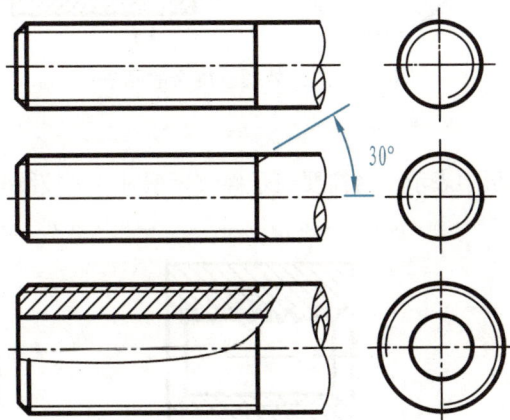

图6-4　外螺纹的画法

2. 内螺纹的画法

在不反映圆的视图中，当采用剖视图时，内螺纹的牙顶用粗实线表示，牙底用细实线表示。采用比例画法时，小径可按大径的85%绘制。需要注意的是，内螺纹的公称直径也是大径。剖面线应画到粗实线，螺纹终止线用粗实线绘制。若为盲孔，采用比例画法时，终止线到孔末端的距离可按大径的50%绘制。在反映圆的视图中，大径用约3/4圈的细实线圆弧绘制，倒角圆不画。当螺纹的投影不可见时，所有图线均为细虚线，如图6-5所示。

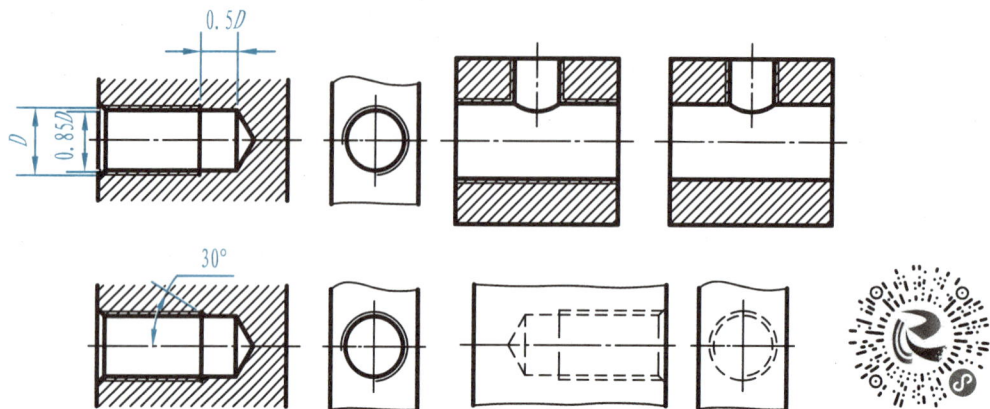

图6-5 内螺纹的画法

3. 内、外螺纹旋合的画法

在剖视图中，内、外螺纹的旋合部分应按外螺纹的画法绘制，不旋合部分按各自原有的画法绘制。需要注意的是，表示内、外螺纹大径的细实线和粗实线，以及表示内、外螺纹小径的粗实线和细实线应分别对齐。在剖切平面通过螺纹轴线的剖视图中，实心螺杆按不剖绘制，如图6-6所示。

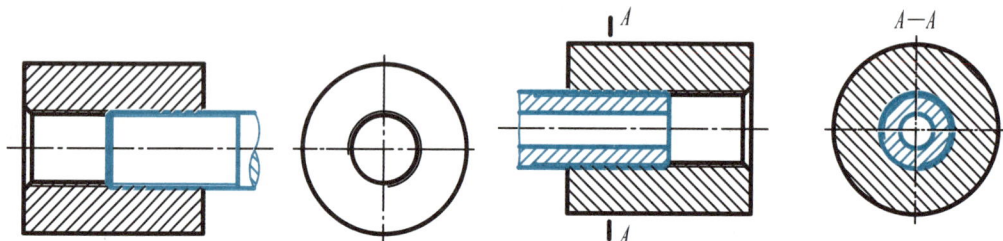

图6-6 内、外螺纹旋合的画法

4. 螺纹牙型的表示法

螺纹牙型一般不在图形中表示，当需要表示螺纹牙型时，可按图6-7的形式绘制。

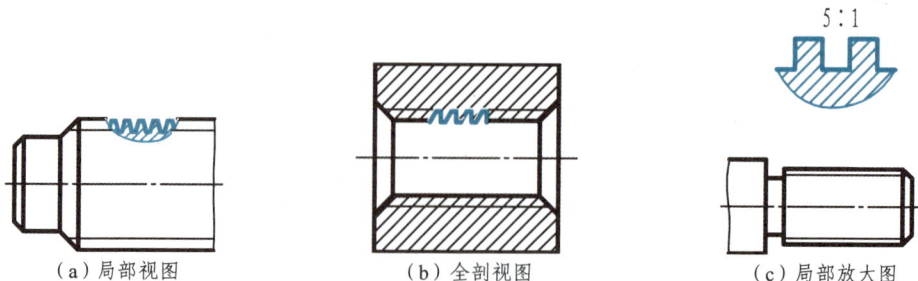

（a）局部视图　　　　（b）全剖视图　　　　（c）局部放大图

图6-7 螺纹牙型的表示法

6.1.3 螺纹的标注方法

按《普通螺纹 公差》（GB/T 197—2018）的规定，螺纹的标注包括螺纹的标记、长度、工艺结构尺寸等。螺纹的标记用来表示螺纹的要素及精度等。不同种类的螺纹其标记形式不同。下面分别介绍其标记。

1. 普通螺纹

完整的螺纹标记由螺纹特征代号、尺寸代号、公差带代号及其他有必要做进一步说明的个别信息组成。

（1）特征代号。螺纹特征代号用字母"M"表示。

（2）尺寸代号。单线螺纹的尺寸代号为"公称直径×螺距"，公称直径和螺距数值的单位为mm。对粗牙螺纹可以省略标注其螺距项。

多线螺纹的尺寸代号为"公称直径×导程P_h螺距P"，公称直径、导程和螺距数值的单位为mm。如果要进一步表示螺纹的线数，可在后面增加括号说明（使用英文进行说明，如双线为two starts，三线为 three starts，四线为four starts）。

（3）公差带代号。普通螺纹公差带代号包括中径公差带代号和顶径公差带代号。如果中径公差带代号与顶径公差带代号相同，则只标注一个公差带代号。螺纹尺寸代号与公差带代号间用"–"分开。表示内外螺纹旋合时，内螺纹公差带代号在前，外螺纹公差带代号在后，中间用"/"分开。

在下列情况下，中等公差精度螺纹不标注公差带代号：

内螺纹：5H公称直径小于或等于1.4 mm时；6H公称直径大于或等于1.6 mm时。

外螺纹：6h公称直径小于或等于1.4 mm时；6g公称直径大于或等于1.6 mm时。

（4）其他信息。标记内有必要说明的其他信息包括螺纹的旋合长度组别和旋向。

对短旋合长度组和长旋合长度组的螺纹，在公差带代号后分别标注代号"S"和"L"。旋合长度代号和公差带代号之间用"–"分开。中等旋合长度组螺纹不标注旋合长度代号（N）。

对左旋螺纹，应在旋合长度代号之后标注代号"LH"。旋合长度代号与旋向代号之间用"–"分开。右旋螺纹不标注旋向代号。

标注示例：

左旋螺纹：M8×1-LH（公差带代号和旋合长度代号被省略）。

M6×0.75-5h6h-S-LH

M14 × P_h6P2-7H-L-LH 或 M14 × P_h6P2（three starts）-7H-L-LH

右旋螺纹：M6（螺距、公差带代号、旋合长度代号和旋向代号被省略）。

螺纹尺寸标注由螺纹长度、螺纹工艺结构尺寸和螺纹标记组成，如图6-8所示。其中，螺纹标记标注在螺纹大径的尺寸线上。图样中标注的螺纹长度均指不含螺尾在内的有效螺纹长度。

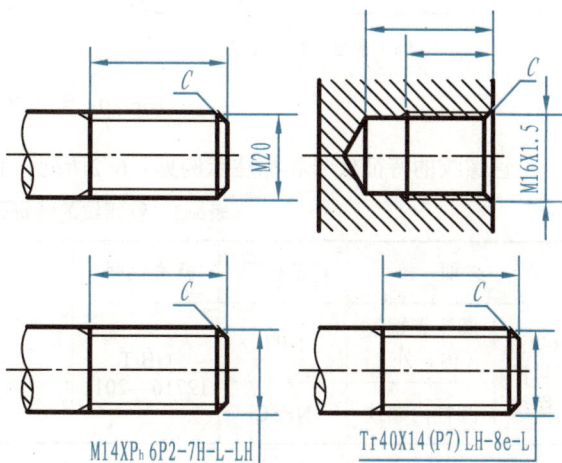

图6-8　螺纹尺寸标注

2. 传动螺纹

常用的传动螺纹有梯形螺纹（特征代号Tr）和锯齿形螺纹（特征代号B），完整的螺纹标记如下：

| 特征代号 | 公称直径 | ✕ | 导程 | 螺距 | 旋向 | — | 中径公差带代号 | 顶径公差带代号 | — | 旋合长度代号 |

标注传动螺纹标记时，如中径和顶径公差带代号相同，只标注一次，右旋螺纹不标注旋向，螺纹旋合长度为中等旋合长度（N）时不标注，长旋合长度用L表示，短旋合长度用S表示。

梯形螺纹的标记示例如图6-9所示。

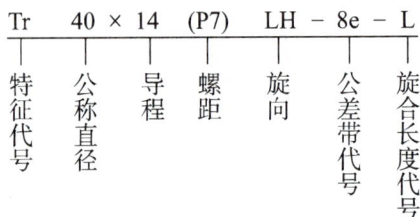

Tr   40 ✕ 14   (P7)   LH — 8e — L

特征代号　公称直径　导程　螺距　旋向　公差带代号　旋合长度代号

图6-9　梯形螺纹的标记示例

3. 管螺纹

常用的管螺纹分为密封管螺纹和非密封管螺纹。管螺纹的标记必须标注在大径的指引线上，管螺纹标记组成如图6-10所示。需要注意的是管螺纹的尺寸代号并不是指螺纹大径，其大径和小径等参数可从《圆柱内螺纹与圆锥外螺纹》(GB/T 7306.1—2000)、《圆锥内螺纹与圆锥外螺纹》(GB/T 7306.2—2000)和《非密封管螺纹》(GB/T 7307—2001) 标准中选取，标准全文请扫描二维码查看。

| 特征代号 | 尺寸代号 | 旋向代号 |　　　| 特征代号 | 尺寸代号 | 公差等级代号 | 旋向代号 |

（a）密封管螺纹标记　　　　　　　　　　　（b）非密封管螺纹标记

图6-10　管螺纹标记组成

管螺纹的特征代号和标注示例见表6-2所列。右旋螺纹省略标注旋向代号。

表6-2　管螺纹的特征代号和标注示例

类别		特征代号	标准代号	标注示例	说明
60°密封管螺纹	圆锥管螺纹（内、外）	NPT	GB/T 12716—2011	NPT6	
	圆柱内螺纹	NPSC		NPSC3/4	

（续表）

类别		特征代号	标准代号	标注示例	说明
55°密封管螺纹	圆柱内螺纹	Rp	GB/T 7306.1—2000 GB/T 7306.2—2000	R_p1	
	圆柱内螺纹	Rp	GB/T 7306.1—2000 GB/T 7306.2—2000	R_p1	
	圆锥内螺纹	Rc	GB/T 7306.1—2000 GB/T 7306.2—2000	$R_c1/2$	
	圆锥外螺纹	R_1（与圆柱内螺纹配合） R_2（与圆锥内螺纹配合）		$R_21/2\ LH$	左旋时尾加"LH"。内、外螺纹只有一种公差，螺纹副尺寸代号只标注一次
55°非密封管螺纹		G	GB/T 7307—2001	G_1A	外螺纹公差有A级和B级两种，内螺纹只有一种。螺纹副仅标注外螺纹

6.2 螺纹紧固件

　　常用的螺纹紧固件有螺栓、双头螺柱、螺钉、螺母和垫圈。螺栓用于被连接零件允许钻成通孔的情况；双头螺柱用于被连接零件之一较厚或不允许钻成通孔的情况；螺钉用于上述两情况，而且不经常拆开和受力较小的连接中。螺钉按用途可分为连接螺钉和紧定螺钉。

6.2.1 螺栓连接

　　螺栓连接的紧固件有螺栓、螺母和垫圈。紧固件一般采用比例画法绘制。比例画法是以螺栓上螺纹的公称直径（d、D）为主要参数，其余各部分结构尺寸均按与公称直径成一定比例关系绘制，如图6-11所示。螺栓长度L可按式（6-1）估算：

$$L \geq t_1+ t_2+0.15d+0.8d+(0.2\sim0.3)d \qquad （6-1）$$

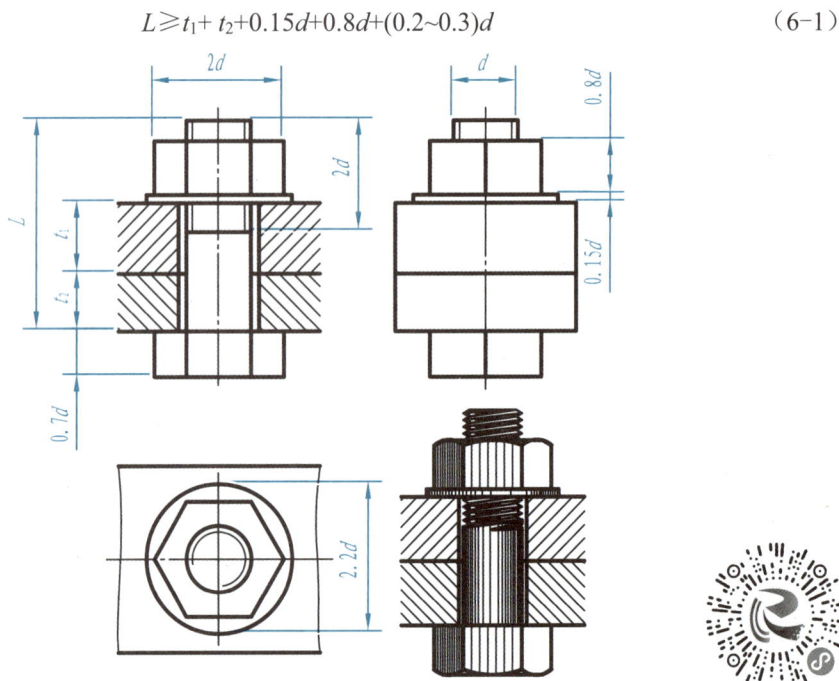

图6-11　螺栓连接的比例画法

根据式（6-1）的估算值，选取与估算值相近的标准长度值作为L值。螺栓紧固件的标记从《六角头螺栓》（GB/T 5782—2000）标准中选取，标准全文请扫描二维码查看。

画螺纹紧固件的装配图时，应遵守下述基本规定：

（1）两零件接触表面画一条线，不接触表面画两条线。

（2）两零件邻接时，不同零件的剖面线方向应相反，或者方向一致、间隔不等。

（3）对于紧固件和实心零件（如螺钉、螺栓、螺母、垫圈、键、销、球及轴等），若剖切平面通过其基本轴线，则都按不剖绘制，仍画外形，需要时，可采用局部剖视。

（4）在装配图中，圆角、倒角可以省略不画，如螺母、螺栓的六方倒角省略不画，螺栓上螺纹端面的倒角也省略不画。

6.2.2　双头螺柱连接

双头螺柱两端均加工有螺纹，一端和被连接件旋合，一端和螺母旋合，如图6-12所示。双头螺柱连接的比例画法和螺栓连接的比例画法基本相同。双头螺柱旋入端长度b_m要根据被旋入件的材料而定，以确保连接牢靠。对于不同材料，b_m有下列四种取值：

（1）$b_m=d$（用于钢或青铜）；

（2）$b_m=1.25d$（用于铸铁）；

（3）$b_m=1.5d$（用于铸铁）；

（4）$b_m=2d$（用于铝合金）。

螺柱的公称长度L可按式（6-2）估算：

$$L \geq t+ 0.15d+0.8d+(0.2\sim0.3)d \qquad （6-2）$$

根据式（6-2）的估算值，对照有关手册中螺柱的标准长度系列，选取与估算值相近的标准长度值作为L值。从《双头螺柱 $b_m=1d$》（GB/T 897—1988）、《双头螺柱 $b_m=1.25d$》（GB/T 898—1988）、《双头螺柱 $b_m=1.5d$》（GB/T 899—1988）和《双头螺柱 $b_m=2d$》（GB/T 900—1988）标准中选取，标准全文请扫描二维码查看。

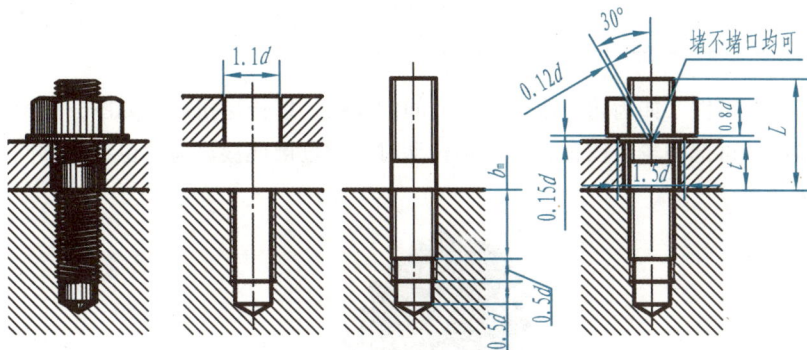

图6-12 双头螺柱连接的比例画法

6.2.3 螺钉连接

螺钉连接的比例画法，其旋入端与螺柱相同，被连接板孔部画法与螺栓相同。螺钉头部结构有圆柱头和沉头等，这些结构的比例画法如图6-13所示。螺钉标记和结构尺寸从《开槽圆柱头螺钉》（GB/T 65—2000）、《开槽盘头螺钉》（GB/T 67—2008）、《开槽沉头螺钉》（GB/T 68—2000）、《开槽半沉头螺钉》（GB/T 69—2000）、《内六角圆柱头螺钉》（GB/T 70.1—2008）、《开槽锥端紧定螺钉》（GB/T 71—1985）、《开槽平端紧定螺钉》（GB/T 73—1985）、《开槽长圆柱端紧定螺钉》（GB/T 75—1985）和《普通平键键槽的尺寸与公差》（GB/T 1095—2003）标准中选取，标准全文请扫描二维码查看。

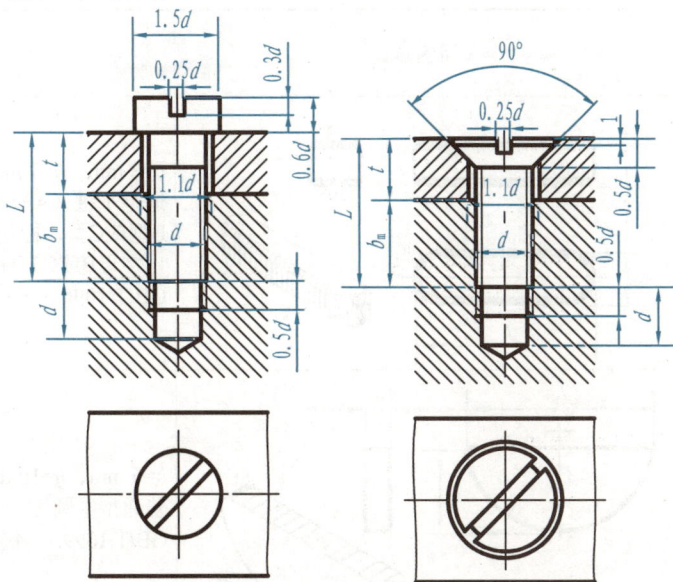

图6-13 螺钉连接的比例画法

在装配图中，螺钉头部的一字槽和十字槽可用单线（线宽为粗实线的两倍）绘制。

6.3　键及其连接的表示法

键主要用于轴和轴上零件（如齿轮、皮带轮等）间的连接，以传递扭矩。如图6-14所示，将键嵌入轴上的键槽中，再把齿轮装在轴上，当轴转动时，通过键连接，齿轮也将和轴同步转动，实现动力的传递。

图6-14　键连接

6.3.1　常用键及其标记

常用的键有普通型平键、普通型半圆键和钩头型楔键等。普通型平键又有A型、B型和C型三种。几种常用键的名称（标准编号）、图例和标记示例见表6-3所列。

表6-3　几种常用键的名称（标准编号）、图例和标记示例

名称 （标准编号）	图例	标记示例
普通型平键 GB/T 1096— 2003		b=8 mm、h=7 mm、L=25 mm的普通型平键（A型不需要标出，如为B型或C型，标记中的尺寸前应标出字母B或C）标记为 GB/T 1096　键8×7×25
普通型半圆键 GB/T 1099.1— 2003		b=6 mm、h=10 mm、D=25 mm的普通型半圆键标记为 GB/T 1099.1　键6×10×25

（续表）

名称 （标准编号）	图例	标记示例
钩头型楔键 GB/T 1565—2003		b=6 mm、L=25 mm的钩头型楔键标记为 GB/T 1565 键6×25

6.3.2 普通型平键连接的画法及尺寸标注

当采用普通型平键时，键的长度L和宽度b要根据轴的直径d和传递的扭矩大小通过计算后从标准中选取适当值。轴和轮毂上键槽的表示方法及尺寸标注如图6-15（a）和图6-15（b）所示。轴上的键槽若在前面，局部视图可以省略不画，键槽在上面时，键槽和外圆柱面产生的截交线可用柱面的转向轮廓线代替。

在装配图上，键连接的画法如图6-15（c）所示。因为键是实心零件，所以当平行于键剖切时键按不剖绘制，但当垂直于键剖切时，键按剖视绘制。键的上表面和轮毂上键槽的底面为非接触面，所以应画两条图线。轮毂、轴和键剖面线的方向要遵循装配图中剖面线的规定画法。

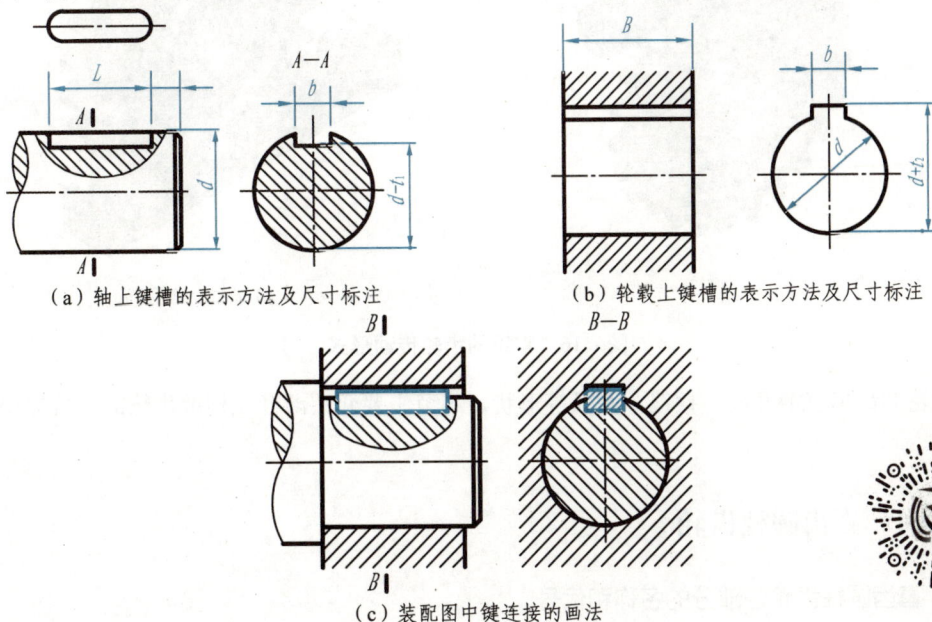

（a）轴上键槽的表示方法及尺寸标注

（b）轮毂上键槽的表示方法及尺寸标注

（c）装配图中键连接的画法

图6-15 普通型平键连接的画法

6.4 齿轮表示法

齿轮在机器设备中应用十分广泛，是用来传递运动和动力的常用零件。根据《机械制图 齿轮表示法》（GB/T 4459.2—2003）标准，常见的齿轮传动有三种：圆柱齿轮传动——适用于两轴线平行的传动；锥齿轮传动——适用于两轴线相交的传动；蜗轮蜗杆传动——适用于两轴线垂直交叉的传动。齿轮齿条传动是圆柱齿轮传动的特例。常见的齿轮传动形式如图6-16所示。

（a）圆柱齿轮传动

（b）锥齿轮传动

（c）蜗轮蜗杆传动

（d）齿轮齿条传动

图6-16 常见的齿轮传动形式

齿轮的齿形有渐开线、摆线、圆弧等形状，本节主要介绍渐开线标准齿轮的有关知识和画法规定。

6.4.1 直齿圆柱齿轮

1. 直齿圆柱齿轮各部分的名称和代号

直齿圆柱齿轮各部分的名称和代号如图6-17所示。

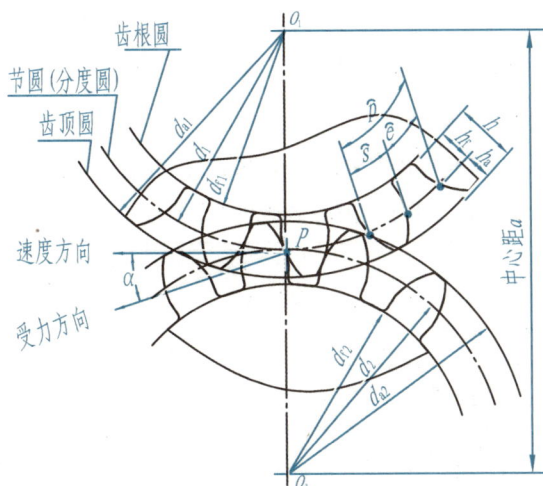

图6-17 直齿圆柱齿轮各部分的名称和代号

齿数z——齿轮上轮齿的个数。

齿顶圆直径d_a——通过齿顶的圆柱面直径。

齿根圆直径d_f——通过齿根的圆柱面直径。

分度圆直径d——分度圆是一个假想的圆，在该圆上齿厚（s）等于齿槽宽（e），其直径称为分度圆直径。分度圆直径是齿轮设计和加工时的重要参数。

齿高h——齿顶圆和齿根圆之间的径向距离。

齿顶高h_a——齿顶圆和分度圆之间的径向距离。

齿根高h_f——齿根圆和分度圆之间的径向距离。

齿距P——分度圆上相邻两齿廓对应点之间的弧长。

齿厚s——分度圆上轮齿的弧长。

齿槽宽e——分度圆上齿槽的弧长。

模数m——因为分度圆的周长$\pi d=Pz$，所以$d=Pz/\pi$，P/π称为模数，用m表示，模数以mm为单位。模数是齿轮设计和制造的重要参数，模数越大，轮齿的尺寸越大，承载能力越大。为便于制造，减少齿轮成形刀具的规格，模数的值已经标准化。根据《通用机械和重型机械用圆柱齿轮 模数》（GB/T 1357—2008），渐开线圆柱齿轮的模数见表6-4所列。

表6-4 渐开线圆柱齿轮的模数

第一系列	1 1.25 1.5 2 2.5 3 4 5 6 8 10 12 16 20 25 32 40 50
第二系列	1.125 1.375 1.75 2.25 2.75 3.5 4.5 5.5 (6.5) 7 9 11 14 18 22 28 35 45

注：优先选用第一系列，其次是第二系列，括号内的数值尽可能不用。

压力角、齿形角α——齿轮转动时，节点P的运动方向（分度圆的切线方向）和正压力方向（渐开线的法线方向）所夹的锐角称为压力角。加工齿轮用刀具的基本齿条的法向压力角称为齿形角。压力角和齿形角均用α表示。我国标准规定α为20°。

一对齿轮啮合时，它们的模数和齿形角必须相等。一对标准齿轮啮合，标准安装时，齿形角等于压力角。

中心距a——两圆柱齿轮轴线间的距离。

2. 直齿圆柱齿轮的尺寸计算

已知模数m和齿数z时，标准直齿圆柱齿轮各基本尺寸的计算公式见表6-5所列。

表6-5　标准直齿圆柱齿轮各基本尺寸的计算公式

序号	名称	符号	计算公式
1	齿距	P	$P=\pi m$
2	齿顶高	h_a	$h_a=m$
3	齿根高	h_f	$h_f=1.25m$
4	齿高	h	$h=2.25m$
5	分度圆直径	d	$d=mz$
6	齿顶圆直径	d_a	$d_a=m（z+2）$
7	齿根圆直径	d_f	$d_f=m（z-2.5）$
8	中心距	a	$a=m（z_1+z_2）/2$

注：基本参数为模数m及齿数z。

3. 直齿圆柱齿轮的画法

单个直齿圆柱齿轮的画法如图6-18所示。齿顶圆和齿顶线用粗实线绘制，分度圆和分度线用细点划线绘制，齿根圆和齿根线用细实线绘制（也可省略不画）。在剖视图中，齿根线用粗实线绘制，无论剖切平面是否通过轮齿，轮齿一律按不剖绘制。除轮齿部分外，齿轮的其他部分结构均按真实投影绘制。

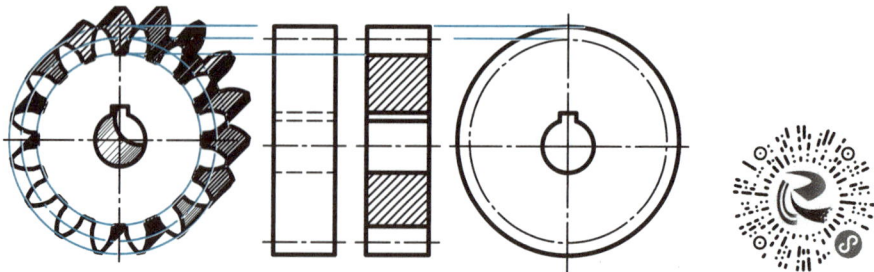

图6-18　单个直齿圆柱齿轮的画法

在直齿圆柱齿轮零件图中，轮齿部分的径向尺寸仅标注出分度圆直径和齿顶圆直径，轮齿部分的轴向尺寸仅标注出齿宽和倒角。其他参数（如模数、齿数等）可在位于图纸右上角的参数表中给出，如图6-19所示。

模　数	m	2
齿　数	z_1	45
齿 形 角	α	20°
精 度 等 级		
$7\,(f_{pt}, f_{f\alpha}, F_\alpha)\,GB/T\ 10095.1-2008$		
$8\,(F_i^{''}, F_r)\,GB/T\ 10095.2-2008$		
配偶	件号	8902
齿轮	齿数 z_2	204

技术要求
1.齿部表面淬火50 HRC。

$\sqrt{Ra12.5}$ $(\sqrt{})$

						45			(单位名称)
标记	处数	分区	更改文件号	签名	年月日				(图样名称)
设计	(签名)	(年月日)	标准化	(签名)	(年月日)	阶段标记	重量	比例	(图样代号)
制图								1:1	
审核									
工艺			批准			共 张	第 张		(投影符号)

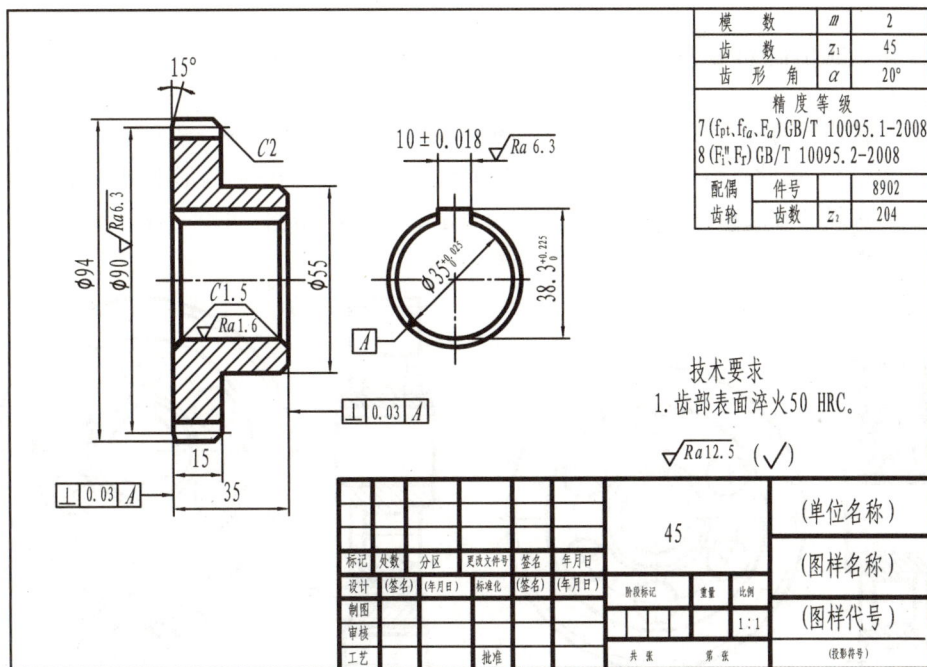

图6-19　直齿圆柱齿轮零件图

一对直齿圆柱齿轮啮合的画法如图6-20所示。在反映圆的视图上，齿顶圆用粗实线绘制，两齿轮的分度圆相切，齿根圆省略不画。在不反映圆的视图上，采用剖视图绘制时，在啮合区域，一个齿轮的轮齿用粗实线绘制，另一个齿轮的轮齿按被遮挡处理，齿顶线用细虚线绘制，如图6-20（a）所示；不采用剖视图绘制时，在啮合区域，齿顶线和齿根线均不画，分度线用粗实线绘制，如图6-20（b）所示。齿顶线和齿根线之间的缝隙（顶隙）为0.25m（m为模数）。

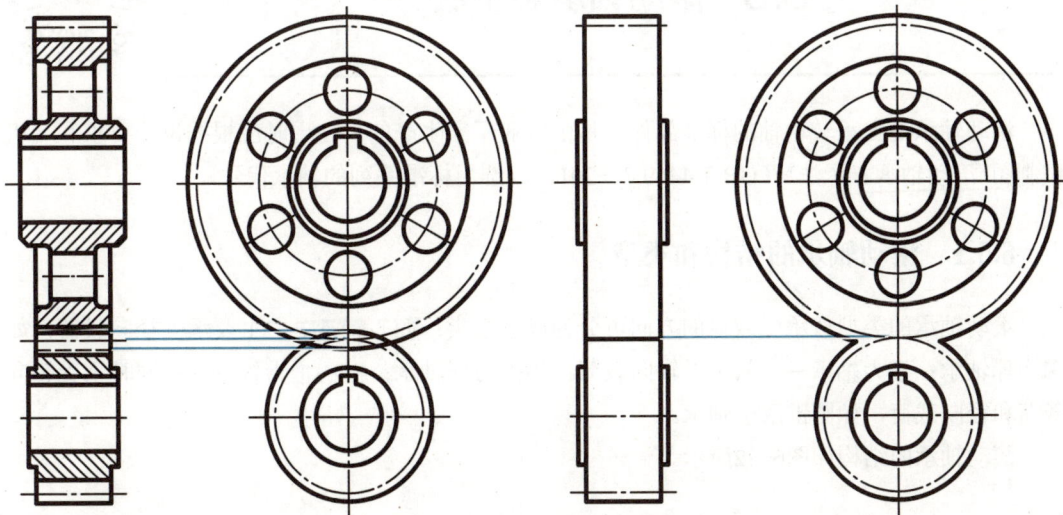

（a）采用剖视图绘制时，一对直齿圆柱齿轮啮合的画法　　（b）不采用剖视图绘制时，一对直齿圆柱齿轮啮合的画法

图6-20　一对直齿圆柱齿轮啮合的画法

6.4.2 斜齿圆柱齿轮

斜齿圆柱齿轮简称为斜齿轮，斜齿轮的轮齿在一条螺旋线上，螺旋线和轴线的夹角称为螺旋角，用β表示。因此，斜齿轮的端面齿形和垂直于轮齿方向的法向齿形不同，其法向模数为标准值。斜齿轮的画法和直齿轮相同，当需要表示螺旋线方向时，可用三条与齿向相同的细实线表示，如图6-21所示。

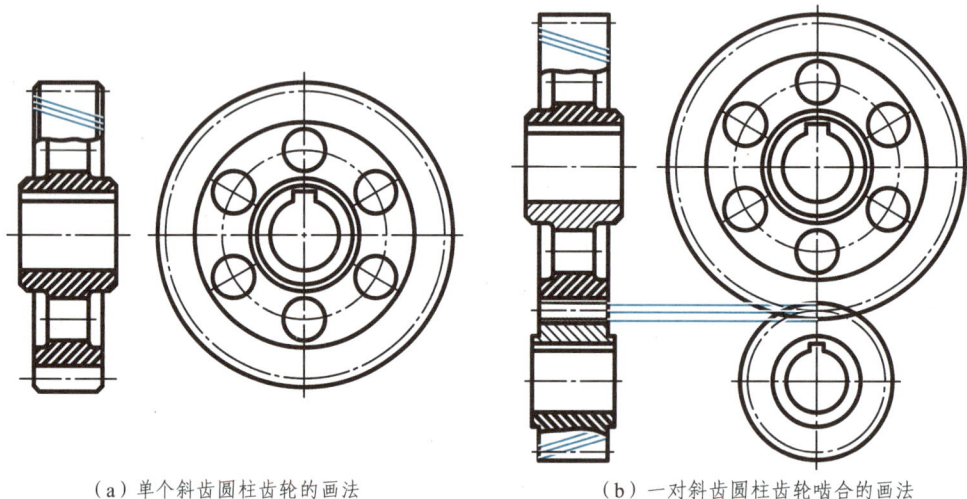

（a）单个斜齿圆柱齿轮的画法　　　　　　　　（b）一对斜齿圆柱齿轮啮合的画法

图6-21　斜齿圆柱齿轮及其啮合画法

6.5　滚动轴承表示法

滚动轴承是支承转动轴的标准部件，是由专业厂家生产的。使用时应根据设计要求和《机械制图　滚动轴承表示法》（GB/T 4459.7—2017），选用标准系列的轴承代号。

6.5.1　滚动轴承的结构和类型

滚动轴承的类型按承受载荷的方向可分为以下三类：向心轴承——主要承受径向载荷，如深沟球轴承；推力轴承——只承受轴向载荷，如推力球轴承；向心推力轴承——同时承受轴向载荷和径向载荷，如圆锥滚子轴承。

滚动轴承的结构如图6-22所示。

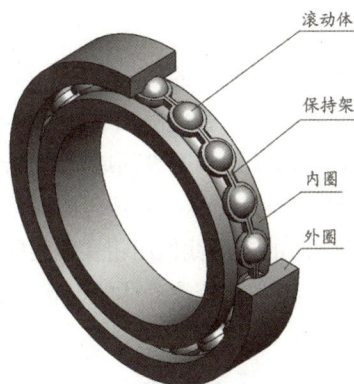

图6-22　滚动轴承的结构

外圈——装在机体或轴承座内，一般固定不动或偶作少许转动。

内圈——装在轴上，与轴紧密配合在一起，且随轴一起旋转。

滚动体——装在内、外圈之间的滚道中，有滚珠、滚柱、滚锥等几种类型。

保持架——用以均匀分隔滚动体，防止它们之间的相互摩擦和碰撞。

6.5.2　滚动轴承的画法

GB/T 4459.7—2017对滚动轴承的画法作了统一规定，有通用画法、特征画法和规定画法三种。采用通用画法或特征画法绘制滚动轴承时，在同一图样中一般只采用其中一种画法。

1. 通用画法

在剖视图中，当不需要确切地表示滚动轴承的外形轮廓、载荷特性、结构特征时，可用矩形线框及位于线框中央正立的十字形符号表示。矩形线框和十字形符号均用粗实线绘制，十字形符号不应与矩形线框接触，通用画法应绘制在轴的两侧。滚动轴承通用画法的尺寸比例示例见表6-6所列。

表6-6　滚动轴承通用画法的尺寸比例示例

通用画法	需表示外圈无挡边的通用画法	需表示外圈有单挡边的通用画法

2. 特征画法

在剖视图中，如需较形象地表示滚动轴承的结构特征，可采用在矩形线框内画出其结构要素符号的方法。结构要素符号由长粗实线、长粗圆弧线和短粗实线组成。长粗实线表示滚动体的滚动轴线；长粗圆弧线表示可调心轴承的调心表面或滚动体滚动轴线的包络线；短粗实线表示滚动体的列数和位置。短粗实线和长粗实线（或长粗圆弧线）相交成90°（或相交于法线方向），并通过滚动体的中心。特征画法的矩形线框用粗实线绘制，并且应绘制在轴的两侧。

在垂直于滚动轴承轴线的投影面上，无论滚动体的形状（球、柱、针等）及尺寸如何，均可按图6-23的方法绘图。

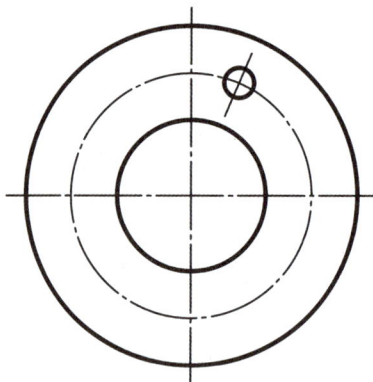

图6-23　滚动轴承轴线垂直投影面的特征画法

常用滚动轴承的特征画法及规定画法的尺寸比例示例见表6-7所列。

表6-7　常用滚动轴承的特征画法及规定画法的尺寸比例示例

轴承类型	特征画法	规定画法
深沟球轴承 (GB/T 276— 2013)		
圆柱滚子轴承 (GB/T 283— 2021)		

（续表）

轴承类型	特征画法	规定画法
角接触球轴承 (GB/T 292—2007)		
圆锥滚子轴承 (GB/T 297—2015)		
推力球轴承 (GB/T301—2015)		

3. 规定画法

必要时，在滚动轴承的产品图样、产品样本、产品标准、用户手册和使用说明书中可采用规定画法。采用规定画法绘制滚动轴承的剖视图时，滚动体不画剖面线，内、外圈等可画成方向和间隔相同的剖面线，保持架及倒角等可省略不画。规定画法一般绘制在轴的一侧，另一侧按通用画法绘制，如图6-24所示。

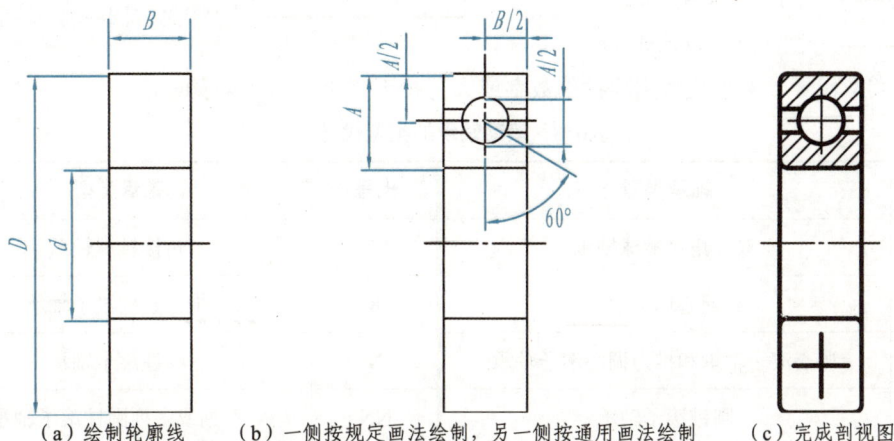

（a）绘制轮廓线　　（b）一侧按规定画法绘制，另一侧按通用画法绘制　　（c）完成剖视图

图6-24　深沟球轴承规定画法的作图步骤

规定画法中各种符号、矩形线框和轮廓线均采用粗实线绘制。其尺寸比例示例见表6-7所列。滚动轴承在装配图中的画法如图6-25所示。

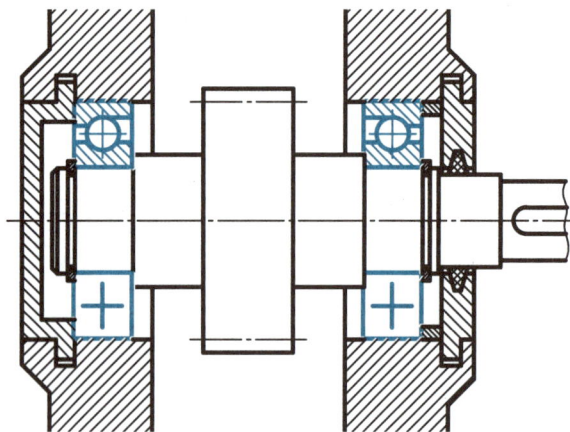

图6-25　滚动轴承在装配图中的画法

6.5.3　滚动轴承的代号

根据《滚动轴承　代号方法》（GB/T 272—2017），滚动轴承的代号由基本代号、前置代号和后置代号组成，其排列如下：

| 前置代号 | 基本代号 | 后置代号 |

1. 基本代号

基本代号表示滚动轴承的基本类型、结构和尺寸，是滚动轴承代号的基础。滚动轴承（除滚针轴承外）的基本代号由类型代号、尺寸系列代号、内径代号构成。类型代号用阿拉伯数字或大写拉丁字母表示；尺寸系列代号和内径代号用数字表示。例如：

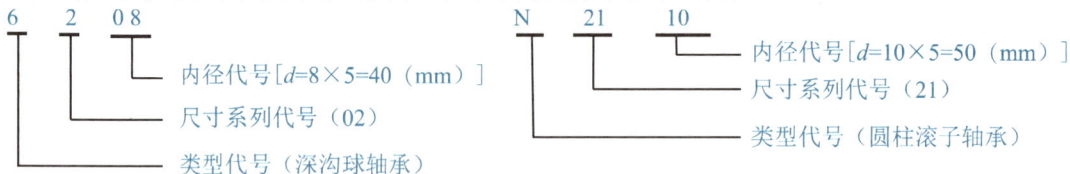

6　2 08　　　　内径代号[$d=8×5=40$（mm）]
　　　　　　　尺寸系列代号（02）
　　　　　　　类型代号（深沟球轴承）

N　21　10　　　　内径代号[$d=10×5=50$（mm）]
　　　　　　　尺寸系列代号（21）
　　　　　　　类型代号（圆柱滚子轴承）

（1）类型代号。类型代号用阿拉伯数字或大写拉丁字母表示（见表6-8）。

表6-8　滚动轴承的类型代号

代号	轴承类型	代号	轴承类型
0	双列角接触球轴承	7	角接触球轴承
1	调心球轴承	8	推力圆柱滚子轴承
2	调心滚子轴承和推力调心滚子轴承	N	圆柱滚子轴承
3	圆锥滚子轴承	NN	双列或多列圆柱滚子轴承
4	双列深沟球轴承	U	外球面球轴承
5	推力球轴承	QJ	四点接触球轴承
6	深沟球轴承		

（2）尺寸系列代号。尺寸系列代号由滚动轴承的宽（高）度系列代号和直径系列代号组合而成（见表6-9）。

表6-9　向心轴承、推力轴承的尺寸系列代号

直径系列代号	向心轴承								推力轴承			
	宽度系列代号								高度系列代号			
	8	0	1	2	3	4	5	6	7	9	1	2
	尺寸系列代号											
7	—	—	17	—	37	—	—	—	—	—	—	—
8	—	08	18	28	38	48	58	68	—	—	—	—
9	—	09	19	29	39	49	59	69	—	—	—	—
0	—	00	10	20	30	40	50	60	70	90	10	—
1	—	01	11	21	31	41	51	61	71	91	11	—
2	82	02	12	22	32	42	52	62	72	92	12	22
3	83	03	13	23	33	—	—	—	73	93	13	23
4	—	04	—	24	—	—	—	—	74	94	14	24
5	—	—	—	—	—	—	—	—	—	95	—	—

（3）内径代号。内径代号表示滚动轴承的公称内径。滚动轴承的内径代号及其示例见表6-10所列。

表6-10　滚动轴承的内径代号及其示例

轴承公称内径/mm		内径代号	示例
0.6到10（非整数）		用公称内径直接表示，内径与尺寸系列代号之间用"/"分开	深沟球轴承：618/2.5 $d=2.5$ mm
1到9（整数）		用公称内径毫米数直接表示，对深沟球轴承及角接触球轴承的7、8、9直径系列，内径与尺寸系列代号之间用"/"分开	深沟球轴承：625　618/5 $d=5$ mm
10到17	10 12 15 17	00 01 02 03	深沟球轴承：6200 $d=10$ mm
20到480（22、28、32除外）		公称内径除以5的商数，商数为个位数时，需在商数左边加"0"，如08	调心滚子轴承：23208 $d=40$ mm

（续表）

轴承公称内径/mm	内径代号	示例
大于和等于500及22、28、32	用公称内径毫米数直接表示，内径与尺寸系列代号之间用"/"分开	调心滚子轴承： 230/500　d=500 mm 深沟球轴承： 62/22　d=22 mm

2. 前置代号和后置代号

前置代号和后置代号是轴承在结构、尺寸、公差、技术要求等有改变时，在其基本代号左、右添加的补充代号。具体内容可查阅有关国家标准。

在线测试

第 **7** 章

零件图

学习目标	能阅读和绘制中等复杂程度的零件图，了解零件图的作用和内容，掌握典型零件的表达方法、尺寸标注及零件上常见的工艺结构，掌握零件图上技术要求（表面粗糙度，尺寸公差，形位公差）的注写方法，了解读零件图的方法和步骤
重点难点	重点是典型零件的表达方法和尺寸标注。难点是零件图的尺寸标注和技术要求
学习指导	在学习本章的过程中，要结合所学内容，紧密联系生产实际，了解所绘制零件的功能和制造工艺过程，认真分析典型零件的表达方法和尺寸标注步骤。结合典型零件案例学习表达方法和尺寸标注是非常有效的学习方法

		教学内容	习题
教学安排	第一讲	7.1 零件图的作用和内容 7.2 典型零件的视图表达方法	习题7-1至7-3
	第二讲	7.3 零件上常见的工艺结构 7.4.1 表面粗糙度	习题7-4至7-6
	第三讲	7.4.2 极限与配合 7.4.3 几何公差	习题7-7至7-9
	第四讲	7.5 读零件图案例	习题7-10、7-11

7.1 零件图的作用和内容

零件图是设计部门提交给生产部门，用以指导生产机器零件的重要技术文件之一。它不仅反映了设计者的设计意图，还表达了对零件的各种技术要求，如尺寸精度、表面粗糙度等。因此，零件图是制造和检验零件的重要依据。

案例 7-1

图7-1为数控切割机上的一个电机支架的立体图，图7-2为该电机支架的零件图。因为零件图不仅要表达零件的内外结构、尺寸大小，还要对零件的材料、加工、检验、测量提供必要的技术要求，所以零件图必须包含制造和检验零件的全部技术信息。

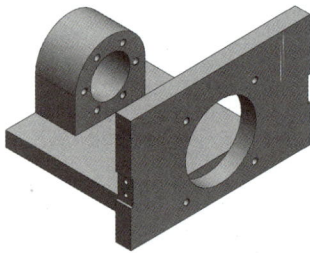

图7-1 电机支架的立体图

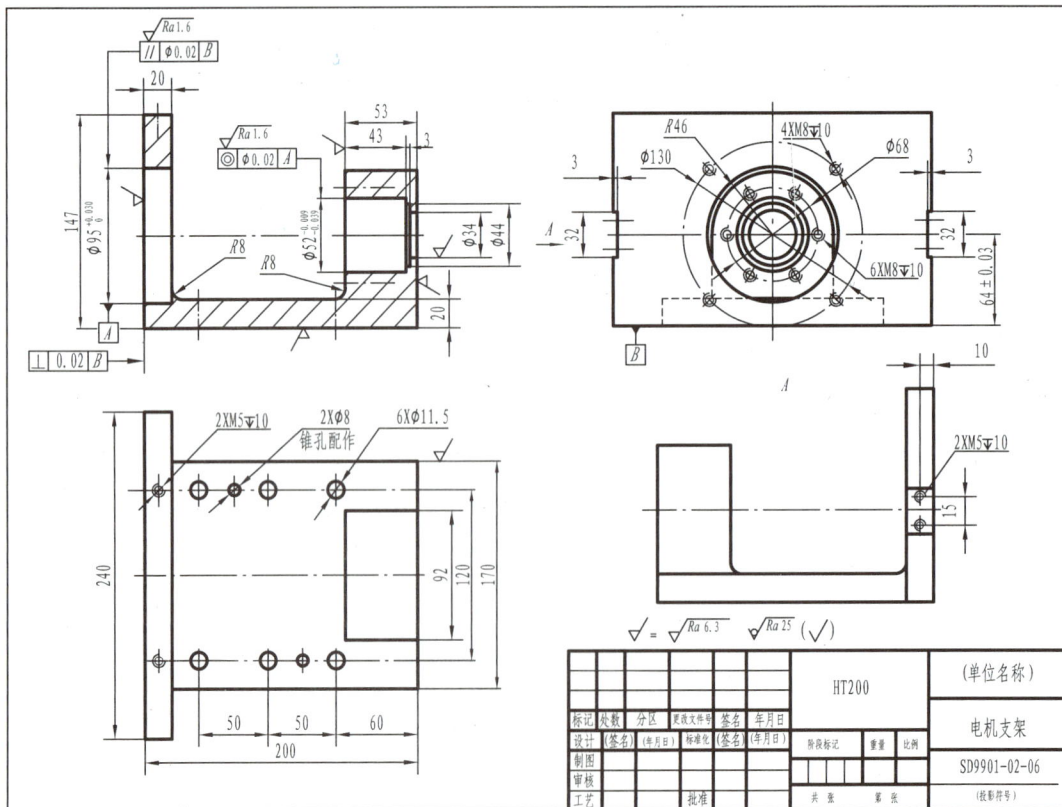

图7-2 电机支架的零件图

零件图一般包含以下内容：

（1）一组视图。在零件图中须用一组视图来表达零件的形状和结构，应根据零件的结构特点，选择适当的视图、剖视、断面、局部放大等表达方法，将零件的形状和结构表达清楚。如图7-2采用主视图（剖视图）、俯视图、左视图及一个A向视图，完整地表达了电机支架的内、外结构。

（2）完整的尺寸。零件图上的尺寸不仅要标注得正确、完整、清晰，还要标注得合理，能够满足设计意图，宜于制造生产，便于检验。

（3）技术要求。国家标准规定，对于零件在制造和检验时要在技术上达到各项要求，要用规定的代号、字母、数字和文字在零件图上简明地表示。零件图上的技术要求包括表面粗糙度、尺寸偏差、几何公差、表面处理、材料和热处理、检验方法及其他特殊要求等。

（4）标题栏。标题栏应配置在图框的右下角，填写的内容主要有零件的名称、材料、数量、比例、图样代号，设计、审核、批准者的姓名和日期等。对于标题栏的格式，《技术制图标题栏》（GB/T 10609.1—2008）作了统一规定，应尽可能采用标准的标题栏格式。填写标题栏时应注意以下几点：

①零件名称要精练，如"齿轮""泵盖"等，不必体现零件在机器中的具体作用。

②图样可按产品系列进行编号，也可按零件类型综合编号。图样编号要有利于图纸检索。

③零件材料要用规定的代号表示，不得用自编的文字和代号表示。

7.2 典型零件的视图表达方法

虽然机器中的零件各不相同，但是根据其结构和形状可以分为轴套类零件、轮盘类零件、叉架类零件和箱体类零件。同类零件具有相似的结构特点和类似的表达方法。

7.2.1 轴套类零件

案例 7-2

在机器中，轴类零件一般起支承传动件和传递动力的作用，套类零件一般起支承、轴向定位、连接或传动作用。图7-3为蜗轮轴的立体图，图7-4为蜗轮轴的零件图。通过分析蜗轮轴的立体图和零件图，可以了解轴套类零件的结构特点和表达方法。

图7-3 蜗轮轴的立体图

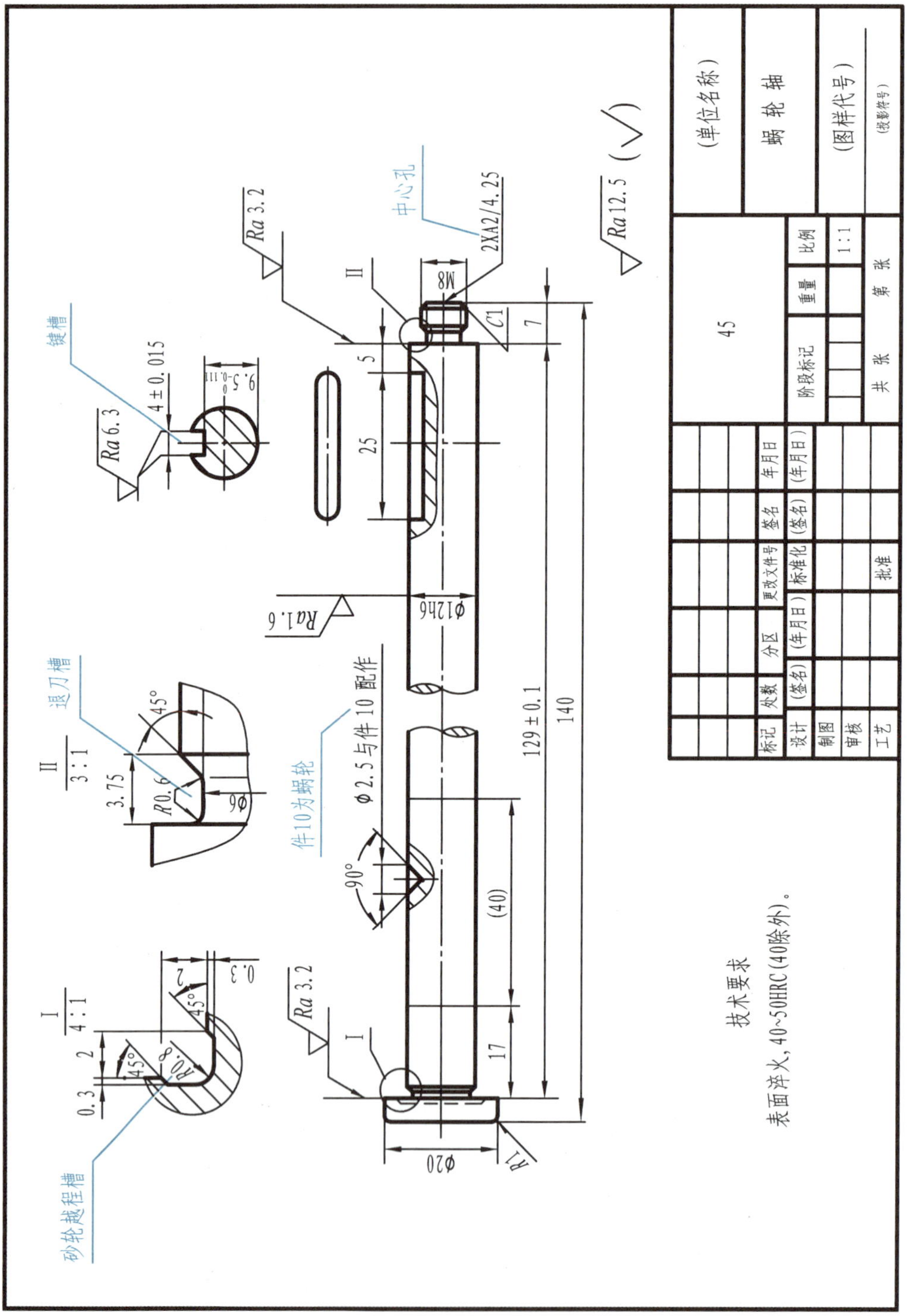

图7-4　蜗轮轴的零件图

1. 轴套类零件的结构特点

轴套类零件大多数是由同轴回转体组成，其上沿轴线方向通常设有轴肩、倒角、螺纹、退刀槽、砂轮越程槽、键槽、销孔、凹坑、中心孔等结构。例如，图7-4所示的蜗轮轴由右向左设有螺纹、退刀槽、键槽、凹坑、砂轮越程槽、轴肩。

2. 轴套类零件的表达方法

（1）轴套类零件主要在车床或磨床上加工，为了加工时读图方便，该类零件的主视图应选择其加工位置，即轴线水平放置。

（2）轴类零件一般为实心件，主视图一般选视图，不选全剖视图；套类零件一般为中空件，主视图一般选全剖视图。当零件上有键槽、凹坑、凹槽时，轴类零件的主视图可根据情况选择局部剖视图，例如，图7-4中主视图选择了两处局部剖视图，分别表达键槽和凹坑。

（3）轴套类零件一般不画俯视图和左视图。

（4）当零件上的局部结构需要进一步表达时，可以根据需要绘制局部视图、断面图和局部放大图等。例如，图7-4中主视图上方选择了两处局部放大图、一处断面图和一处局部视图，分别表达砂轮越程槽、退刀槽和键槽的结构。

7.2.2　轮盘类零件

案例 7-3

轮盘类零件一般包括手轮、带轮、法兰盘、端盖等。轮盘类零件一般通过键、销与轴连接，传递扭矩；盖类零件一般通过螺纹紧固件与箱体连接，主要起支承、轴向定位及密封作用。

图7-5为法兰盘的立体图，图7-6为法兰盘的零件图。通过分析法兰盘的立体图和零件图，可以了解轮盘类零件的结构特点和表达方法。

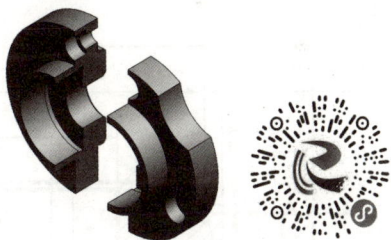

图7-5　法兰盘的立体图

1. 轮盘类零件的结构特点

轮类零件一般由轮毂、轮辐和轮圈组成，轮毂上一般有键槽，轮辐有板式、肋板式等多种形式。盘类零件与轴套类零件结构相似，一般也是由同轴回转体组成，有时也有部分结构是方形、环形，与轴套类零件不同的是，其轴向尺寸一般小于径向尺寸。盘类零件上常见的结构包括中心有阶梯孔，周围有均布的孔、槽等。例如，图7-5和图7-6所示的法兰盘中心有带退刀槽的阶梯孔，周围有三个均布的螺钉孔。

2. 轮盘类零件的表达方法

（1）轮盘类零件主要在车床或磨床上加工，为了加工时读图方便，该类零件的主视图也应选择其加工位置，即轴线水平放置。

（2）轮盘类零件一般为中空件，主视图一般选全剖视图或半剖视图表达。例如，图7-6中主视图选择了全剖视图。

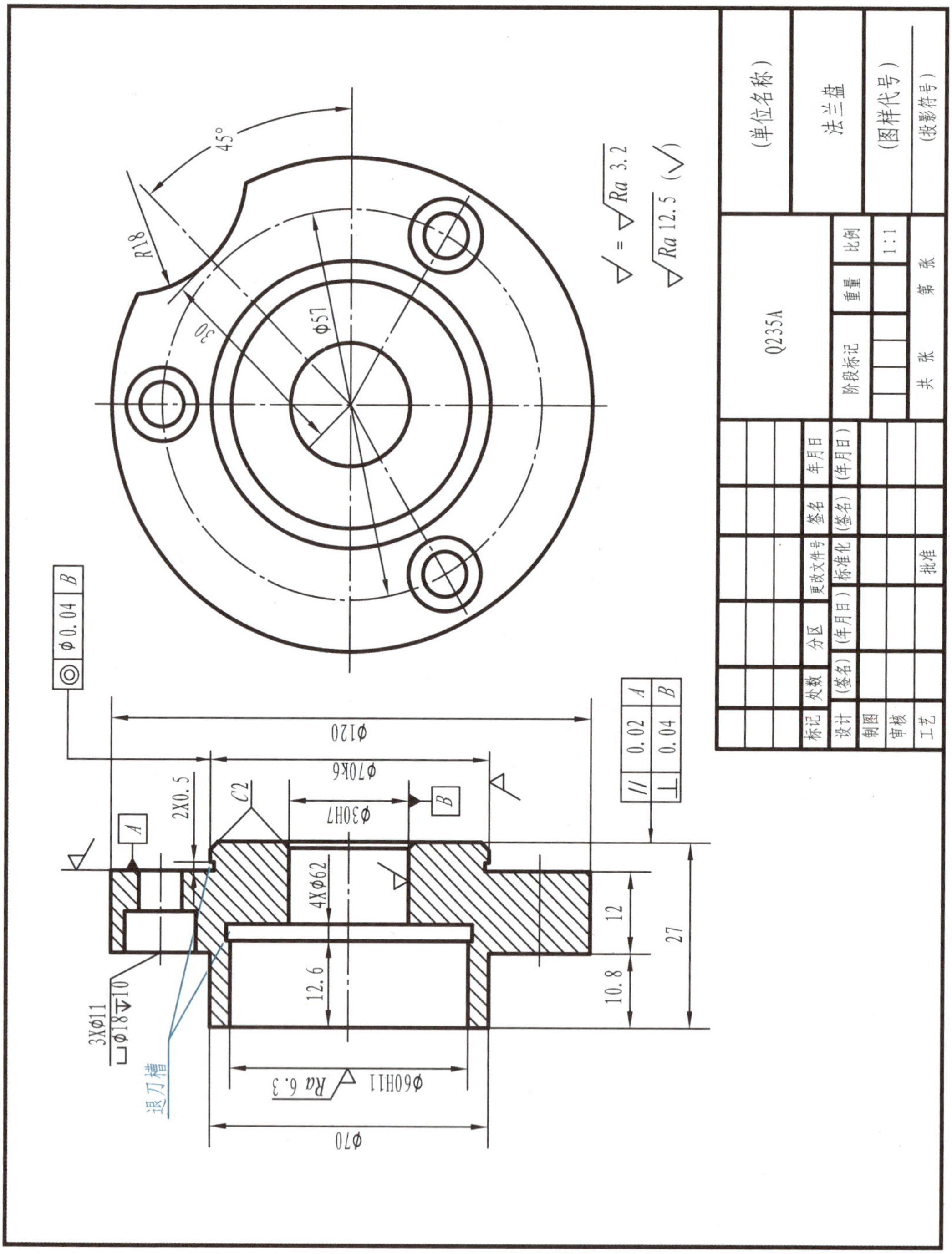

图7-6　法兰盘的零件图

（3）轮盘类零件一般不画俯视图，画左视图以表达零件上结构的分布情况。例如，图7-6中左视图表达了孔的分布情况和缺槽的位置和形状。

（4）当零件上的局部结构需要进一步表达时，可以根据需要绘制局部视图、局部剖视图、局部放大图、断面图等来表达尚未表达清楚的结构。

7.2.3 叉架类零件

案例 7-4

叉架类零件多为铸造或锻造成毛坯后，经机械加工而成，一般包括拨叉、连杆、支座、支架等。拨叉主要用于机器的操纵机构，起操纵或调速作用；支架主要起支承和连接作用。图7-7为支架的立体图，图7-8为支架的零件图。通过分析支架的立体图和零件图，可以了解叉架类零件的结构特点和表达方法。

图7-7　支架的立体图

1. 叉架类零件的结构特点

叉架类零件的结构一般比较复杂，大体可分为三部分：支承部分、连接部分和工作部分。连接部分通常是倾斜或弯曲的、断面有规律变化的肋板结构，用以连接零件的工作部分与支承部分；支承部分和工作部分常有圆孔、螺孔、沉孔、油槽、油孔、凸台、凹坑等。例如，图7-8中下部为支承部分，有两个安装沉孔；上部为工作部分，中间有圆孔，左面有夹紧螺孔；中间为连接部分，其断面为渐变的肋板。

2. 叉架类零件的表达方法

（1）叉架类零件的加工方法和加工位置不止一个，该类零件的主视图选择主要考虑工作位置和形状特征。例如，图7-8中主视图的形状特征最明显。

（2）叉架类零件一般两端有内部结构，中间是实心肋板，主视图一般选择局部剖视图表达。例如，图7-8中主视图选择了两处局部剖视图，分别表达上面的夹紧螺孔和下面的安装孔。

（3）叉架类零件结构较复杂，一般除主视图外，还需要选择1~2个基本视图表达零件的主体结构。例如，图7-8中左视图下部表达了安装板的形状和安装孔的位置，上部采用局部剖视图表达了工作部分内部的圆柱孔。

（4）当零件上的某些局部结构或某些不平行于基本投影面的结构需要进一步表达时，可以根据需要绘制局部视图、局部剖视图、斜视图、断面图等来表达尚未表达清楚的结构。例如，图7-8中左下角采用A向局部视图表达了零件工作部分的凸台及夹紧螺孔结构，主视图右方采用移出断面图表达了连接部分倾斜肋板的断面形状。

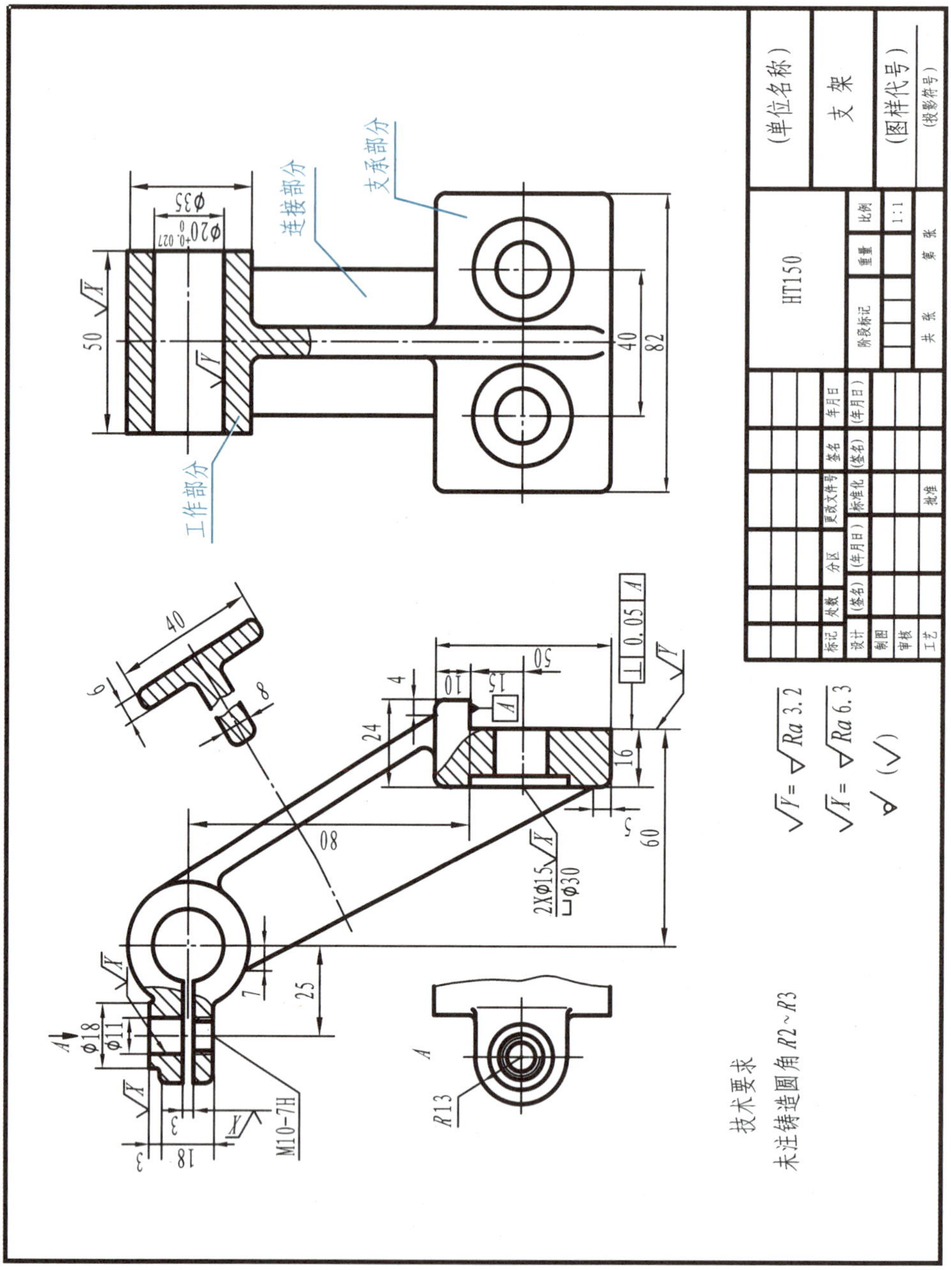

图7-8　支架的零件图

7.2.4　箱体类零件

案例 7-5

箱体类零件多为铸造成毛坯后，经机械加工而成。箱体类零件主要作用是支承、包容、保护、定位和密封内部机构。各种泵体、阀体、减速器箱体等都属于此类零件。

图7-9为减速器箱的立体图，图7-10为减速器箱体的零件图。通过分析减速器箱体的立体图和零件图，可以了解箱体类零件的结构特点和表达方法。

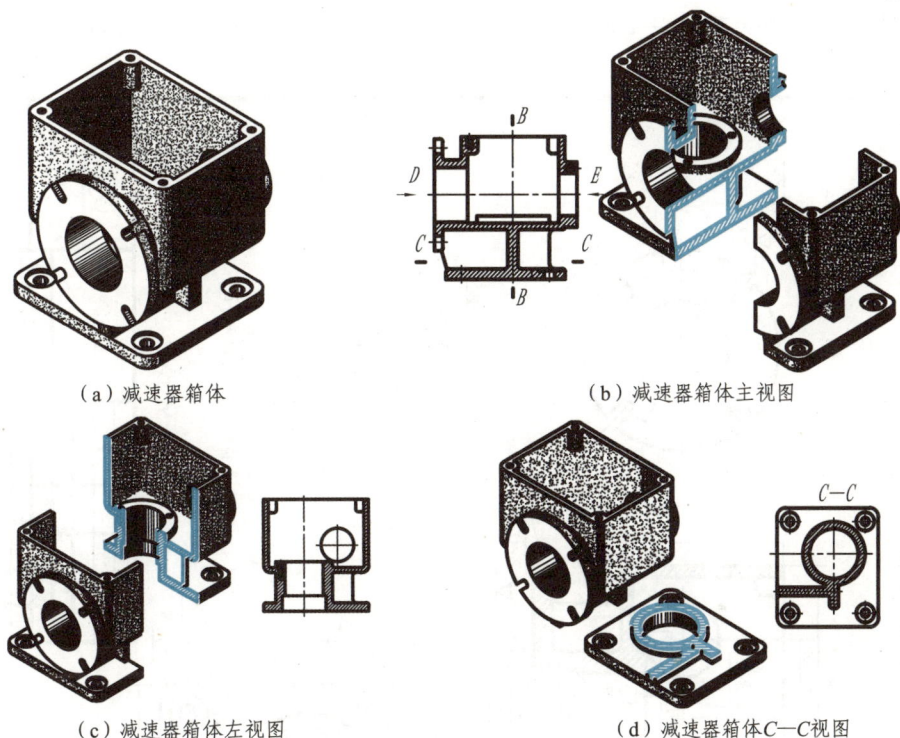

（a）减速器箱体

（b）减速器箱体主视图

（c）减速器箱体左视图

（d）减速器箱体C—C视图

图7-9 减速器箱体的立体图

1. 箱体类零件的结构特点

箱体类零件的内腔和外形结构均很复杂。它们通常有一个用于安装的底板，底板上通常有安装孔，安装孔处有凸台或凹坑，底板下一般有槽，可以减少接触面积和加工面积。底板上面一般设有一个薄壁空腔，用以容纳运动零件和储存润滑油。箱壁四周根据传动需要，加工多个用以支承和安装传动件的带圆柱孔的凸台，凸台上有时根据安装端盖的需要加工螺纹孔。凸台下方多加肋板起到辅助支撑的作用。箱壁上方在需要安装箱盖处加工凸台，凸台上有安装孔，便于安装箱盖。例如，图7-9（a）所示的减速器箱体，其结构比较复杂，基础形体由底板、箱壳、"T"字形肋板、互相垂直的蜗杆轴孔（水平）和蜗轮轴孔系（垂直）组成，蜗轮轴孔在底板和箱壳之间，其轴线与蜗杆轴孔的轴线垂直异面，"T"字形肋板将底板、箱壳和蜗轮轴孔连接成一个整体。

2. 箱体类零件的表达方法

（1）箱体类零件的结构一般比较复杂，加工位置不止一个，一般按工作位置摆放，并选择形体特征最明显的方向作为主视图投射方向。

（2）箱体类零件一般为中空件，主视图一般选择全剖视图表达。例如，图7-9（b）中主视图选择了全剖视图，主要表达蜗杆轴孔、箱壳、肋板的形状和关系，并采用了两处局部剖视图，表达螺纹孔和安装孔。

（3）箱体类零件结构较复杂，一般除主视图外，还需绘制多个视图来明确地表达零件的主体结构，且各视图之间应保持直接的投影关系。例如，图7-10中左视图采用全剖视图，主要表达蜗轮轴孔、箱壳的形状和位置关系；俯视图绘制成外形图，主要表达箱壳和底板、蜗轮轴孔和蜗杆轴孔的位置关系；C—C剖视图表达底板形状和肋板的断面形状。沿同一投射方向绘制一个外形图和一个剖视图，是箱体类零件常用的表达方法。

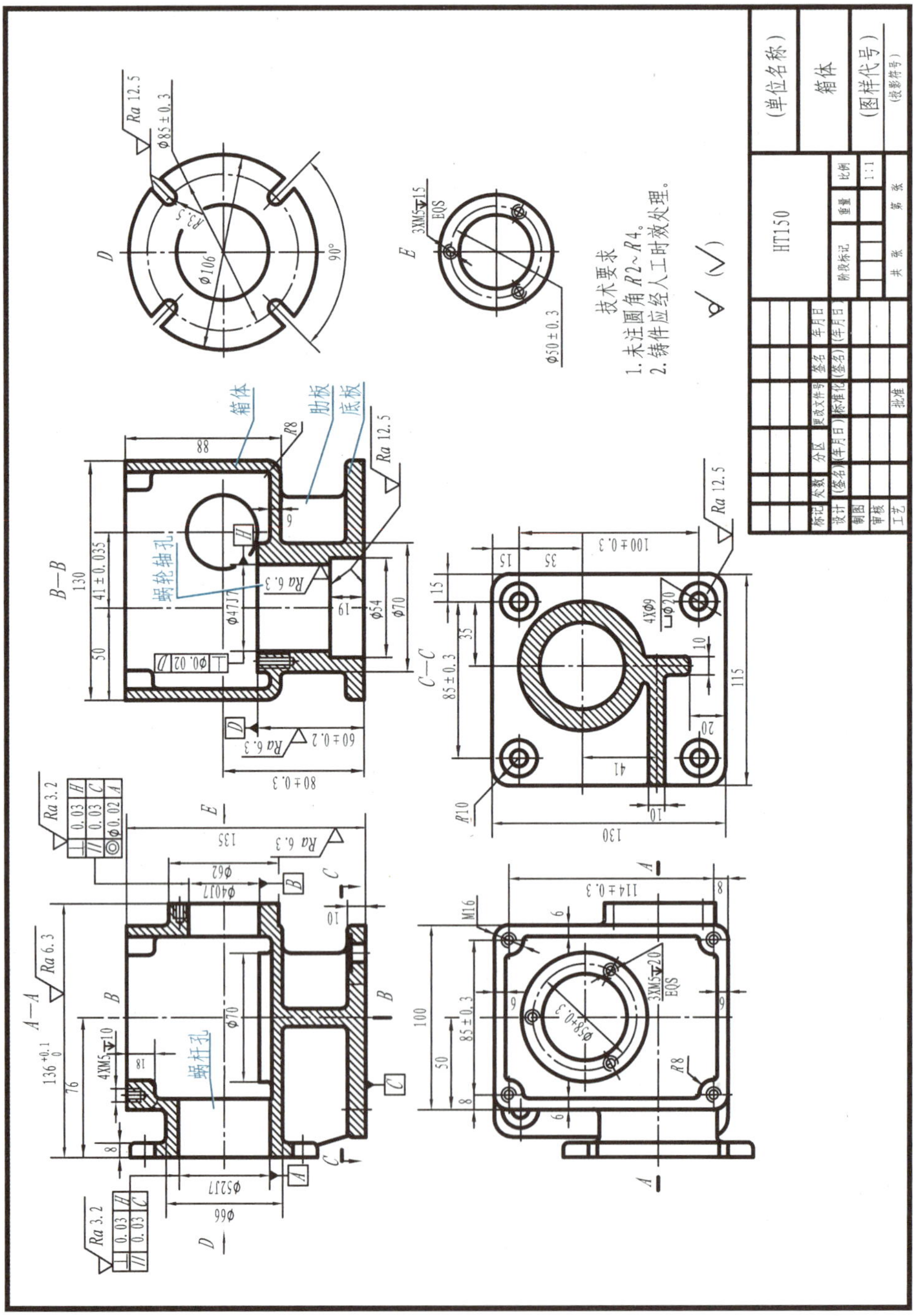

图7-10　减速器箱体的零件图

（4）当零件上的局部结构需要进一步表达时，可以根据需要绘制局部视图、局部剖视图、断面图等来表达尚未表达清楚的结构。例如，图7-10中用*D*向、*E*向两个局部视图分别表达两个凸台的形状。

7.2.5 主视图的选择原则

通过以上典型零件的表达方案分析，可总结出主视图的选择要考虑以下原则：

（1）主视图的形状特征最明显。主视图是零件图的核心，主视图的投射方向直接影响其他视图的投射方向，因此主视图要将组成零件的各形体之间的相互位置和主要形体的形状结构表达清楚。

（2）以加工位置确定主视图。其目的是方便加工制造者看图。

（3）以工作位置确定主视图。工作位置是指零件装配在机器或部件中工作时的位置，按工作位置选取主视图，容易想象零件在机器中的作用。

主视图确定后，其他视图要配合主视图，在完整、清晰地表达出零件的形状结构的前提下，尽可能减少视图的数量。因此，配置其他视图时应注意以下几个方面：

（1）每个视图都要有明确的表达重点，各个视图相互配合、相互补充，表达内容不应重复。

（2）根据零件的内部结构选择恰当的剖视图和断面图，选择剖视图和断面图时，一定要明确剖视图和断面图的意义，使其发挥最大的作用。

（3）对尚未表达清楚的局部形状和细小结构，补充必要的局部视图和局部放大图。

7.3 零件上常见的工艺结构

7.3.1 铸件工艺结构

1. 壁厚

铸件各部分的壁厚应尽量均匀，不宜相差太大。如果结构必须具有不同的壁厚，那么应使厚壁和薄壁逐渐过渡，以免在冷却过程中由于凝固速度不同形成热节，产生缩孔或裂纹，如图7-11所示。

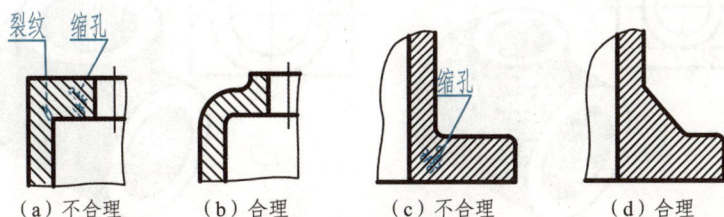

图7-11 铸件壁厚

2. 铸造圆角

铸件上两表面相交处如设计为尖角，在进行浇铸时，砂型尖角会发生落砂和裂纹现象，因此两表面相交处应设计为圆角。铸件经机械加工后，铸造圆角被切除，变为尖角，如图7-12（c）所示。铸造圆角的大小一般为R3~R5，在零件图上可省略不画，圆角尺寸可以在技术要求中统一说明。

3. 起模斜度

铸件在起模时，为起模顺利，在起模方向上的内、外壁上应有适当的斜度，这个斜度称为起模斜度，如图7-12（a）和图7-12（b）所示。起模斜度一般按1:20选取，也可在0.5°~3°之间选取。通常在图样上不画出，也不标注起模斜度，如果需要可以在技术要求中说明。

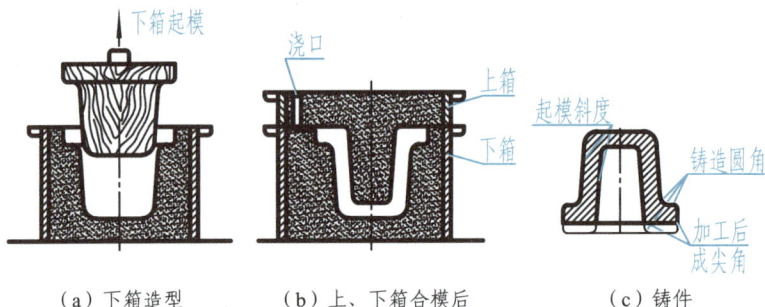

（a）下箱造型　　　　　（b）上、下箱合模后　　　　　（c）铸件

图7-12　铸造圆角和起模斜度

4. 过渡线

因为铸造表面的转角处用圆角过渡，所以两表面的交线变得不明显。在绘图时，如不绘制交线，零件的结构就会表述不清。为便于读图，在图样中仍要画出理论交线，但两端不与轮廓线接触，这种线称为过渡线。可见的过渡线用细实线绘制，不可见的过渡线用细虚线绘制。

如图7-13所示，当两个圆柱曲面相交时，由于存在铸造圆角过渡的情况，两表面的交线（相贯线）变得不明显，在主视图中，相贯线应按过渡线绘出。当两圆柱直径相等时，两过渡线相交处也应断开。

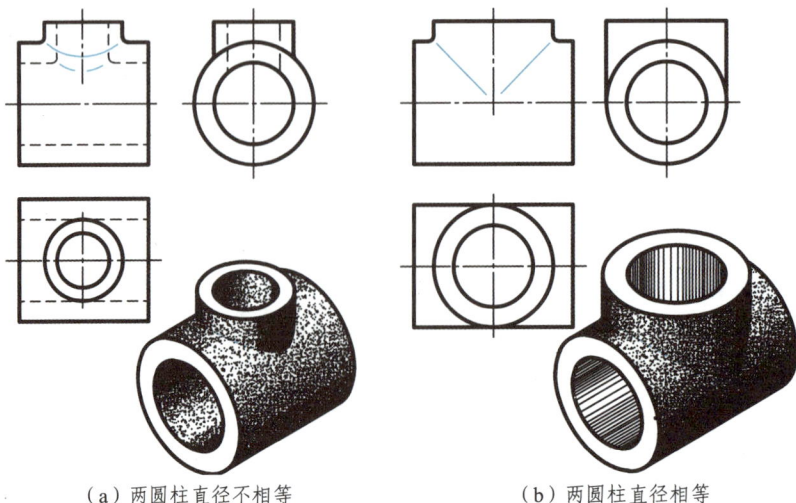

（a）两圆柱直径不相等　　　　　（b）两圆柱直径相等

图7-13　过渡线（一）

图7-14（a）中，三棱柱肋板斜面与底板上表面和右立板上表面的交线在俯视图上均按过渡线绘制。图7-14（b）中，底板上表面与圆柱表面相交，由于铸造圆角的存在，其水平投影也按过渡线绘制。

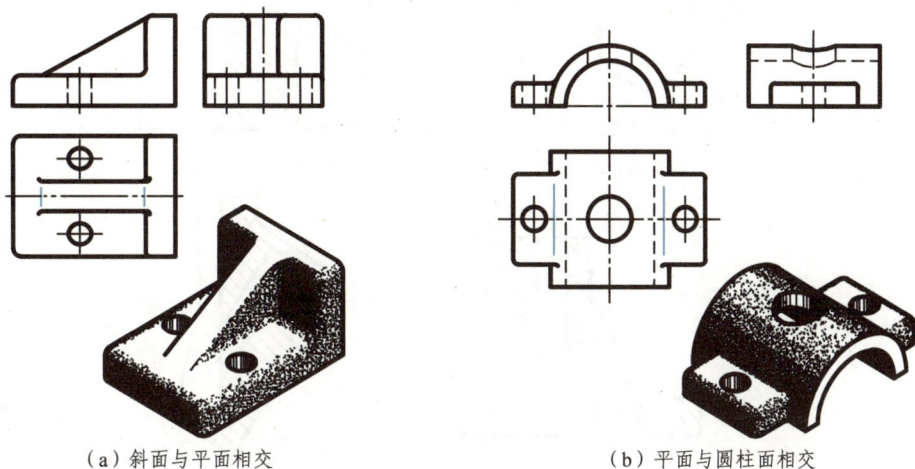

（a）斜面与平面相交　　　　　　　　　　　（b）平面与圆柱面相交

图7-14　过渡线（二）

7.3.2　机械加工工艺结构

1. 工艺凸台和凹坑

为了减少零件的加工面积和零件间的接触面积，使结合面接触更好，常在两接触表面处设置凸台和凹坑。凸台和凹坑的结构及尺寸标注如图7-15所示。

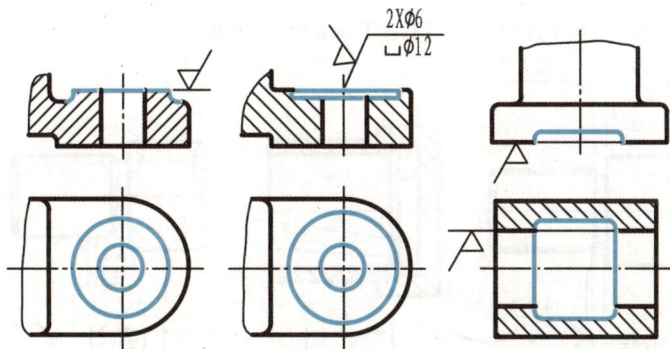

图7-15　凸台和凹坑的结构及尺寸标注

2. 钻孔工艺结构

用钻头钻盲孔时，因为钻头顶部有118°的圆锥面，所以盲孔总有一个118°的圆锥面，扩孔时也有一个锥角为118°的圆台面，如图7-16（a）和图7-16（b）所示，图样按120°绘制。此外，钻孔时应尽量使钻头垂直于孔的上下两端面，否则易将孔钻偏或使钻头折断。当零件表面倾斜时，应加设凸台或凹坑，或先把该面铣平，如图7-16（c）和图7-16（d）所示。

（a）钻盲孔　　　　　　　　（b）扩孔

（c）加设凸台　　　　　　　（d）加设凹坑

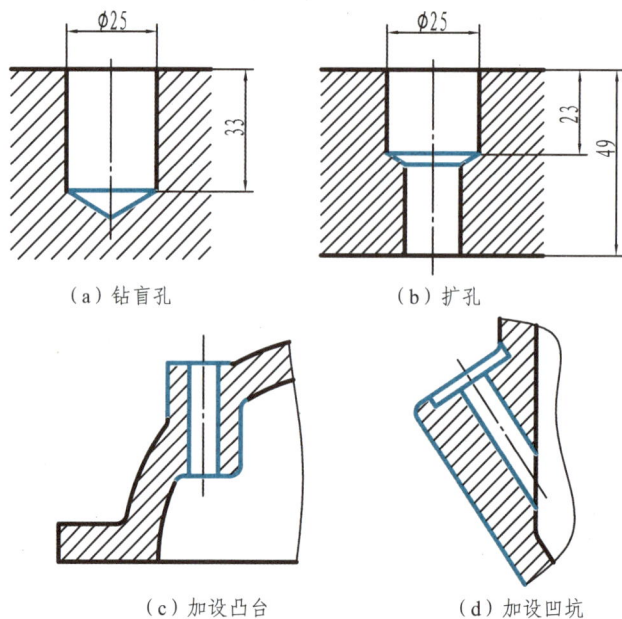

图7-16　钻孔工艺结构

3. 退刀槽和砂轮越程槽

在切削过程中，为使刀具易于退刀或使砂轮能稍微越过加工面，常在加工表面的台肩处加工出退刀槽或砂轮越程槽。这样既能保证加工表面满足加工的技术要求，又能避免产生加工圆角，保证在装配时有关零件容易与之靠紧。常见退刀槽和砂轮越程槽的结构及尺寸标注如图7-17所示。退刀槽的尺寸可查阅《普通螺纹收尾、肩距、退刀槽和倒角》（GB/T 3—1997），砂轮越程槽的尺寸可查阅《砂轮越程槽》（GB/T 6403.5—2008）。

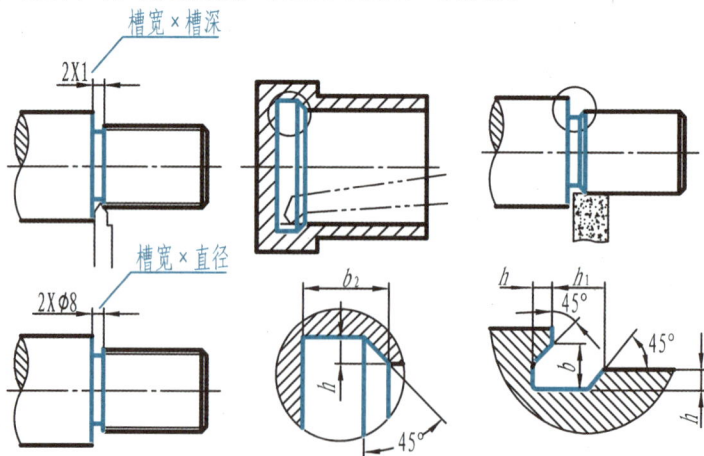

图7-17　常见退刀槽和砂轮越程槽的结构及尺寸标注

7.4 表面粗糙度、极限与配合、几何公差

零件图中除了图形和尺寸外，还有制造该零件时应满足的一些加工要求，通常称为技术要求，如表面结构、尺寸公差、几何公差及材料热处理等。技术要求一般采用符号、代号或标记标注在图形上，或者用文字注写在图样的适当位置。

7.4.1 表面粗糙度

表面结构是表面粗糙度、表面波纹度、表面缺陷、表面纹理和几何形状的总称。表面结构的各项要求在图样上的表示法在《产品几何技术规范(GPS) 技术产品文件中表面结构的表示法》（GB/T 131—2006）中均有规定。本节主要介绍常用的表面粗糙度表示法。

1. 表面粗糙度的概念

零件经过机械加工后的表面会留有许多高低不平的凸峰和凹谷，零件加工表面上具有的较小间距和峰谷所组成的微观几何形状特性称为表面粗糙度。表面粗糙度与加工方法、刀刃形状和切削用量等因素有密切关系。

表面粗糙度是评定零件表面质量的一项重要技术指标，对于零件的配合、耐磨性、抗腐蚀性及密封性等都有显著影响，是零件图中必不可少的一项技术要求。

零件表面粗糙度的选用应该既要满足零件表面的功能要求，又要考虑经济合理。一般情况下，凡是零件上有配合要求或有相对运动的表面，粗糙度参数值要小，参数值越小，表面质量越高，加工成本也越高。因此，在满足使用要求的前提下，应尽量选用较大的粗糙度参数值，以降低成本。

2. 评定表面结构常用的轮廓参数

零件表面结构的状况可以由三个参数组加以评定：轮廓参数［由《产品几何技术规范（GPS）表面结构 轮廓法 术语、定义及表面结构参数》（GB/T 3505—2009）定义］、图形参数［由《产品几何技术规范（GPS）表面结构 轮廓法 图形参数》（GB/T 18618—2009）定义］、支承率曲线参数［由《产品几何量技术规范(GPS) 表面结构 轮廓法 具有复合加工特征的表面 第2部分：用线性化的支承率曲线表征高度特性》（GB/T 18778.2—2003）和《产品几何技术规范（GPS）表面结构 轮廓法 具有复合加工特征的表面 第3部分：用概率支承率曲线表征高度特性》（GB/T 18778.3—2006）定义］。其中，轮廓参数是目前我国机械图样中最常用的评定参数。本节仅介绍轮廓参数中评定粗糙度轮廓（R轮廓）的两个高度参数Ra和Rz。

（1）轮廓的算数平均偏差Ra是指在一个取样长度内，纵坐标$Z(x)$绝对值的算数平均值，如图7-18所示。

（2）轮廓的最大高度Rz是指在一个取样长度内，最大轮廓峰高与最大轮廓谷深之和，如图7-18所示。

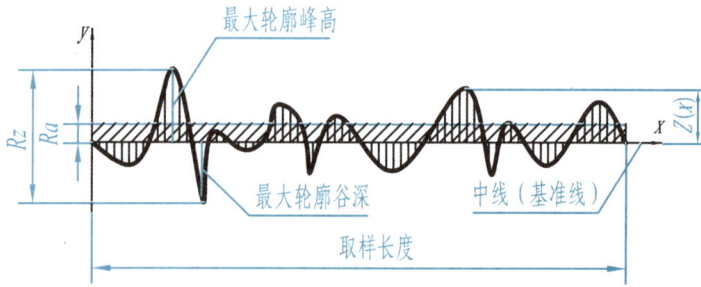

图7-18 轮廓的算术平均偏差Ra和轮廓的最大高度Rz

表7-1列出了国家标准推荐的轮廓的算数平均偏差Ra的优先选用系列。

表7-1 轮廓的算数平均偏差Ra的优先选用系列 （单位：μm）

0.012	0.025	0.05	0.1	0.2	0.4	0.8
1.6	3.2	6.3	12.5	25	50	100

3. 标注表面结构的图形符号

标注表面结构的图形符号及含义见表7-2所列。

表7-2 标注表面结构的图形符号及含义

符号名称	图形符号	含义
基本图形符号		基本符号，未指定工艺方法的表面，仅用于简化代号的标注，没有补充说明时不能单独使用
扩展图形符号		扩展图形符号，用去除材料方法获得的表面，仅当其含义是"被加工表面"时可单独使用
		扩展图形符号，不去除材料的表面，也可用于表示保持上道工序形成的表面，不管这种状况是通过去除材料或不去除材料形成的
完整图形符号	允许任何工艺　　去除材料　　不去除材料	完整图形符号，当要求标注表面结构特征的补充信息时，在上述三个符号的长边上可加一横线，用于标注有关参数或说明

标注表面结构的图形符号的尺寸见表7-3所列。

表7-3 标注表面结构的图形符号的尺寸 （单位：mm）

数字与大写字母（或小写字母）的高度 h	2.5	3.5	5	7	10	14	20
符号的线宽 d'、数字与字母的笔画宽度 d	0.25	0.35	0.5	0.7	1	1.4	2
高度 H_1	3.5	5	7	10	14	20	28
高度 H_2	7.5	10.5	15	21	30	42	60

4. 表面结构要求在图形符号中的注写位置

为了明确表面结构要求，除了表面结构参数和数值外，必要时应标注补充要求，包括取样长度、加工工艺、表面纹理、加工余量等。补充要求在图形符号中的注写位置如图7-19所示。

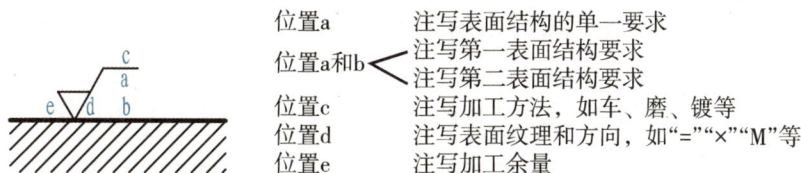

位置a 注写表面结构的单一要求
位置a和b 注写第一表面结构要求
注写第二表面结构要求
位置c 注写加工方法，如车、磨、镀等
位置d 注写表面纹理和方向，如"="" ×"" M"等
位置e 注写加工余量

图7-19 补充要求在图形符号中的注写位置

5. 表面结构要求在图样中的注法

表面结构符号中注写了具体参数代号及数值等要求后即称为表面结构代号，为避免误解，在参数代号和极限值之间插入空格，如"Ra 6.3"。表面结构的要求在图样中的标注就是表面结构代号在图样中的标注。具体注法如下：

（1）表面结构要求对每一个表面一般只标注一次，并尽可能标注在相应的尺寸及其公差的同一视图上。除非另有说明，所标注的表面结构要求是对完工零件表面的要求。

（2）表面结构要求的注写和读取方向与尺寸的注写和读取方向一致。表面结构要求可标注在轮廓线上，其符号应从材料外指向并接触表面。必要时，表面结构也可以用带箭头或黑点的指引线引出标注，如图7-20所示。

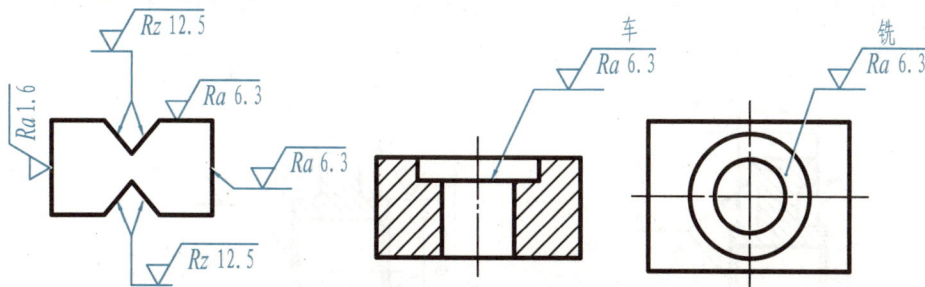

图7-20 表面结构要求的注写方向

（3）在不致引起误解时，表面结构要求可以标注在给定的尺寸线、尺寸界线、延长线上，也可以标注在形位公差框格的上方，如图7-21所示。

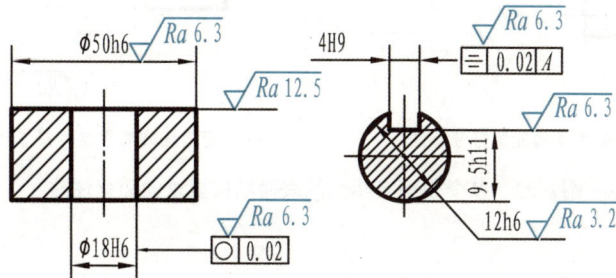

图7-21 表面结构要求标注在尺寸线、形位公差框格上

6. 表面结构要求的简化注法

（1）有相同表面结构要求的简化注法。如果工件少数表面有不同的表面结构要求，多数（包括全部）表面有相同的表面结构要求，可以先将不同的表面结构要求直接标注在视图上，然后将相同的表面结构要求统一标注在图样标题栏附近。此时（除全部表面有相同结构要求的情况外），表面结构要求的符号后面应有：①在圆括号内给出无任何其他标注的基本符号，如图7-22（a）所示；②在圆括号内给出不同的表面结构要求，如图7-22（b）所示。

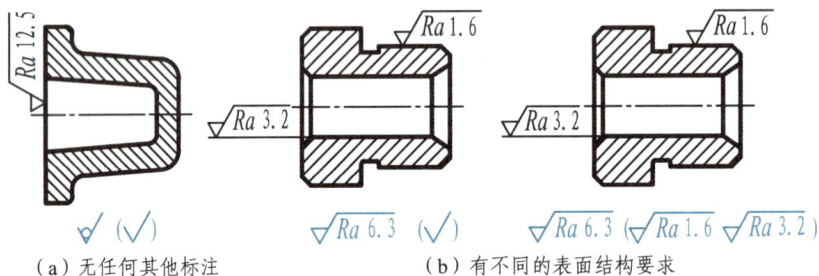

（a）无任何其他标注　　　　　　　　　　（b）有不同的表面结构要求

图7-22　有相同表面结构要求的简化注法

（2）多个表面有相同的表面结构要求的简化注法。当零件上多个表面有相同的表面结构要求，或图纸的标注空间较小时，可以采用简化注法。在视图上用带字母的完整符号标注，在标题栏附近以等式的形式对有相同表面结构要求的表面进行简化标注，如图7-23（a）所示。也可以在视图中只用表面结构符号的简化注法，在标题栏附近用表面结构符号以等式的形式给出多个表面共同的表面结构要求，如图7-23（b）所示。

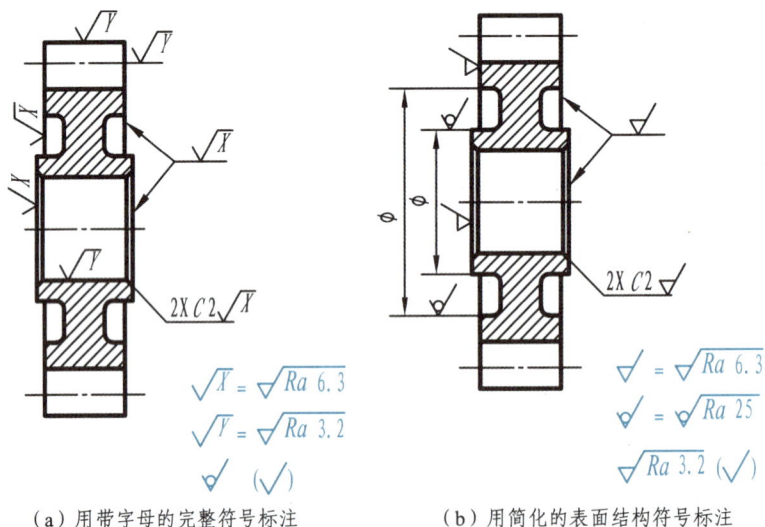

（a）用带字母的完整符号标注　　　　　　（b）用简化的表面结构符号标注

图7-23　多个表面有相同的表面结构要求的简化注法

7.4.2 极限与配合

1. 极限与配合的概念

（1）互换性。在成批或大量生产中，一批零件在装配前不经过挑选，在装配过程中不经过修配，在装配后即可满足设计和使用性能要求，零件的这种在尺寸与功能上可以互相替代的性质称为互换性。极限与配合是保证零件具有互换性的重要标准。

（2）基本术语及定义。以图7-24为例，说明极限与配合的基本术语。

公称尺寸：由图样规范定义的理想形状要素的尺寸，如图7-24中的 ϕ50。

极限尺寸：尺寸要素的尺寸所允许的极限值。尺寸要素允许的最大尺寸称为上极限尺寸；尺寸要素允许的最小尺寸称为下极限尺寸。例如，图7-24中的 ϕ50.007为孔的上极限尺寸，ϕ49.982为孔的下极限尺寸。

极限偏差：相对于公称尺寸存在上极限偏差和下极限偏差。上极限尺寸减公称尺寸的代数差称为上极限偏差；下极限尺寸减公称尺寸的代数差称为下极限偏差。孔的上极限偏差用ES表示，下极限偏差用EI表示；轴的上极限偏差用es表示，下极限偏差用ei表示。极限偏差可为正、负或零。

公差：上极限尺寸与下极限尺寸之差。公差总是大于零的正数。例如，图7-24中孔的公差为0.025。

公差带：公差极限之间（包括公差极限）的尺寸变动值。例如，图7-25中矩形的上边代表上极限偏差，下边代表下极限偏差，矩形的长度无实际意义，高度代表公差。

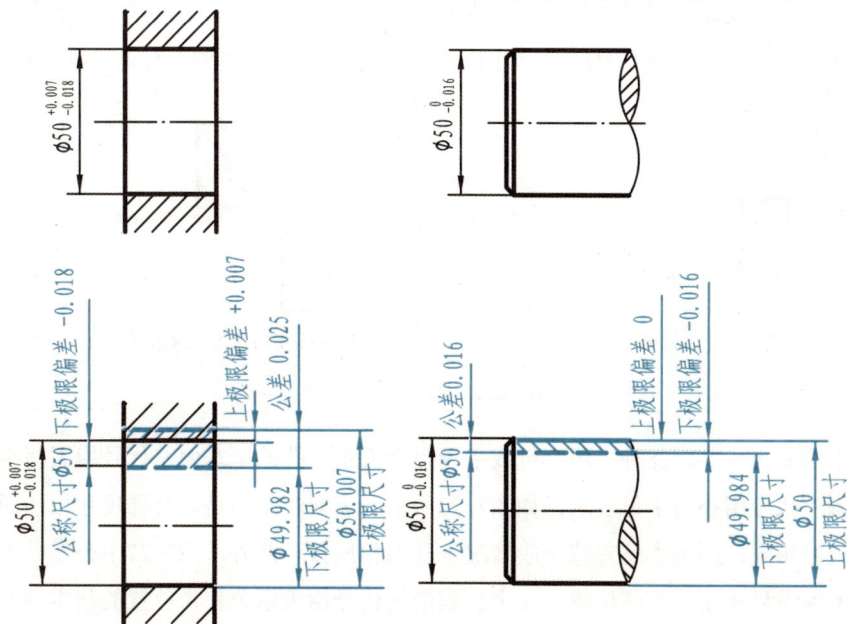

图7-24 极限与配合的基本术语

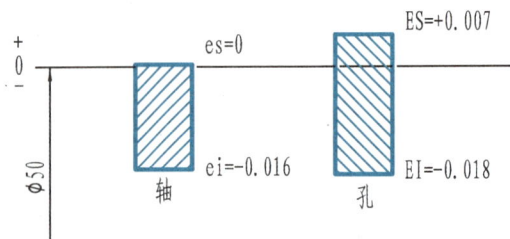

图7-25　公差带

（3）标准公差与基本偏差。《产品几何技术规范（GPS）线性尺寸公差ISO代号体系　第1部分：公差、偏差和配合的基础》（GB/T 1800.1—2020）规定，公差带代号是标准公差和基本偏差的组合，标准公差决定公差带的高度，基本偏差决定公差带相对零线的位置。

线性尺寸公差ISO代号体系中的任一公差称为标准公差。其大小由两个因素决定：一个是公差等级，另一个是公称尺寸。GB/T 1800.1—2020将公差划分为20个等级，分别为IT01、IT0、IT1、IT2……IT18，其中，IT01精度最高，IT18精度最低。公称尺寸相同时，公差等级越高（数值越小），标准公差越小；公差等级相同时，公称尺寸越大，标准公差越大。标准公差从《产品几何技术规范（GPS）线性尺寸公差ISO代号体系　第1部分：公差、偏差和配合的基础》（GB/T 1800.1—2020）标准中选取，标准全文请扫描二维码查看。

基本偏差是用以确定公差带相对于零线位置的那个极限偏差，一般为靠近零线的那个，如图7-26所示。当公差带在零线上方时，基本偏差为下极限偏差；当公差带在零线下方时，基本偏差为上极限偏差；当零线穿过公差带时，离零线近的偏差为基本偏差；当公差带关于零线对称时，基本偏差为上极限偏差或下极限偏差，如图7-27中的JS（js）。基本偏差有正、负之分。

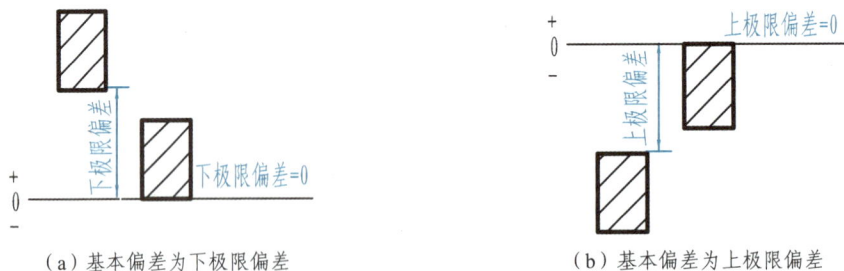

（a）基本偏差为下极限偏差　　　　　　　　　　（b）基本偏差为上极限偏差

图7-26　基本偏差

孔和轴的基本偏差代号各有28种，用字母或字母组合表示。孔的基本偏差代号用大写字母表示，轴的基本偏差代号用小写字母表示，如图7-27所示。需要注意的是，公称尺寸相同的轴和孔若基本偏差代号相同，则基本偏差值一般情况下互为相反数。此外，图7-27中公差带不封口，这是因为基本偏差只决定公差带位置。一个公差带的代号由表示公差带位置的基本偏差代号、表示公差带大小的公差等级和公称尺寸组成。例如，ϕ50H8中ϕ50是公称尺寸，H是基本偏差代号，大写表示孔，公差等级为IT8。

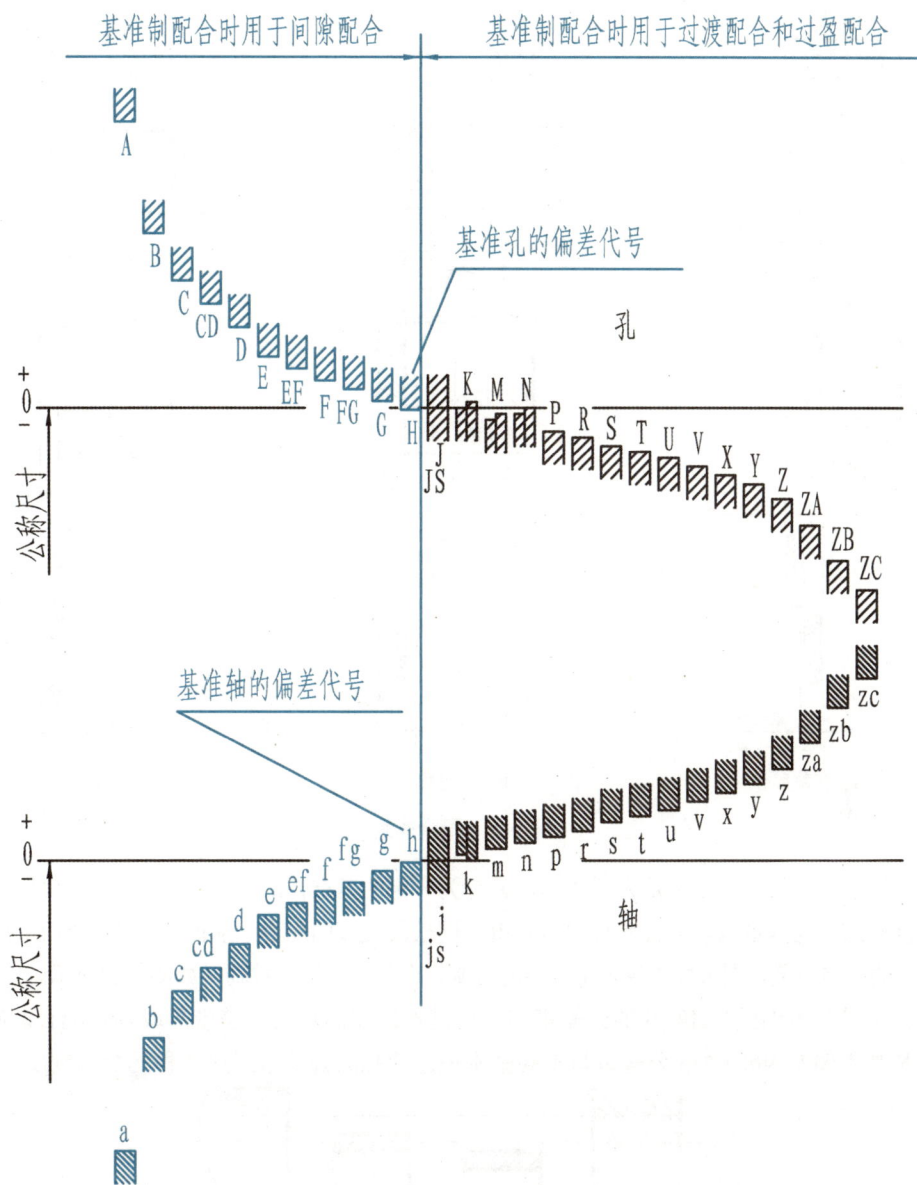

图7-27　基本偏差系列

（4）配合类别。类型相同且待装配的外尺寸要素（轴）和内尺寸要素（孔）之间的关系称为配合。按配合性质不同可分为间隙配合、过盈配合和过渡配合。

间隙配合：孔与轴配合时，具有间隙（包括最小间隙等于零）的配合。此时，孔的公差带在轴的公差带之上，如图7-28（a）所示。

过盈配合：孔与轴配合时，具有过盈（包括最小过盈等于零）的配合。此时，孔的公差带在轴的公差带之下，如图7-28（b）所示。

过渡配合：孔与轴配合时，既可能存在间隙又可能存在过盈的配合。此时，孔的公差带与轴的公差带相互交叠，如图7-28（c）所示。

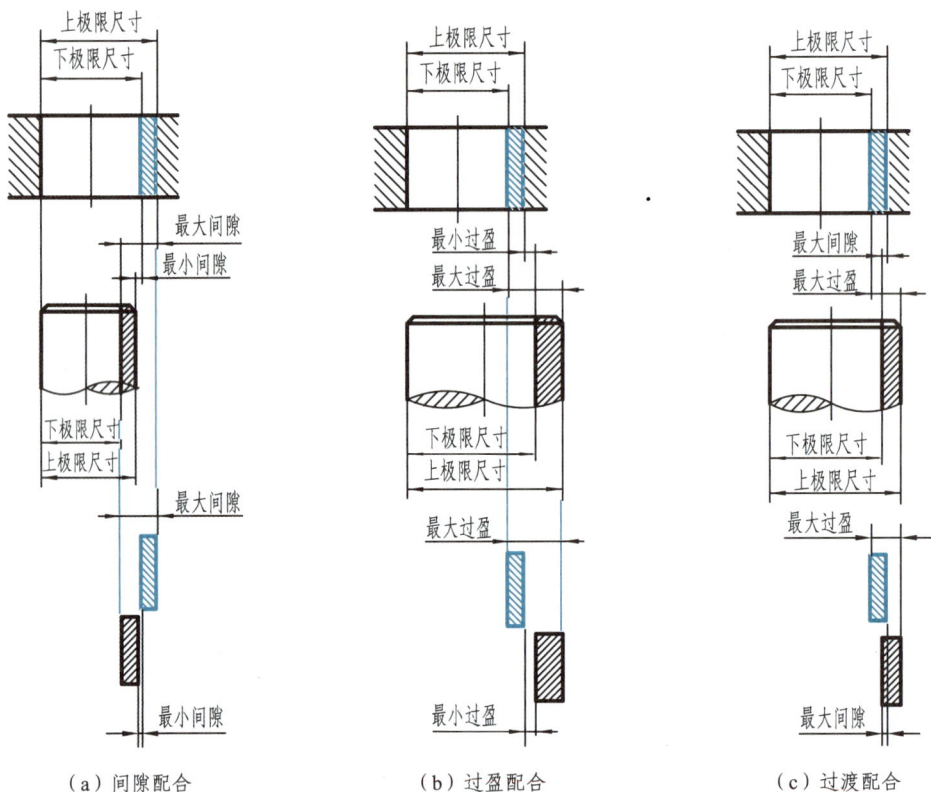

（a）间隙配合   （b）过盈配合   （c）过渡配合

图7-28   配合类别

（5）配合制。采用配合制是为了在基本偏差为一定的基准件的公差带与配合件相配时，只需改变配合件的不同基本偏差的公差带便可获得不同松紧程度的配合，从而减少零件加工的定值刀具和量具的规格数量。国家标准规定了两种配合制，即基孔制和基轴制，如图7-29所示。

基孔制是基本偏差为H的孔的公差带与不同基本偏差的轴的公差带形成各种配合的制度；基轴制是基本偏差为h的轴的公差带与不同基本偏差的孔的公差带形成各种配合的制度。

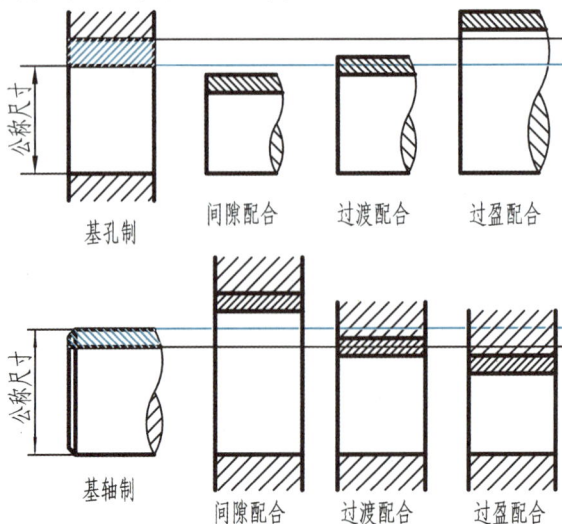

基孔制   间隙配合   过渡配合   过盈配合

基轴制   间隙配合   过渡配合   过盈配合

图7-29   配合制

（6）配合制的选择。首先需要决定是采用基孔制配合（孔H）还是采用基轴制配合（轴h）。需要特别注意的是，这两种配合制对于零件的功能没有技术性的差别，因此应基于经济因素选择配合制。通常情况下应选择基孔制配合。这种选择可避免工具（如铰刀）和量具不必要的多样性。基轴制配合应仅用于那些可以带来切实经济利益的情况（如需要在没有加工的拉制钢棒的单轴上安装几个具有不同偏差的孔的零件）。

（7）常用配合和优先配合。国家标准GB/T 1800.1—2020推荐了常用配合和优先配合，基孔制常用配合和优先配合见表7-4所列，基轴制常用配合和优先配合见表7-5所列。基于经济因素，如有可能，配合应优先选择框中所示的公差带代号（优先配合）。

表7-4　基孔制常用配合和优先配合

基准孔	轴公差带代号																	
	间隙配合							过渡配合				过盈配合						
H6						g5	h5	js5	k5	m5		n5	p5					
H7					f6	g6	h6	js6	k6	m6	n6		p6	r6	s6	t6	u6	x6
H8				e7	f7		h7	js7	k7	m7					s7		u7	
			d8	e8	f8		h8											
H9			d8	e8	f8		h8											
H10	b9	c9	d9	e9			h9											
H11	b11	c11	d10				h10											

表7-5　基轴制常用配合和优先配合

基准轴	孔公差带代号																	
	间隙配合							过渡配合				过盈配合						
h5						G6	H6	JS6	K6	M6		N6	P6					
h6					F7	G7	H7	JS7	K7	M7	N7		P7	R7	S7	T7	U7	X7
h7				E8	F8		H8											
h8			D9	E9	F9		H9											

（续表）

基准轴	孔公差带代号						过渡配合	过盈配合
	间隙配合							
h9				E8	F8	H8		
			D9	E9	F9	H9		
	B11	C10	D10			H10		

2. 极限与配合的标注

（1）极限与配合在零件图中的标注。在零件图中，线性尺寸的公差有三种标注形式（见图7-30）：一是只标注公差带代号；二是只标注上、下极限偏差；三是既标注公差带代号，又标注上、下极限偏差，此时偏差值用括号括起来。

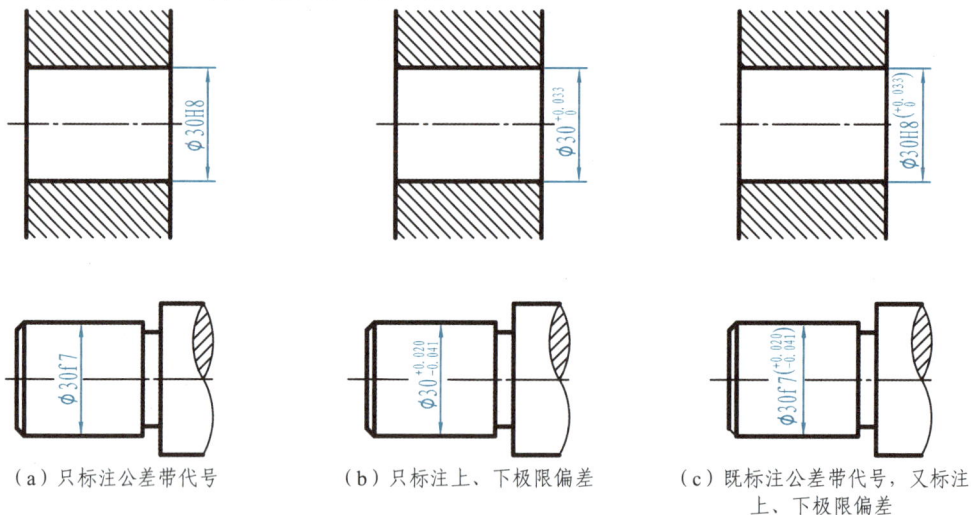

（a）只标注公差带代号　　　（b）只标注上、下极限偏差　　　（c）既标注公差带代号，又标注
上、下极限偏差

图7-30　极限与配合在零件图中的标注

标注极限与配合时应注意以下几点：

①上、下极限偏差的字高比公称尺寸数字小一号，且下极限偏差与公称尺寸数字在同一水平线上。

②当公差带相对于公称尺寸对称时，即上、下极限偏差互为相反数时，可采用"±"加偏差绝对值的注法，如 $\phi 30 \pm 0.016$（此时偏差和公称尺寸数字为同字号）。

③上、下极限偏差的小数位必须相同、对齐，当上极限偏差或下极限偏差为零时，用数字"0"标出，如 $\phi 30_{0}^{+0.033}$ 小数点末位的"0"一般不予注出，仅当为凑齐上、下极限偏差小数点后的位数时，才用"0"补齐。

（2）极限与配合在装配图中的标注。在装配图上一般只标注配合代号。配合代号用分数形式表示，分子为孔的公差带代号，分母为轴的公差带代号。对于与轴承等标准件相配的孔或轴，则只标注非标准件（配合件）的公差带代号。例如，轴承内圈孔与轴的配合只标注轴的公差带代号，外圈的外圆柱面与箱体孔的配合只标注箱体孔的公差带代号，如图7-31所示。

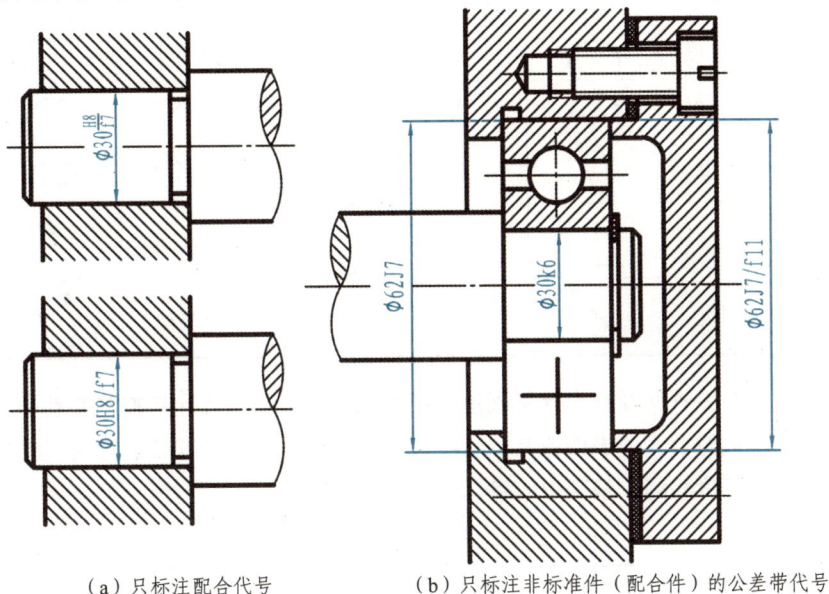

（a）只标注配合代号　　　（b）只标注非标准件（配合件）的公差带代号

图7-31　极限与配合在装配图中的标注

7.4.3　几何公差

1. 几何公差的概念

几何公差包括形状公差、方向公差、位置公差和跳动公差。零件在加工过程中，不仅会产生尺寸误差和表面粗糙度，还会产生几何误差。几何误差的允许变动量称为几何公差。几何公差的术语、定义、代号及标注详见《产品几何技术规范（GPS）几何公差 形状、方向、位置和跳动公差标注》（GB/T 1182—2018）。

2. 几何公差的标注

在机械图样中，几何公差应采用公差框格、几何特征符号、公差值、基准、被测要素及其他附加符号标注。几何公差的类型、名称和特征符号见表7-6所列。

表7-6　几何公差的类型、名称和特征符号

类型	几何特征	符号	有无基准	类型	几何特征	符号	有无基准
形状公差	直线度	—	无	方向公差	线轮廓度	⌒	有
	平面度	▱	无		面轮廓度	⌓	有
	圆度	○	无	位置公差	位置度	⊕	有
	圆柱度	⌭	无		同轴度	◎	有

（续表）

类型	几何特征	符号	有无基准	类型	几何特征	符号	有无基准
形状公差	线轮廓度	⌒	无	位置公差	对称度	═	有
	面轮廓度	⌓	无		线轮廓度	⌒	有
方向公差	平行度	∥	有		面轮廓度	⌓	有
	垂直度	⊥	有	跳动公差	圆跳动	↗	有
	倾斜度	∠	有		全跳动	↗↗	有

几何公差的公差框格及基准代号画法如图7-32所示。指引线连接被测要素和公差框格，指引线的箭头指向被测要素的表面或其延长线，箭头方向一般为公差带的方向。框格中的字符高度与尺寸数字的高度相同。基准中的字母永远水平书写。

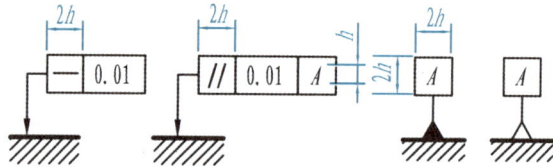

图7-32　几何公差的公差框格及基准代号画法

3. 几何公差的公差带定义、标注和解释示例

常用的几何公差的公差带定义、标注和解释示例见表7-7所列。未详尽处，需要时请查阅相关标准。

表7-7　常用的几何公差的公差带定义、标注和解释示例

名称	公差带形状	公差带定义	标注示例	标注解释
平面度		公差带为距离等于公差值t的两平行平面所限定的区域		提取（实际）表面应限定在间距等于0.015的两平行平面之间
直线度		若公差值前加注ϕ，公差带为直径等于公差值ϕt的圆柱面所限定的区域		圆柱面的提取（实际）中心线应限定在直径等于$\phi 0.08$的圆柱面内
圆柱度		公差带为半径差等于公差值t的两同轴圆柱面所限定的区域		提取（实际）圆柱面应限定在半径差等于0.06的两同轴圆柱面之间

（续表）

名称	公差带形状	公差带定义	标注示例	标注解释
圆度		公差带为在给定截面内，半径差等于公差值t的两同心圆所限定的区域		圆柱面的任一横截面内，提取（实际）圆周应限定在半径差等于0.02的两共面同心圆之间
平行度		公差带为距离等于公差值t、平行于基准平面的两平行平面所限定的区域		提取（实际）表面应限定在间距等于0.025、平行于基准A的两平行平面之间
平行度		公差带为平行于基准平面、距离等于公差值t的两平行平面所限定的区域		提取（实际）中心线应限定在平行于基准A、间距等于0.025的两平行平面之间
对称度		公差带为间距等于公差值t，对称于基准中心平面的两平行平面所限定的区域		提取（实际）中心面应限定在间距等于0.025，对称于基准中心平面A的两平行平面之间
垂直度		若公差值前加注符号ϕ，公差带为直径等于公差值ϕt，轴线垂直于基准平面的圆柱面所限定的区域		圆柱面的提取（实际）中心线应限定在直径等于$\phi 0.02$、垂直于基准平面A的圆柱面内
同轴度		若公差值前加注符号ϕ，公差带为直径等于公差值ϕt的圆柱面所限定的区域。该圆柱面的轴线与基准轴重合		小圆柱面的提取（实际）中心线应限定在直径等于$\phi 0.015$、轴线和基准轴线A重合的圆柱面内
圆跳动		公差带为在任一垂直于基准轴线的横截面内、半径差等于公差值t，圆心在基准轴线上的两同心圆所限定的区域		在任一垂直于公共基准轴线A—B的横截面内，提取（实际）圆应限定在半径差等于0.02、圆心在基准轴线A—B上的两同心圆之间

7.5 读零件图案例

读零件图要解决以下几个问题：根据标题栏，了解零件的名称、用途、材料和数量等；分析零件视图，了解零件各部分结构的特点、功用，以及它们之间的相对位置；分析尺寸，了解零件的各部分尺寸及各方向主要基准；分析技术要求，掌握各加工表面的制造方法和精度要求。

读7-33所示的机座零件图，想象零件的形状，分析尺寸基准。

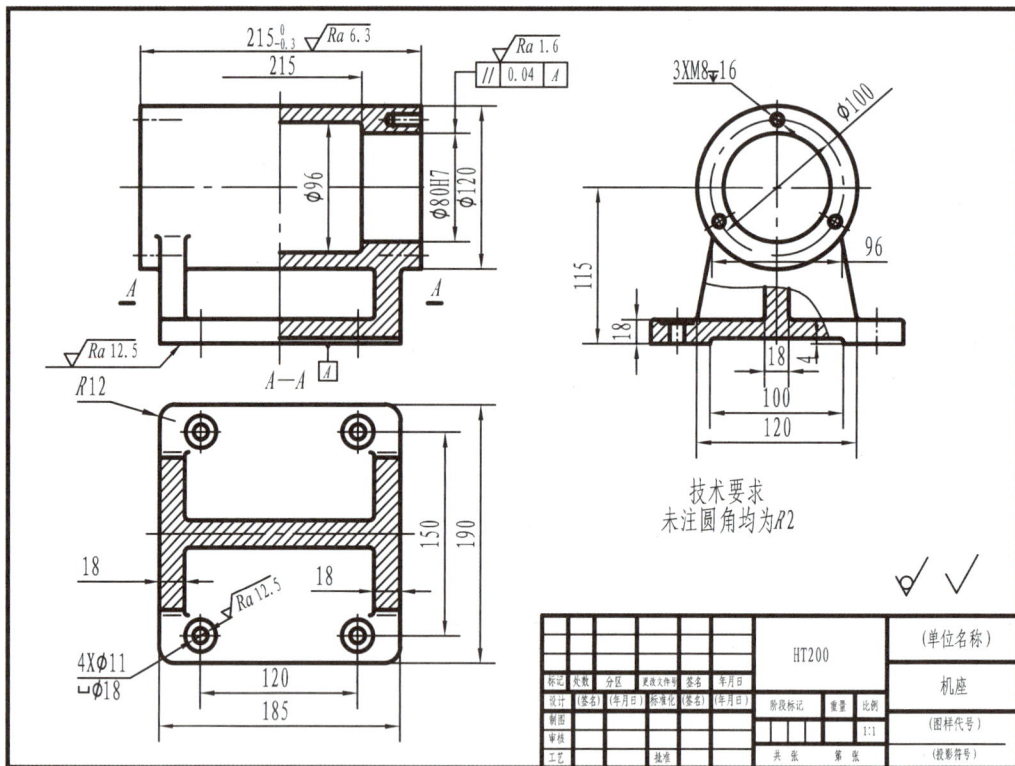

图7-33 机座零件图

读图的基本方法仍然要遵循由整体到局部的原则，用形体分析法和线面分析法研究零件的结构和尺寸，读零件图是在组合体读图的基础上增加零件的精度分析、结构工艺性分析等。一般可按下述步骤读图：

（1）看标题栏。读一张零件图，要从标题栏入手，从标题栏了解零件的名称、用途、材料、比例。由名称了解零件的用途，由材料了解零件毛坯的制造方法，由比例初步了解零件总体大小。如图7-33所示，从名称"机座"了解零件在装配体中的作用是支承、包容。从机座零件的材料为HT200了解毛坯的制造方法为铸造。从比例为1:1了解零件的实际尺寸和零件图示一样（书中图采用了缩印，在比例上无参考价值）。

（2）分析视图表达方法，弄清各视图的剖切位置和视图之间的关系。例如，图7-33中主视图采用半剖视图，左视图采用局部剖视图，俯视图采用全剖视图，并在主视图上做了标记。

（3）**分析视图，想象零件的形状**。先从基础形体入手，由大到小逐步想象零件的形状。如图7-34所示为机座的形状及想象过程。

图7-34　机座的形状及想象过程

（4）**读尺寸，分析尺寸基准**。分析尺寸时，要一个形体一个形体地分析，先分析定形尺寸，再分析定位尺寸，然后分析各形体之间的尺寸关系。本例的主要尺寸及尺寸基准如图7-35所示。

（5）**看技术要求，分析几何精度要求**。要看懂尺寸偏差代号、粗糙度代号、形位公差代号的意义，不明白的可查阅有关国家标准。本例中加工精度要求最高的是机座轴孔，其尺寸偏差代号为H7，轮廓的算术平均偏差（表面粗糙度）为0.0016 mm，孔的轴线和底面的平行度也提出了要求，公差为0.004 mm。

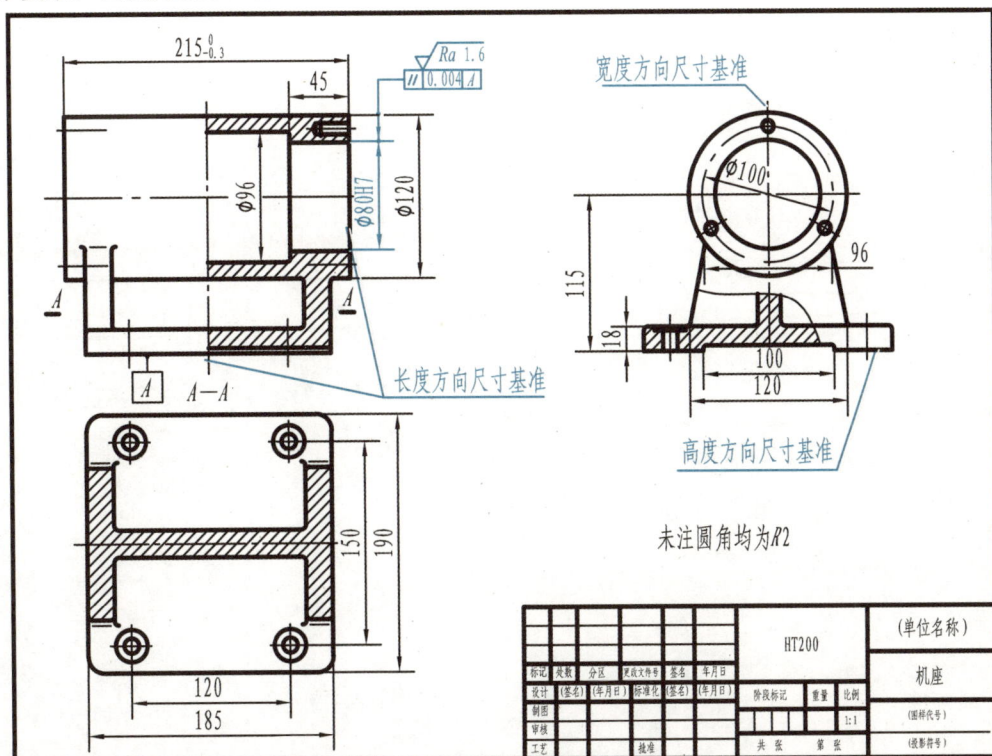

图7-35　机座主要尺寸及尺寸基准

在线测试

第**8**章

装配图

教学导航

		教学内容	作业
学习目标		能阅读简单部件或机器的装配图，了解装配图的作用和内容，掌握装配图的视图表达方法和尺寸标注，了解装配图上零件的编号法则和常见的装配工艺结构等基本知识	
重点难点		重点是装配图的视图表达方法、画法、尺寸标注和阅读装配图。难点是从装配图中拆画零件图	
学习指导		在学习本章的过程中，要结合滑动轴承、齿轮油泵、阀等典型部件了解装配图的用途和作用，掌握部件的装配结构，视图表达方法。结合典型部件案例学习绘制和阅读装配图是非常有效的学习方法。从装配图中拆画零件图时，对零件精度要求的确定要结合上一章的表面粗糙度、极限与配合、几何公差来学习	
教学安排	第一讲	8.1 装配图的作用和内容 8.2 装配图的视图表达方法 8.3 装配图中的尺寸标注、零部件编号、标题栏及明细栏	习题8-1
	第二讲	8.4 常见的装配工艺结构	习题8-1
	第三讲	8.5 读装配图和拆画零件图	习题8-2、8-3

8.1 装配图的作用和内容

装配图是表达机器或部件的图样，通常用来表达机器或部件的工作原理及零部件间的装配、连接关系，是机械设计和生产中的重要技术文件之一。在产品设计中，一般先根据产品的工作原理图画出装配草图，由装配草图整理成装配图，然后再根据装配图进行零件设计，并画出零件图；在产品制造中，装配图是制订装配工艺规程，进行装配和检验的技术依据；在机器使用和维修时，也需要通过装配图来了解机器的工作原理和构造。因此，一张完整的装配图必须具有以下内容。

8.1.1 必要数量的视图

装配图要用一组视图完整、清晰、准确地表达出机器的工作原理，各零件的相对位置、装配关系、连接方式，以及重要零件的形状结构。

图8-1为滑动轴承的装配轴测图。它直观地表示了滑动轴承的外形结构，但不能清晰地表示各零件的装配关系。图8-2为滑动轴承的装配图，图中采用了三个基本视图，由于结构基本对称，所以三个视图均采用了半剖视图，这就比较清楚地表示了轴承盖、轴承座和上、下轴衬的装配关系。

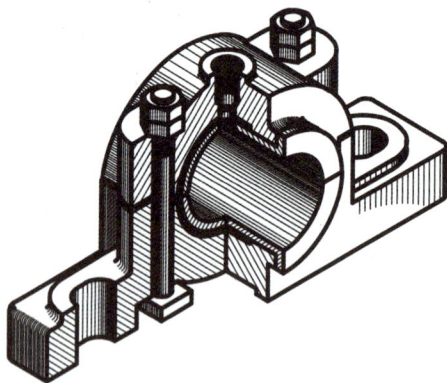

图8-1 滑动轴承的装配轴测图

8.1.2 几种必要的尺寸

装配图上需标注表示机器或部件的规格，以及装配、检验和安装时所需要的尺寸。例如，图8-2中轴孔直径 $\phi50H8$ 为规格尺寸，176、58、$2\times\phi20$ 等为安装尺寸，$\phi60\dfrac{H8}{K7}$、$86\dfrac{H9}{f9}$ 等为装配尺寸，236、121、76为总体尺寸。

8.1.3 技术要求

技术要求就是说明机器或部件的性能和装配、调整、试验等所必须满足的技术条件。例如，图8-2中的技术要求是装配后要进行接触面涂色检查。

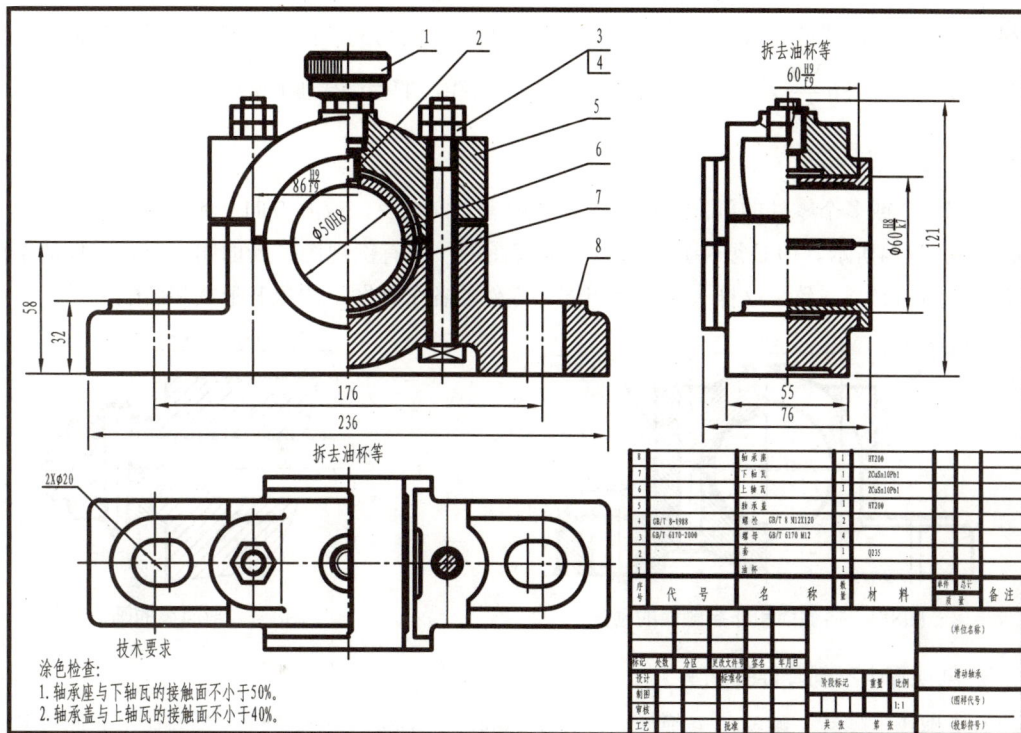

图8-2 滑动轴承的装配图

8.1.4 零件编号、明细栏和标题栏

装配图中的零件编号、明细栏用于说明每个零件的名称、代号、数量和材料等，标题栏包括零部件名称、比例、绘图及审核人员的签名等。绘图及审核人员签名后就要对图纸的技术质量负责，所以画图时必须细致、认真。

8.2 装配图的视图表达方法

装配图的表达方法和零件图的表达方法基本相同，都是通过各种视图、剖视图和断面图等表示的，所以零件图中所应用的各种表达方法都适用于装配图。此外，根据装配图的要求，还有一些规定画法和特殊规定。

8.2.1 装配图的规定画法

1. 接触面和非接触面的画法

两相邻零件的接触面和配合面只画一条线，但如果两相邻零件的公称尺寸不相同，即使间隙很小，也必须画成两条线。以轴承盖和轴承座的装配图为例，接触面和非接触面的画法如图8-3所示，其中，$86\dfrac{H9}{f9}$ 是装配尺寸，所以画成一条线，非接触表面画成两条线。

2. 剖面线的画法

相邻两个或多个零件的剖面线应有区别，或者方向相反，或者方向一致但间隔不等，相互错开，如图8-4所示。但必须特别注意，在装配图中，所有剖视图、断面图中同一零件的剖面线方向和间隔必须一致。这样有利于找出同一零件的各个视图，想象其形状和装配关系。

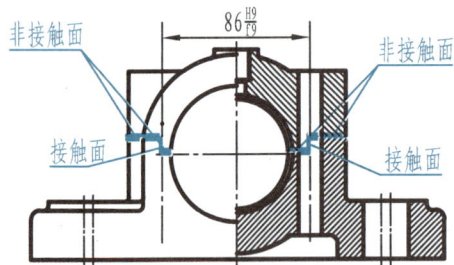

图8-3 接触面和非接触面的画法

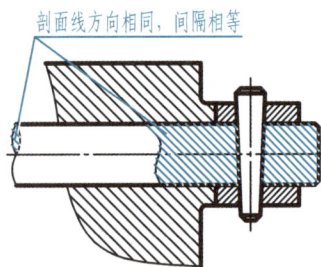

图8-4 剖面线的画法

3. 剖视图中不剖零件的画法

对于螺栓、螺柱、螺钉等紧固件，以及实心的球、手柄、键等零件，若剖切平面通过其对称平面或轴线，则这些零件均按不剖绘制；如需表示零件的凹槽、键槽、销孔等构造，可用局部剖视图表示。剖视图中不剖零件的画法如图8-5所示。

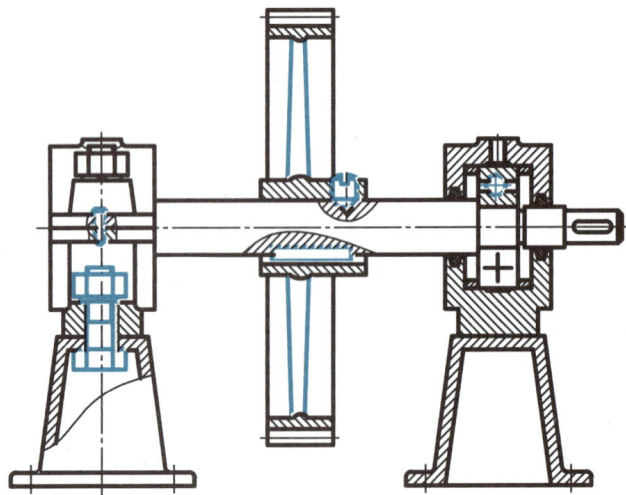

图8-5 剖视图中不剖零件的画法

8.2.2 装配图的特殊规定和简化画法

1. 特殊规定

（1）拆卸画法。当某些零件的图形遮住了其后面的需要表达的零件，或在某一视图上不需要画出某些零件时，可拆去某些零件后再画，也可选择沿零件结合面进行剖切的画法。例如，图8-2中俯视图采用了拆卸画法。

（2）单独表达某零件的画法。若所选择的视图已将大部分零件的形状、结构表达清楚，但仍有少数零件的某些方面还未表达清楚时，可单独对这些零件作视图或剖视图。以阀装配图为例，单独表达某零件的画法如图8-6所示，其中，B向视图表达了塞子的形状，俯视图表达了阀体底座的形状。

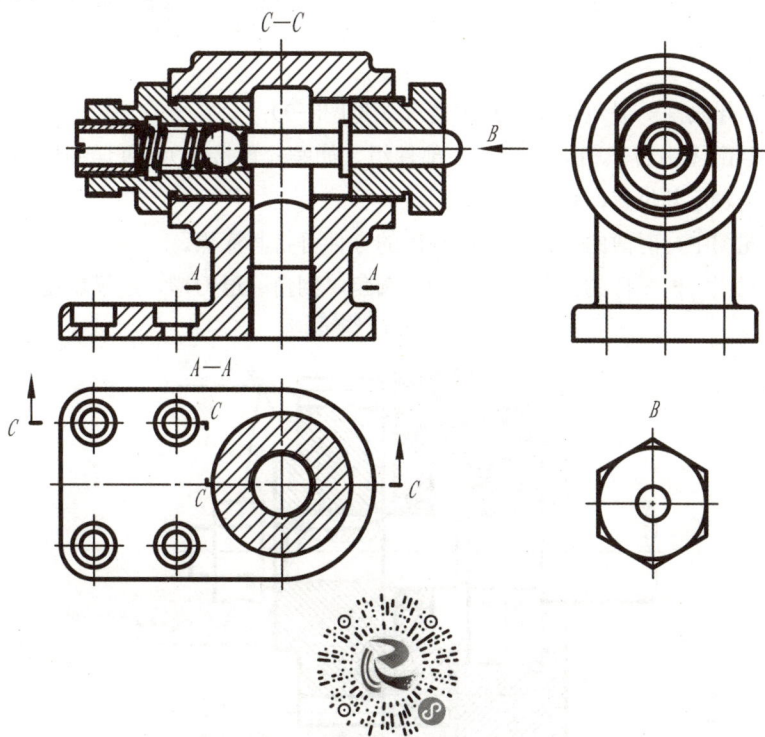

图8-6 单独表达零件的画法

（3）假想画法。为表示部件或机器的作用、安装方法，可将其他相邻零件、部件的部分轮廓用细双点划线画出。以皮带张紧轮装配图为例，假想画法如图8-7所示，用细双点划线表示了张紧轮固定在底座上的情况。假想轮廓的剖面区域内不画剖面线。

当需要表示运动零件的运动范围或运动的极限位置时，可按其运动的一个极限位置绘制图形，再用细双点划线画出另一极限位置的图形，如图8-8所示。

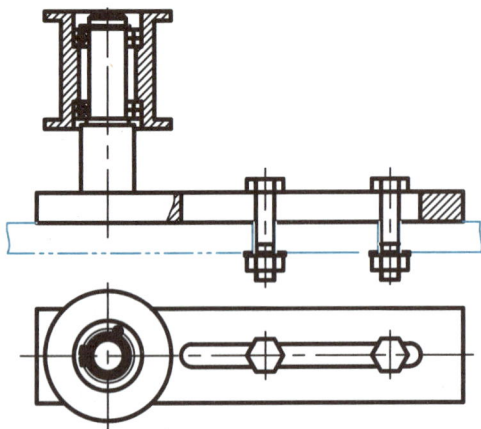

图8-7　假想画法

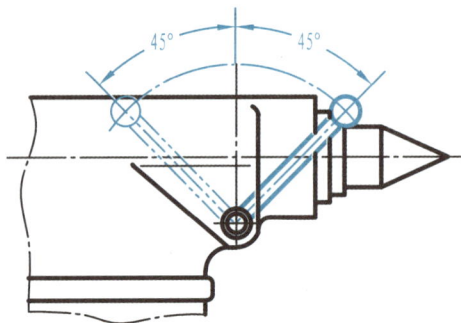

图8-8　运动零件的极限位置

2. 简化画法

装配图的简化画法一般包括以下几种情况（见图8-9）：

（1）对于装配图中若干相同的零件、部件组（如螺栓连接等），可详细地画出一组，其余只需用细点划线表示其位置即可。

（2）在装配图中，对薄的垫片等不易画出的零件可将其涂黑。

（3）在装配图中，零件的工艺结构（如小圆角、倒角、退刀槽、起模斜度等）可不画出。

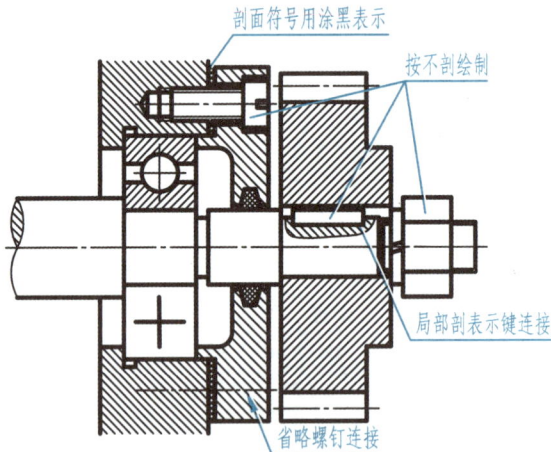

图8-9　装配图的简化画法

8.3　装配图中的尺寸标注、零部件编号、标题栏及明细栏

8.3.1　尺寸标注

装配图的作用是表达零部件的装配关系，因此，其尺寸标注的要求不同于

零件图。装配图中不需要标注每个零件的全部尺寸，一般只需标注规格尺寸、装配尺寸、安装尺寸、外形尺寸和其他重要尺寸这五大类尺寸。

（1）规格尺寸。规格尺寸是说明部件规格或性能的尺寸，它是设计和选用产品时的主要依据。例如，图8-2中ϕ50H8就是规格尺寸。

（2）装配尺寸。装配尺寸是保证部件正确装配，说明配合性质及装配要求的尺寸。例如，图8-2中$86\dfrac{\text{H9}}{\text{f9}}$、$60\dfrac{\text{H9}}{\text{f9}}$、$\phi60\dfrac{\text{H8}}{\text{k7}}$及连接螺栓中心距等都属于装配尺寸。

（3）安装尺寸。安装尺寸是将部件安装到其他零部件或基础上所需要的尺寸。例如，图8-2中地脚螺栓孔的尺寸2×ϕ20、176等都属于安装尺寸。

（4）外形尺寸。外形尺寸是机器或部件的总长、总宽和总高尺寸，它反映了机器或部件的体积，即该机器或部件在包装、运输和安装过程中所占空间的大小。例如，图8-2中236、121和76都属于外形尺寸。

（5）其他重要尺寸。其他重要尺寸是除以上四类尺寸外，在装配或使用中必须说明的尺寸，如运动零件的位移尺寸等。

需要说明的是，装配图上的某些尺寸有时兼有几种意义，而且每一张图上也不一定都具有上述五类尺寸。在标注尺寸时，必须明确每个尺寸的作用，对装配图没有意义的结构尺寸不需要标注。

8.3.2 零部件编号

在生产中，为便于图纸管理、生产准备、机器装配和看懂装配图，对装配图上各零部件都要编注序号和代号。序号是为了看图方便编制的，代号是该零件或部件的图号或国标代号。零部件的代号和序号要和明细栏中的代号和序号相一致，不能产生差错。

1. 一般规定

（1）装配图中所有的零部件都必须编注序号，规格相同的零件只编一个序号，标准化组件如轴承、电动机等，可看作一个整体，编注一个序号。

（2）装配图中的零件序号应与明细栏中的序号一致。

2. 序号的组成

装配图中的序号由指引线（细实线）、圆点（或箭头）、横线（或圆圈）和序号数字组成，如图8-10所示。具体要求如下：

（1）指引线不要与轮廓线或剖面线等图线平行，指引线与指引线不允许相交，但指引线允许弯折一次。

（2）指引线末端不便画出圆点时，可在指引线末端画出箭头，箭头指向该零件的轮廓线，如图8-11所示。

（3）序号数字比装配图中的尺寸数字大一号或大两号。

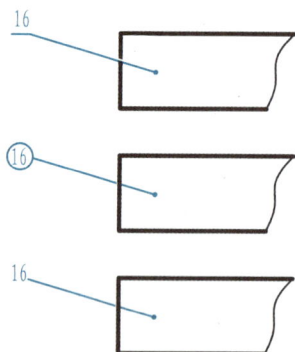

图8-10　序号的组成

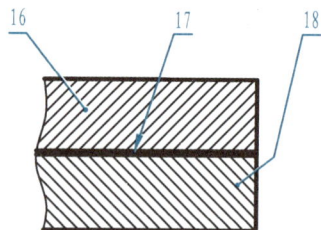

图8-11　指引线末端画箭头

3. 零件组序号

对紧固件组或装配关系清楚的零件组，允许采用公共指引线，如图8-12所示。

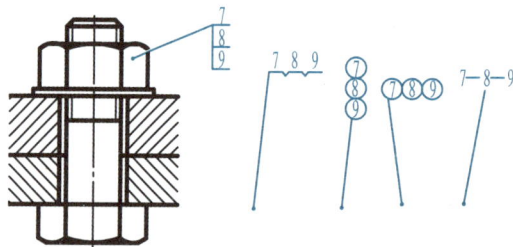

图8-12　零件组序号

4. 序号的排列

零件的序号应水平或垂直按顺时针或逆时针方向排列，并尽量使序号间隔相等，如图8-12所示。

8.3.3　标题栏及明细栏

标题栏格式由《技术制图　标题栏》（GB/T 10609.1—2008）确定，明细栏按《技术制图　明细栏》（GB/T 10609.2—2009）的规定绘制。图8-13为装配图中明细栏配置在标题栏上方时的一种格式。企业有时也根据自己的实际需要设计各自的标题栏、明细栏格式。

绘制和填写标题栏、明细栏时应注意以下几个方面：

（1）明细栏和标题栏的分界线是粗实线，明细栏的外框竖线和内部竖线是粗实线，明细栏的横线是细实线（包括最上面的横线）。

（2）序号应自下而上顺序填写，如向上延伸位置不够，可以紧靠标题栏左边自下而上延续。

（3）标准件的标准编号要写入代号一栏。

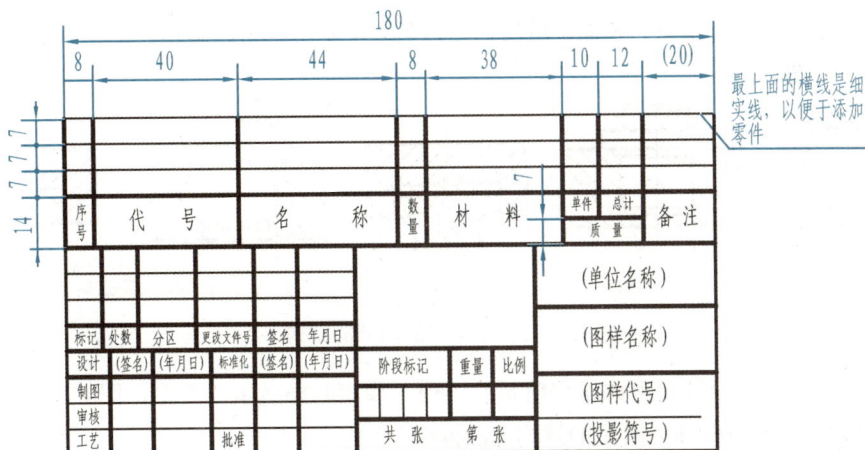

图8-13 装配图中标题栏配置在明细栏上方时的一种格式

8.4 常见的装配工艺结构

了解一些常见的装配工艺结构和常见装置，可使图样绘制得更合理，更易满足装配要求。

8.4.1 装配工艺结构

（1）为了避免装配时表面发生干涉，两零件在同一方向上应只有一个接触面，如图8-14所示。例如，图8-2中轴承盖、轴承座和上、下轴瓦在竖直方向通过 $\phi 60\dfrac{H8}{K7}$ 接触，所以轴承盖和轴承座在竖直方向无接触面（见图8-3）。

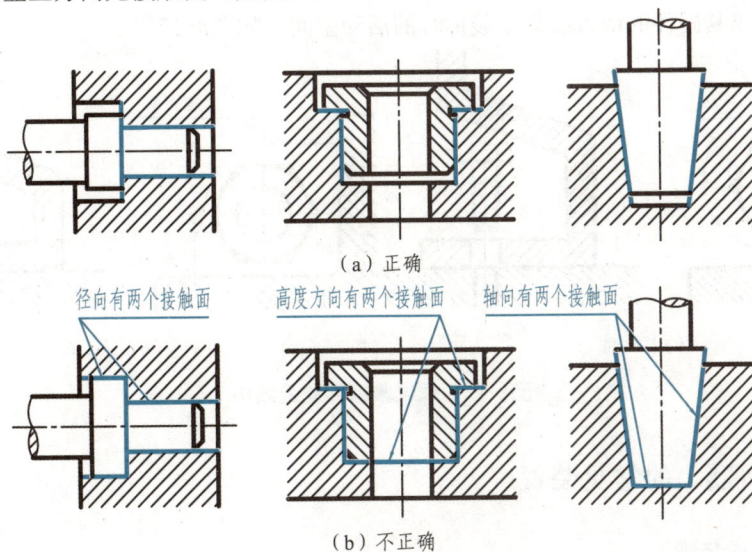

（a）正确

（b）不正确

图8-14 两零件的接触面

（2）两零件有一对相交的表面接触时，在转角处应制出倒角、圆角、凹槽等，以保证表面接触良好，如图8-15所示。

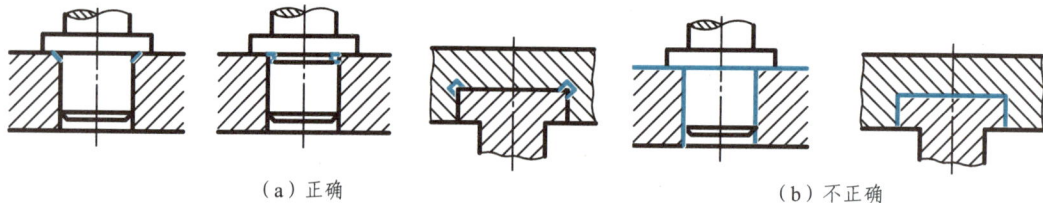

（a）正确　　　　　　　　　　　　　　　（b）不正确

图8-15　相交接触面处的结构

（3）零件的结构设计要考虑维修时拆卸方便，如图8-16所示。其中，图8-16（a）所示的结构易于拆卸，图8-16（b）所示的结构无法拆卸。

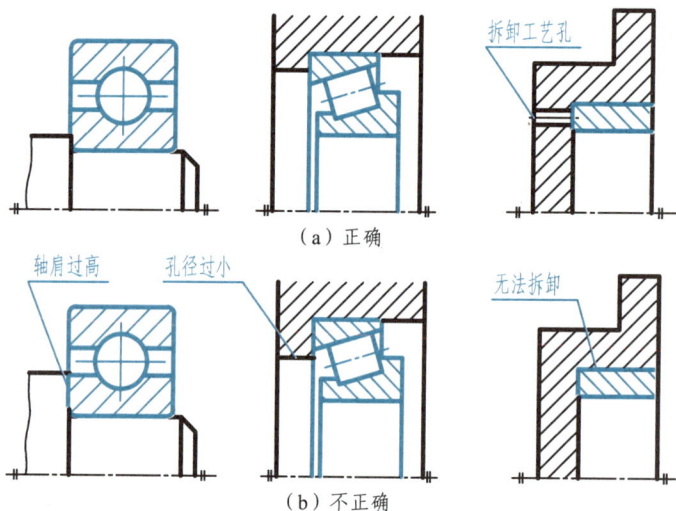

（a）正确

（b）不正确

图8-16　装配结构要便于拆卸

（4）有螺纹紧固件的地方要留足装拆时的活动空间，如图8-17所示。

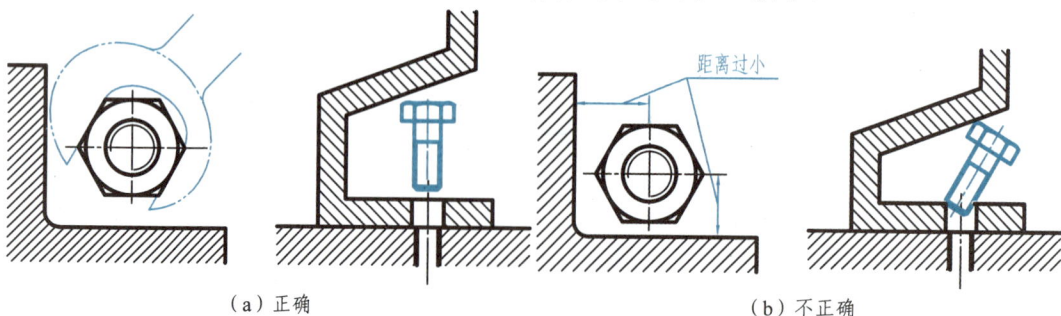

（a）正确　　　　　　　　　　　　　　　（b）不正确

图8-17　螺纹紧固件装配结构

8.4.2　机器上的常见装置

1. 螺纹防松装置

为防止机器在工作中由于振动而使螺纹紧固件松开，常采用双螺母、弹簧垫圈、止动垫圈、开口销等防松装置，其结构如图8-18所示。

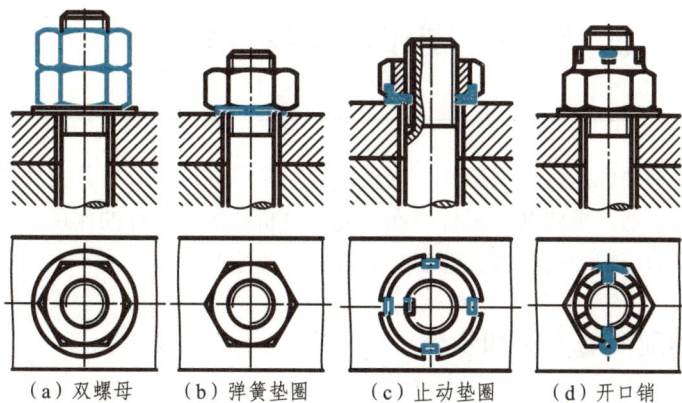

（a）双螺母　　　（b）弹簧垫圈　　　（c）止动垫圈　　　（d）开口销

图8-18　螺纹防松装置

2. 滚动轴承的固定装置

使用滚动轴承时，需根据受力情况将滚动轴承的内、外圈固定在轴上或机座的孔中。因为考虑到工作温度的变化可能会导致滚动轴承卡死而无法工作，所以不能将两端的轴承内、外圈全部固定，一般可以一端固定，另一端留有轴向间隙，允许有极小的伸缩。例如，图8-19中右端轴承内、外圈均做了固定，左端轴承只固定了内圈。

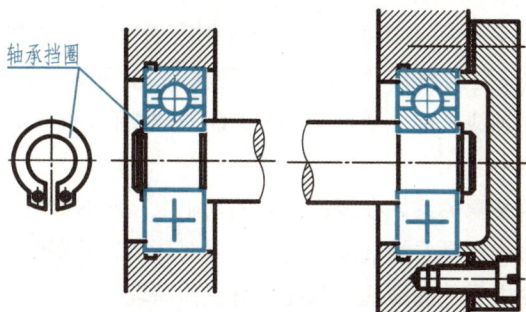

轴承挡圈

图8-19　滚动轴承固定装置

3. 密封装置

为了防止灰尘、杂屑等进入轴承，并防止润滑油外溢和阀门、管路中的气体、液体的泄漏，通常采用如图8-20所示的密封装置。

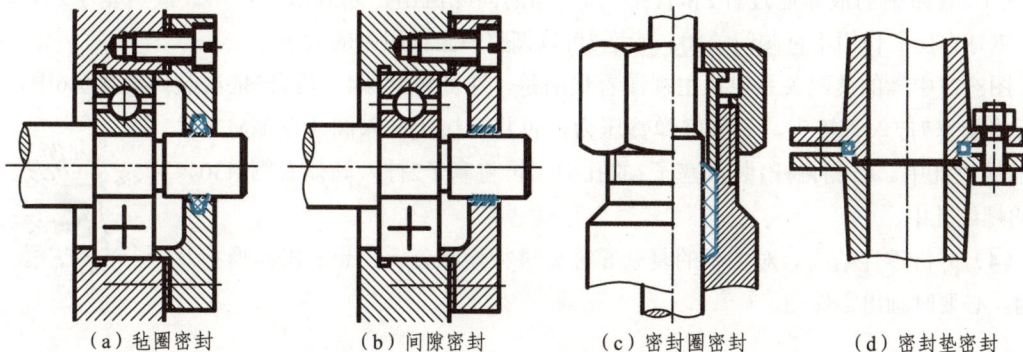

（a）毡圈密封　　　（b）间隙密封　　　（c）密封圈密封　　　（d）密封垫密封

图8-20　密封装置

8.5　读装配图和拆画零件图

读装配图应特别注意从机器或部件中分离出每一个零件，并分析其主要结构和作用，以及同其他零件的关系。然后再将各个零件合在一起，分析机器或部件的作用，工作原理及防松、润滑、密封等系统的原理和结构等。必要时应查阅有关专业资料。

8.5.1　读装配图的方法和步骤

不同的人看图目的是不同的，如有的仅需要了解机器或部件的用途和工作原理；有的要了解零件的连接方法和拆卸顺序；有的要拆画零件图；等等。一般来说，应按以下方法和步骤读装配图：

（1）概括了解。从标题和有关说明书中了解机器或部件的名称和大致用途；从明细栏和图中的编号了解机器或部件的组成。

（2）对视图进行初步分析。明确装配图的表达方法、投影关系和剖切位置，并结合标注的尺寸，想象出主要零件的结构形状。

例如，图8-21为阀的装配图。该部件装配在液体管路中，用以控制管路的"通"与"不通"。该图采用了主视图（全剖视）、俯视图（全剖视）、左视图三个视图和一个B向局部剖视图的表达方法。有一条装配轴线，部件通过阀体上的G1/2螺纹孔、4×φ8的螺栓孔和管接头上的G3/4螺纹孔装入液体管路中。

（3）分析工作原理和装配关系。在概括了解的基础上，应对照各视图进一步研究机器或部件的工作原理、装配关系，这是看懂装配图的一个重要环节。看图时应先从反映工作原理的视图入手，分析机器或部件中零件的情况，从而了解工作原理。然后再根据投影规律，从反映装配关系的视图着手，分析各条装配轴线，弄清零件相互间的配合要求、定位和连接方式等。

例如，图8-21中阀的工作原理从主视图看最清楚。当G1/2管路中的液体作用在钢球4上的压力大于压簧5作用在钢球4上的压力时，钢球左移，G1/2管路中的液体通过杆1和管接头6之间的间隙流出，起到泄压作用。或当手动旋转塞子2左移时，推动杆1向左移动，杆1推动钢球4左移，G1/2管路中的液体通过杆1和管接头6之间的间隙流出，起到泄压作用。旋转塞子2右移时，钢球在压簧作用下将阀门关闭。旋塞7可以调整弹簧作用力的大小。

图8-21中阀的装配关系也从主视图看最清楚。左侧将钢球4、压簧5依次装入管接头6中，然后将旋塞7拧入管接头，调整好弹簧压力，再将管接头拧入阀体左侧M30×1.5的螺纹孔中。右侧将杆1装入塞子2的孔中，再将塞子2拧入阀体右侧M30×1.5的螺纹孔中。

（4）分析零件结构。对主要的复杂零件要进行投影分析，想象出其形状及结构，必要时画出零件图。

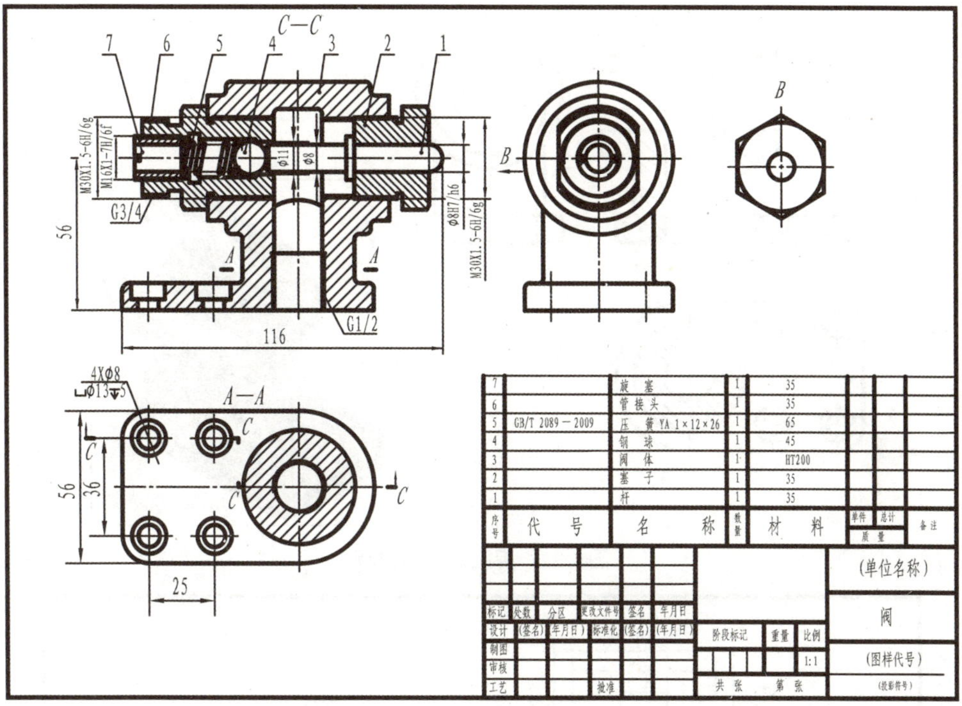

图8-21 阀的装配图

8.5.2 由装配图拆画零件图

为了了解某一零件的结构形状，必须先把这个零件的视图从整个装配图中分离出来，然后想象其结构形状。对于表达不清的地方要根据整个机器或部件的工作原理进行补充，然后画出其零件图。这种由装配图画出零件图的过程称为拆画零件图。拆画零件图的方法和步骤如下。

1. 看懂装配图

将要拆画的零件从整个装配图中分离出来。例如，要拆画阀装配图中阀体3的零件图，首先应将阀体3从主视图、俯视图、左视图三个视图中分离出来，然后想象其形状。对于大体形状想象并不困难，但阀体内形腔的形状，因左视图、俯视图没有表达，所以不易想象。但通过主视图中G1/2螺纹孔上方的相贯线形状得知，阀体形腔为圆柱形，轴线水平放置，且圆柱孔的长度等于G1/2螺纹孔的钻孔直径，如图8-22所示。

2. 确定视图表达方案

了解零件的形状后，要根据零件的结构形状及其在装配图中的工作位置或零件的加工位置，重新选择视图，确定表达方案。此时可以参考装配图的表达方案，但要注意不受原装配图的限制。例如，图8-23中阀体的表达方法：主视图、俯视图和装配图相同，左视图采用了半剖视图。

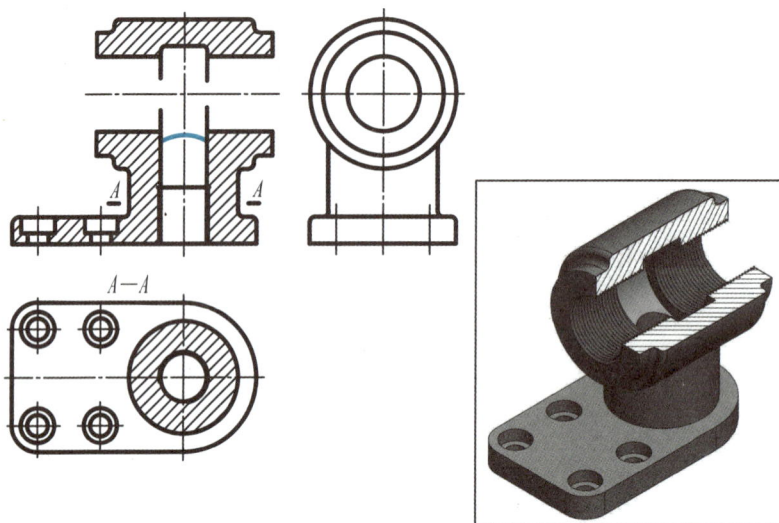

图8-22 拆画装配图过程

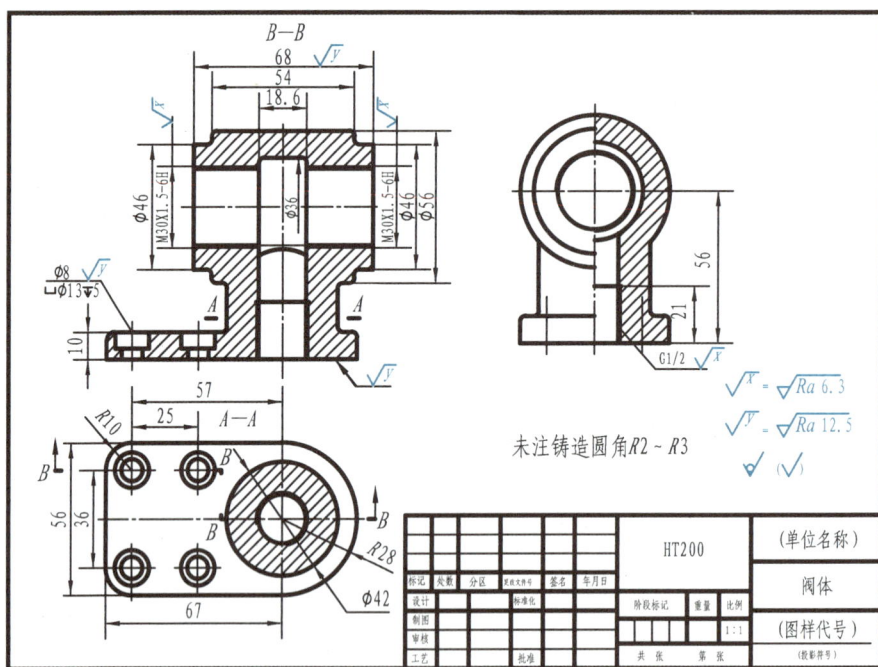

图8-23 阀体零件图

3. 标注尺寸

因为装配图上给出的尺寸较少,所以在零件图上需标注零件各组成部分的全部尺寸,故很多尺寸是在拆画零件图时才确定的,此时应注意以下几点:

(1)凡是在装配图上已给出的尺寸,在零件图上可直接标注。

(2)某些设计时计算的尺寸(如齿轮啮合的中心距)及查阅标准手册而确定的尺寸(如键槽尺寸等),应按计算所得数据及查阅值准确标注,不得圆整。

(3)除上列尺寸外,零件的一般结构尺寸可按比例从装配图上直接测量,并做适当圆整。

（4）标注零件各表面粗糙度、几何公差及技术要求时，应结合零件各部分的功能、作用及要求，合理选择精度要求，同时还应使标注数据符合有关标准。

拆画零件图是一种综合能力训练。它要求画图者不仅应具有看懂装配图的能力，还应具备有关的专业知识。随着计算机绘图技术的普及，拆画零件图变得更容易。如果已由计算机绘出机器或部件的装配图，那么对被拆画的零件进行复制、整理、标注尺寸，即可画出零件图。

在线测试

第9章

轴测图

教学导航

学习目标	能绘制简单平面立体和曲面立体的正等轴测图，了解斜二等轴测图、正二等轴测图的概念和画法	
重点难点	重点是正等轴测图画法，要学会利用形体分析法绘制基本立体和组合体的正等轴测图。难点是圆的正等轴测图，特别是部分圆弧的正等轴测图的画法	
学习指导	在学习本章的过程中，要特别注意轴测轴、轴测平面和轴向伸缩系数的概念和应用，三种轴测图在画法上是相同的，只是轴测轴的方向和伸缩系数不同。当物体三个方向都有圆时，选用正等轴测图较方便，当物体一个方向有圆或曲线时，选用斜二等轴测图较方便	
教学安排		教学内容	习题
	第一讲	9.1 轴测图的基本知识 9.2 正等轴测图的概念和画法	习题9-1、9-2
	第二讲	9.3 斜二等轴测图的概念和画法 9.4 正二等轴测图的概念和画法	习题9-3

9.1 轴测图的基本知识

9.1.1 轴测图的形成

轴测图是单面投影，只需一个投影面即可得到轴测图，但物体对于投影面必须处于倾斜位置。这样物体的长、宽、高三个方向的尺寸在投影图上均会有所反映。通过这种方式得到的具有立体感的图形称为轴测图。

在由V、H、W组成的三面投影体系中，将立方体的各面放置成投影面的平行面，取一个一般位置平面P作为轴测投影面（平面P与V、H、W三个投影面的夹角相等），则立方体的各面对平面P均处于倾斜位置，将物体向平面P投影则得到具有立体感的轴测图，如图9-1所示。若投射线与投影面P垂直，则得到正等轴测图；若投射线与投影面P倾斜一定的角度，则可得到斜二等轴测图或正二等轴测图。

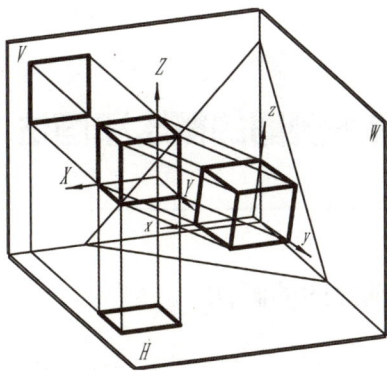

图9-1 轴测图的形成

若仍用V面做投影面，而将物体先绕Z轴旋转一个角度，再绕X轴旋转一定角度，使物体的各面对V面均处于倾斜位置，然后用垂直于V面的投射线投影，也可得到轴测图。

9.1.2 轴间角和轴向伸缩系数

空间直角坐标系的OX、OY、OZ轴在轴测投影面上的投影叫作轴测轴。两个轴测轴之间的夹角叫作轴间角。

在正等轴测图中，空间的三根坐标轴都倾斜于轴测投影面，所以物体上与坐标轴平行的线段的轴测投影都缩短了。轴测轴上的线段与空间坐标轴上的对应线段的长度比称为轴测图的轴向伸缩系数。OX、OY、OZ轴的轴向伸缩系数分别用p、q、r表示。三种常用轴测图的轴间角和轴向伸缩系数见表9-1所列。

为简化作图，常采用简化轴向伸缩系数。表9-1中括号内的数为简化轴向伸缩系数。

表9-1　三种常用轴测图的轴间角和轴向伸缩系数

类型	立方体图形	轴间角	轴向伸缩系数 （简化轴向伸缩系数）
正等轴 测图	30° 30°	120° 120° 120°	0.82(1) 0.82(1) 0.82(1)
正二等 轴测图	41° 25′ 7° 10′	97° 131° 25′ 131° 25′	0.94(1) 0.94(1) 0.47(0.5)
斜二等 轴测图	45°	90° 135° 135°	1 1 0.5

9.2　正等轴测图的概念和画法

9.2.1　平面立体正等轴测图的画法

1. 坐标法

画轴测图时，先在物体三视图中确定坐标原点和坐标轴，然后按物体上各点的坐标关系采用简化轴向伸缩系数依次画出各点的轴测图，最后由点连线得到物体的正等轴测图，如图9-2所示。坐标法是画轴测图最基本的方法。

2. 切割法

在平面立体的轴测图上，图形由直线组成，作图比较简单，且能反映各种轴测图的基本绘图方法。因此，在学习轴测图时，一般先从平面立体的轴测图入手。当平面立体上的平面多数和坐标平面平行时，可采用切割的方法绘制。画图时，可先画出基础形体的轴测图，然后再用切割法逐步完成作图；也可先确定轴测轴的位置，然后沿与轴测轴平行的方向，按轴向伸缩系数直接测量尺寸。需要特别注意的是，在画和坐标平面不平行的平面时，不能沿与坐标轴倾斜的方向测量尺寸，如图9-3所示。

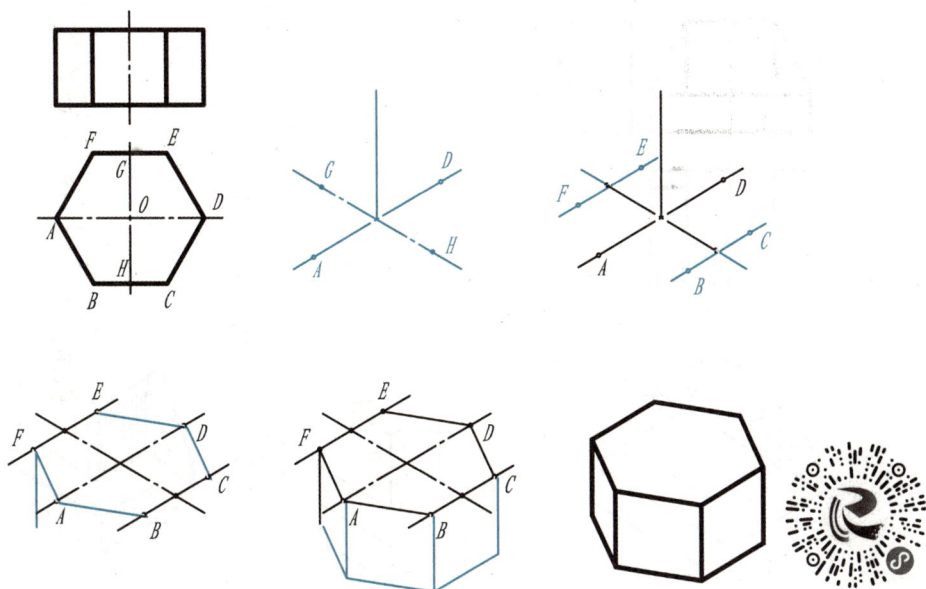

图9-2　坐标法

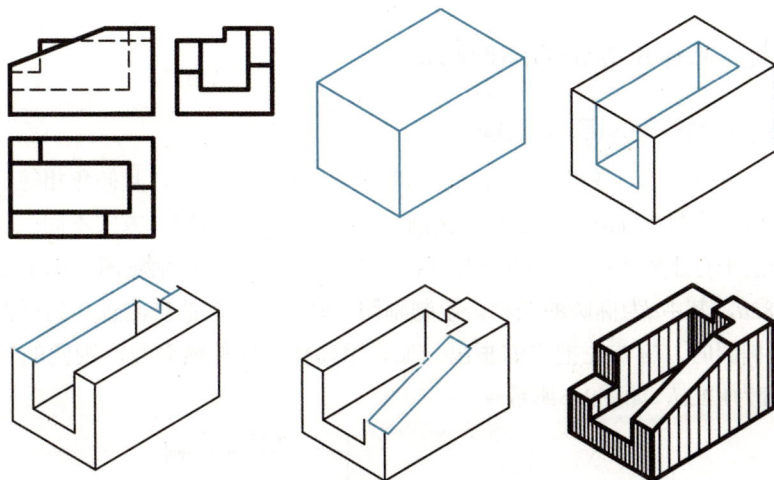

图9-3　切割法

3. 叠加法

画轴测图时，要采用形体分析法，先画基础形体，然后从大的形体着手，由大到小，采用叠加的方法逐步完成，如图9-4所示。在叠加时，要注意形体位置的确定方法。轴测投影的可见性比较直观，对不可见的轮廓可省略虚线，在轴测图上形体轮廓能否被挡住要作图判断，不能凭感觉绘图。例如，图9-4中右侧三棱柱肋板的可见性要通过作图判断。

图9-4　叠加法

9.2.2　曲面立体正等轴测图的画法

1. 平行于坐标面的圆的正等轴测图

在正等测投影中，空间各坐标面相对于轴测投影面都是倾斜的，且倾角相等，因此坐标面和平行于各坐标面的圆在轴测投影中均为椭圆，且椭圆的大小相等、方向不同。在正方体各个面的圆中，分别平行于两个坐标轴的一对直径（圆的轴测轴），在轴测图中仍平行于轴测轴，其长度等于$0.82d$，其中d为椭圆的长轴。绘制轴测图时，常以圆的轴测轴作为画椭圆时的定位线。因此，画椭圆时，应首先把它们画出。如采用简化轴向伸缩系数，则圆的轴测轴长度为d，椭圆的长轴为$1.22d$，如图9-5所示。

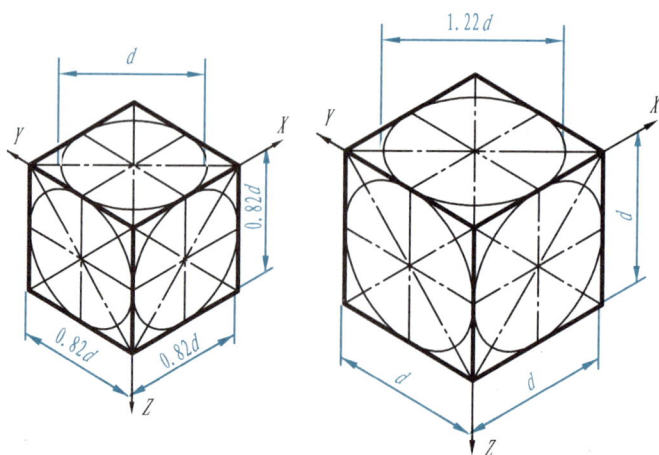

图9-5　平等于坐标面的圆的正等轴测图

2. 圆的正等轴测图画法

为作图方便，圆的轴测图常采用近似画法，可用四心圆弧法画出的扁圆代替椭圆。此时四段圆弧的切点不在轴测轴上，而是向外移了一些，如图9-6（a）所示。绘制圆柱体的轴测图时，可先画出圆柱体上、下底面的轴测图，然后作两椭圆的公切线，对孔的可见性要做具体分析，如图9-6（b）所示。

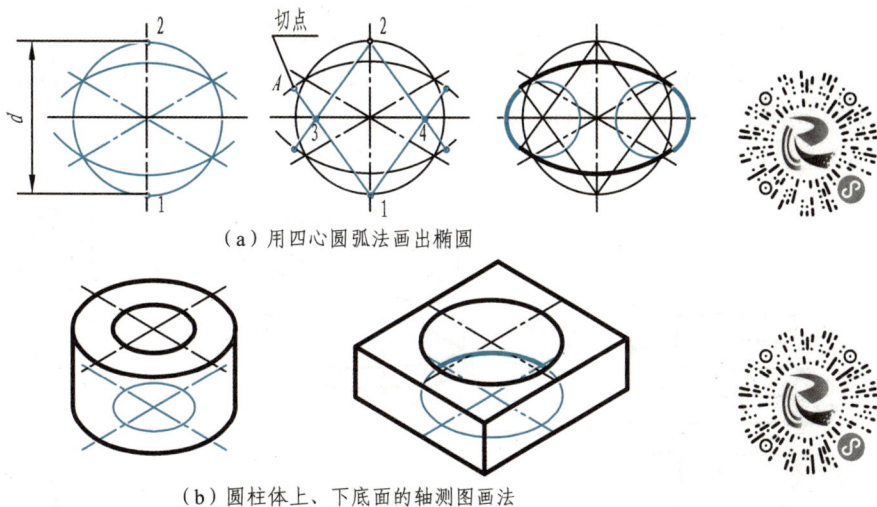

（a）用四心圆弧法画出椭圆

（b）圆柱体上、下底面的轴测图画法

图9-6 圆的正等轴测图画法

3. 1/2和1/4圆弧的正等轴测图画法

1/2圆弧的轴测图一般沿轴测轴方向剖分柱面，柱面和平面的切线处要光滑连接。1/4圆弧的轴测图是椭圆的一部分，画图时可用圆弧代替椭圆弧，圆弧的圆心为过椭圆与矩形边的切点和矩形边垂直的线段的交点，如图9-7所示。

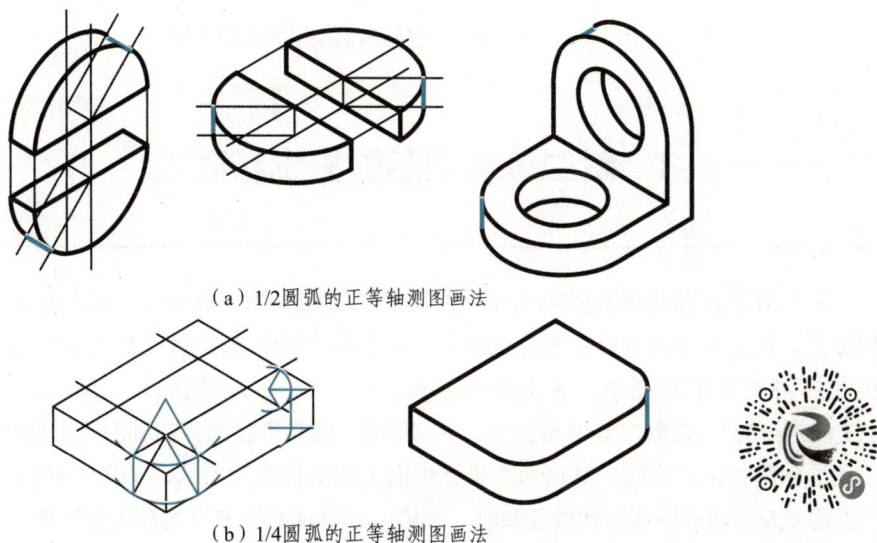

（a）1/2圆弧的正等轴测图画法

（b）1/4圆弧的正等轴测图画法

图9-7 1/2和1/4圆弧的正等轴测图画法

9.2.3 正等轴测图的表达方法

正等轴测图是单面正投影，一般不画虚线，所以视图方向的选择要能够反映物体的结构特征，如图9-8所示。图9-8（a）为物体的视图，图9-8（b）、图9-8（c）、图9-8（d）、图9-8（e）为其正等轴测图，这四个轴测图都是正确的。图9-8（b）把槽和斜面及右端的凸台表达得比较清晰；图9-8（c）虽然也表达清楚了物体的结构，但斜面的变形较大，绘图比较困难；由于斜面处于不可见位置，图9-8（d）中槽和斜面表达得不清楚；图9-8（e）没有表达清楚槽和斜面的结构。因此，图9-8（b）视图方向的选择比较合理。

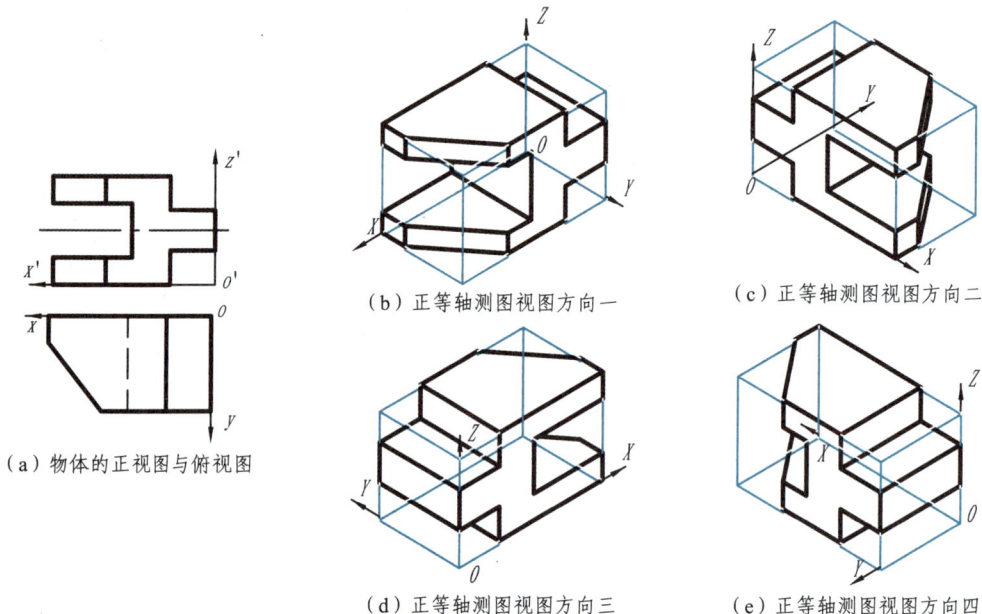

（a）物体的正视图与俯视图

（b）正等轴测图视图方向一

（c）正等轴测图视图方向二

（d）正等轴测图视图方向三

（e）正等轴测图视图方向四

图9-8　正等轴测图视图方向的选择

9.3　斜二等轴测图的概念和画法

斜二等轴测图是用斜投影法得到的一种轴测图。当空间物体上的坐标面XOZ平行于轴测投影面，而投射方向与轴测投影面倾斜时，所得到的投影图就是斜二等轴测图。在国家标准推荐的斜二等轴测图中，轴向伸缩系数$p=r=1$、$q=0.5$，轴间角$\angle X_1O_1Z_1=90°$、$\angle X_1O_1Y_1=\angle Y_1O_1Z_1=135°$。在斜二等轴测图中，$XOZ$平面（或其平行面）的轴测投影反映实形，$XOZ$平面上圆的轴测投影仍为圆，其他两个坐标平面上圆的投影为椭圆，如图9-9所示。当物体在平行于正面XOZ方向有圆或形状较复杂时，采用斜二等轴测图来表达会比较简单。

案例 9-1

绘制图9-10所示组合体的斜二等轴测图。

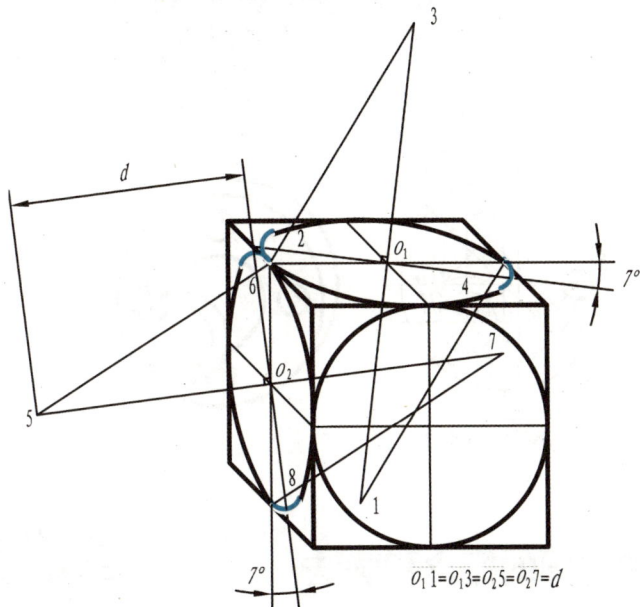

$o_1 1 = o_1 3 = o_2 5 = o_2 7 = d$

图9-9 正方体三个面上圆的斜二测投影的画法

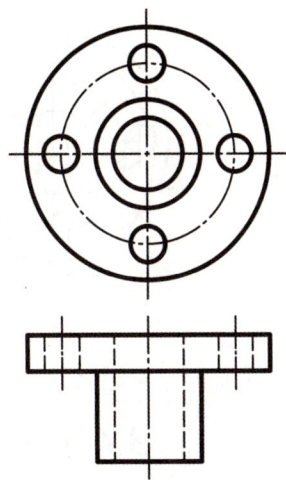

图9-10 组合体

画图步骤

（1）确定轴测轴方向，将圆柱端面设置为前面，轴线设置为135°方向，根据组合体轴向尺寸和轴向伸缩系数（0.5），确定外圆柱端面圆心的位置。

（2）绘制大圆柱板的端面圆，半径为圆柱的实际尺寸。

（3）绘制小圆柱的端面圆，绘制圆柱孔的端面圆，此时要校核孔的后端面圆的可见性，不可见时可不画。

（4）绘制柱面的轮廓线，即沿轴线方向作圆的公切线，同时绘出四个小圆孔的端面圆，注意轴向伸缩系数为0.5。

（5）整理图形，将不可见的轮廓线擦除。

案例9-1画图步骤如图9-11所示。

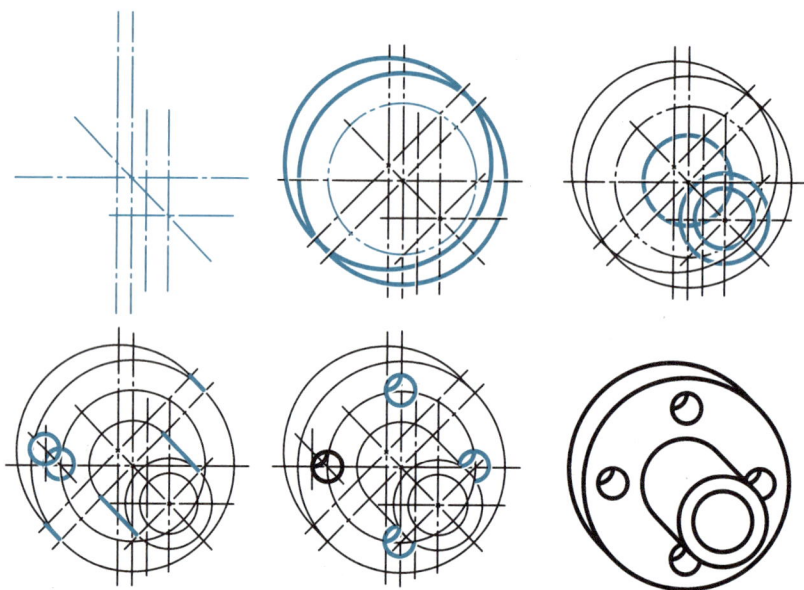

图9-11　案例9-1画图步骤

9.4　正二等轴测图的概念和画法

正二等轴测图和正等轴测图在作图方法上基本相同，二者最大的不同之处是平行于坐标面上圆的轴测图形状不同。正二等轴测图三个坐标平面上圆的轴测投影均为椭圆，当采用简化轴向伸缩系数时，椭圆的长短轴如图9-12所示。

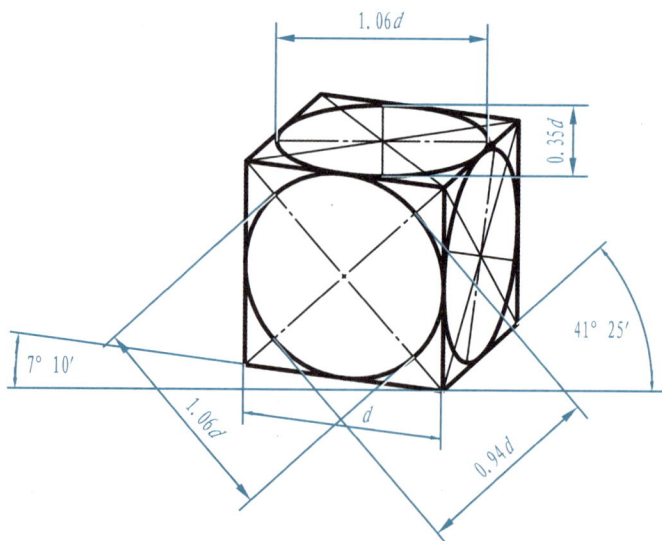

图9-12　圆的正二等轴测图画法

绘制图9-13（a）所示物体的轴测图并进行选择。

由图9-13（a）可以看出，物体的基础形体是长方体，在长方体上切割了一个竖槽，在棱边上做了一些45°的倒角。图9-13（b）、图9-13（c）、图9-13（d）分别为正等轴测图、斜二等轴测图和正二等轴测图，可以看到，正等轴测图的立体感最差，斜二等轴测图和正二等轴测图的立体感要强一些，但绘制比较复杂。对有些物体，当用正等轴测图不能表达清楚时，可考虑采用斜二等轴测图或正二等轴测图。本例可选择斜二等轴测图或正二等轴测图。

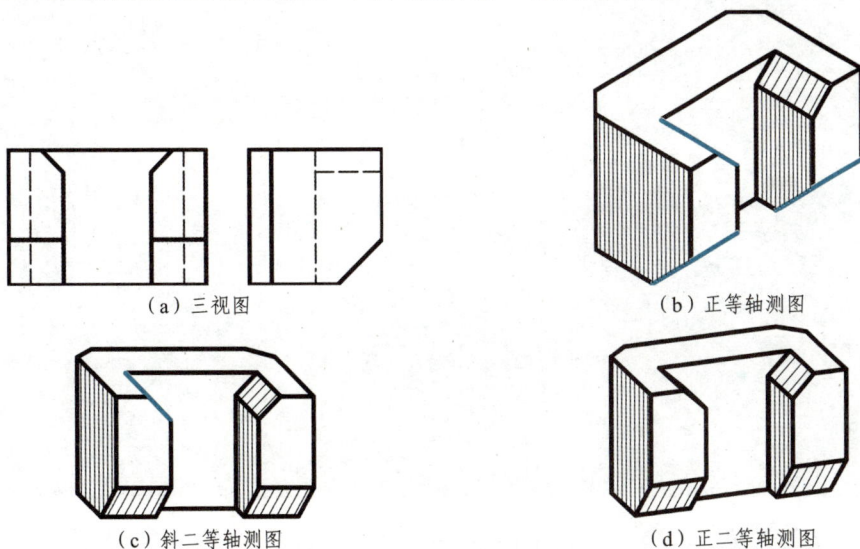

（a）三视图　　　　　　　　　　　（b）正等轴测图

（c）斜二等轴测图　　　　　　　　（d）正二等轴测图

图9-13　轴测图的选择

在线测试

*第10章

AutoCAD绘图基础

教学导航

学习目的	了解AutoCAD的绘图环境、绘图设置、基本操作、基本命令和绘制平面图形的基本方法步骤。理解AutoCAD的基本概念和绘图原理，能设置图层、文字样式和标注样式，能熟练使用绘图、修改和尺寸标注工具栏上的命令绘制平面图形，并养成良好的绘图习惯
重点难点	重点是AutoCAD的绘图设置和绘图、修改和尺寸标注命令。难点是利用绘图、修改和尺寸标注命令绘制平面图形
学习指导	学习本章时要通过绘制平面图形案例掌握AutoCAD绘图设置和绘图、修改和尺寸标注命令，不要单纯练习命令

		教学内容	作业
教学安排	第一讲	10.1 AutoCAD的基本操作 10.2 AutoCAD的基本设置 10.3 AutoCAD绘图、修改和尺寸标注工具栏 10.4 定制A4图幅的样板图	习题10-1
	第二讲	10.5 利用AutoCAD绘制平面图形案例	习题10-2
	第三讲	10.6 利用AutoCAD绘制三视图案例	习题10-3

10.1 AutoCAD的基本操作

10.1.1 输入命令的基本方法

1. 在动态输入窗口或命令行直接键入命令

在动态输入窗口或命令行直接键入命令是最原始、最根本的命令输入方法。在动态输入窗口或命令行键入命令的第一个字母后，将在命令行附近或十字光标附近打开"命令联想列表"（见图10-1），可以从"命令联想列表"中选择命令。例如，键入L，然后按回车键，可完成"直线"命令的输入，也可在"命令联想列表"中选择其他命令。常用命令可以只输入前面1~2个字母，如L表示Line（直线）命令，C表示Circle（圆）命令，等等。

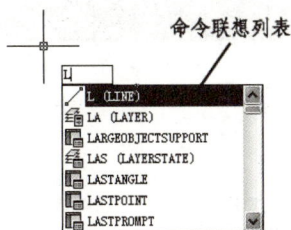

图10-1 命令联想列表

2. 在下拉菜单中选择执行相应的命令

将鼠标指针放在菜单栏的菜单项上，该菜单项颜色改变，单击鼠标左键，该菜单项的下拉菜单被打开。移动鼠标指针至下拉菜单的某一菜单项，该菜单项呈蓝色显示，单击鼠标左键即可发出该命令。例如，选取【绘图】→【圆】→【3点】，表示在"绘图"下拉菜单中选择"画圆"子菜单中的"三点画圆"菜单项，按提示输入3个点，就能过这3个点绘制一个圆。菜单发出的命令仍显示在命令行中。

3. 通过工具栏按钮选择执行相应的命令

将鼠标指针放在工具栏图标上，该按钮自动凸起，同时显示该图标的命令指示，单击鼠标左键，即可发出该命令。例如，单击绘图工具栏中的"▰"按钮，表示发出"画线"命令。在下拉菜单中，有些菜单项还有级联菜单，而工具栏按钮没有级联按钮，如画圆，单击"◉"按钮，和该命令相关的选项罗列在命令行的"[ ]"中，各选项以"/"分开，在命令行中输入选项的大写字母并按回车键，即可运行该选项。

4. 使用键盘快捷键执行相应的命令

键盘快捷键是指Windows应用软件下所通用的命令快捷键，如"New（新建文件）"命令的快捷键为"Ctrl+N"，"Plot（打印）"命令的快捷键为"Ctrl+P"。菜单栏命令的键盘快捷键在菜单项后面的"（）"内，使用方法是按住"Alt"键，同时按括号内带下划线的字母，则激活该菜单栏。另外，在下拉菜单中每个菜单项后面的括号内都有一个带下划线的字母，表示键盘操作键，使用方法是按住"Alt"键，同时按菜单栏和下拉菜单项中带下划线的字母，则激活该下拉菜单命令。例如，"Alt+D+L"表示激活"绘图"中的"画直线"命令。

10.1.2 图形文件管理

图形文件管理包括新建文件、打开文件、保存文件、退出系统等，操作方法如下。

1. 新建文件

新建文件的命令是"NEW"，下拉菜单位置：【文件】→【新建】，该命令按钮在"标准"工具栏和"标题栏"上。当一个文件完成后，需要重新创建一个新文件时，无须退出系统重新进入，只要单击标准工具栏或标题栏上的"□"图标，或单击下拉菜单【文件】→【新建】命令，将打开如图10-2所示的选择样板面板，然后，在面板中选择一个样板文件，如acadiso.dwt样板文件，再单击"打开"按钮即可创建一个新文件，新文件在存盘时再命名。

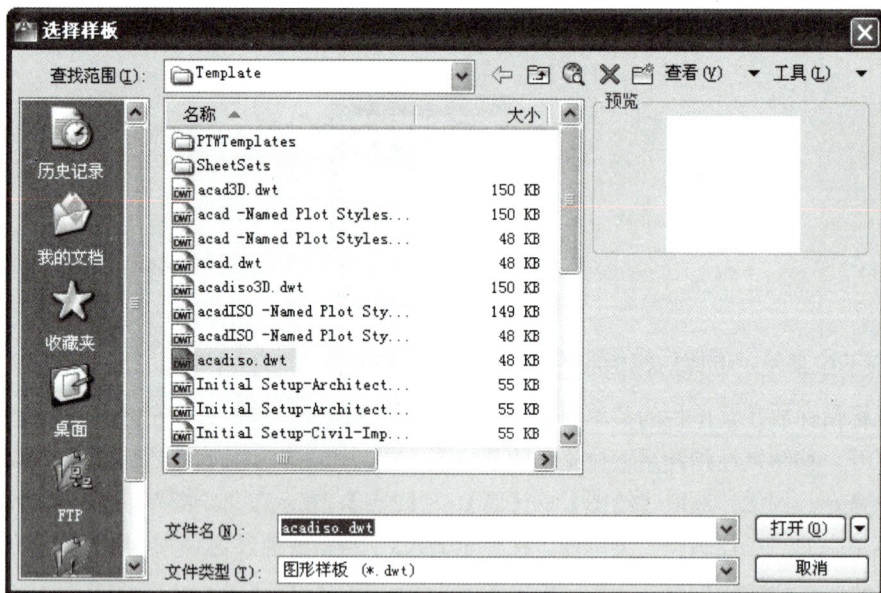

图10-2 选择样板面板

2. 打开文件

打开文件的命令是"OPEN"，下拉菜单位置：【文件】→【打开】，该命令按钮在"标准"工具栏和"标题栏"上。在图形编辑状态（工作屏幕）下，单击标准工具栏或标题栏上的"⬛"图标，或单击下拉菜单【文件】→【打开】命令，将打开如图10-3所示的选择文件面板，然后，根据文件所在的盘号、目录、文件名等要素，找到目标文件后双击，即可打开已经存盘的目标文件。

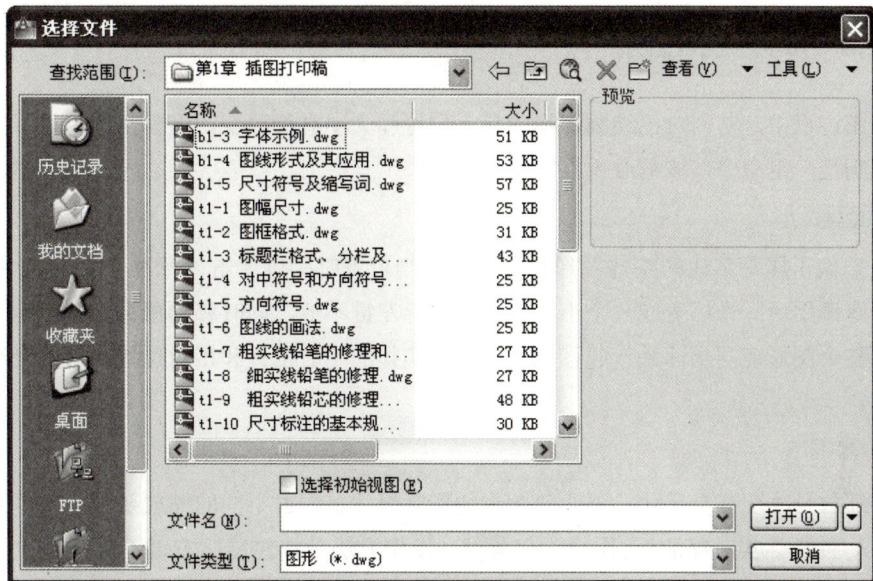

图10-3 选择文件面板

3. 保存文件

保存文件的命令是"SAVE",下拉菜单位置:【文件】→【保存】,该命令在"标准"工具栏和"标题栏"上。保存文件有两种情况:一种情况是该文件已经命名并已保存过,本次只是继续或修改,按原名、原路径保存,此时只需单击标准工具栏中的"█"图标,或下拉菜单【文件】→【保存】命令即可;另一种情况是文件第一次保存,尚未命名,或虽已保存过,但需另外命名或改变路径保存,此时,可单击下拉菜单【文件】→【另存为...】命令,在弹出的图形另存为面板中,指定保存路径并键入文件名后,单击"保存"按钮即可。

4. 退出系统

退出系统时,可单击下拉菜单【文件】→【退出】命令或单击屏幕右上角的"关闭"按钮。若文件已保存,则系统立即退出,回到Windows桌面;若文件没有保存,则系统提示用户保存图形文件。

10.1.3 命令的终止、重复、取消和撤销操作

在AutoCAD中,有的命令调用后处于循环状态,若要终止其继续执行,只要按"回车"键即可。

一个命令执行结束后,紧接着要重复执行该命令,按"回车"键即可。

一个命令调用后尚未执行完毕,若想退出该命令,按"Esc"键即可。

一个命令执行后,若要撤销其结果,可在"命令:"后键入U并回车,也可单击"标准"工具栏中的"↶"图标。这一操作可逐一撤销已经执行的命令,直至回到文件的最后一次保存状态。

10.1.4 屏幕显示控制

在绘图过程中，常需对已绘制图形的显示位置和大小进行改变，这就是屏幕显示控制。屏幕显示控制是一组命令，该组命令按钮在"标准"工具栏上。

1. 视区移动

希望把偏于屏幕某边的整体图形移至屏幕适当位置时，可单击"标准"工具栏中" "图标。命令调用后，光标变成一个小手。按下鼠标左键不放，同时移动鼠标，就可拖动整个视区，它将整个图形连同坐标系一起移动，不改变实体的绝对位置和相对位置，只改变对实体的观察位置。

2. 屏幕缩放

屏幕缩放只改变视觉尺寸，不改变图形的实际尺寸。根据不同的缩放要求，屏幕缩放有几种方式。一种是"实时缩放"，图标为" "，操作方法是按住鼠标左键不放拖动，可放大或缩小视区窗口；另一种是"窗口缩放"，图标为" "，单击图标右下角的黑三角将打开该图标包含的一组缩放工具，其中"窗口缩放"是用鼠标左键拖出一个矩形，将该矩形内的图形缩放到整个视区窗口，还有一个"全部缩放"，图标为" "（默认状态下该图标隐藏在"窗口缩放"图标的黑三角内），操作时用鼠标左键指向"窗口缩放"图标的黑三角，按住鼠标左键不放，选择"全部缩放"图标即可，键盘操作为键入ZOOM命令（键盘快捷键为Z），然后键入A并回车即可。

10.2 AutoCAD的基本设置

10.2.1 绘图界限的设置

设置绘图界限的命令为"LIMITS"，下拉菜单位置：【格式】→【图形界限】设定图形界限的操作如下（A4图纸）。

> 命令： '_limits（点【格式】→【图形界限】）
> 重新设置模型空间界限：
> 指定左下角点或［开(ON)/关(OFF)］<0.0000，0.0000>：（回车）
> 指定右上角点 <420.0000，297.0000>：210，297（注意：一定要在英文输入法下输入点的坐标）

绘图界限的设定要考虑三个因素：打印机输出图纸的大小、打印机输出比例、绘图比例。建议按输出图纸的大小设定绘图界限，采用适当的绘图比例绘图，打印比例采用1:1，打印范围选择"图形界限"。这样的绘图风格和仪器手工绘图一致，优点是箭头大小、线型、标题栏、尺寸数字等绘图参数打印后不变，打印出的图纸上，图形的绘图比例和标题栏中标注的比例一致，缺点是需要按实际尺寸和绘图比例计算绘图尺寸。缺点的解决办法是先按1:1绘图，然后将图形按绘图比例（标题栏中标注的比例）缩放到图形界限以内，最后标注尺寸。

10.2.2 绘图设置

绘图设置命令的位置在下拉菜单【工具】→【绘图设置...】，绘图设置包含"捕捉和栅格""极轴追踪""对象捕捉"等多个面板。

单击下拉菜单【工具】→【绘图设置...】，或将鼠标指向状态行中的"捕捉""栅格"等按钮，单击鼠标右键，在弹出菜单中选择"设置..."，将打开"草图设置"复合面板。编辑"捕捉和栅格"面板中的参数，可以设置纵横捕捉步长和栅格间距，如图10-4所示。

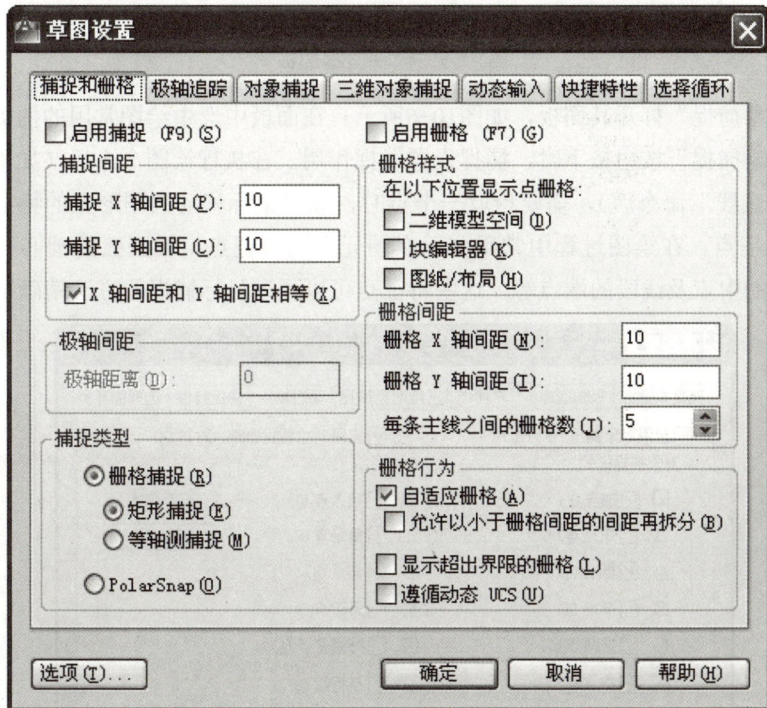

图10-4 捕捉和栅格面板

单击"极轴追踪"打开其面板，如图10-5所示。当鼠标移动到用户设定的参数附近时，将捕捉到"增量角""附加角"和"增量角"的倍数角。极轴追踪和正交功能不能同时启用。

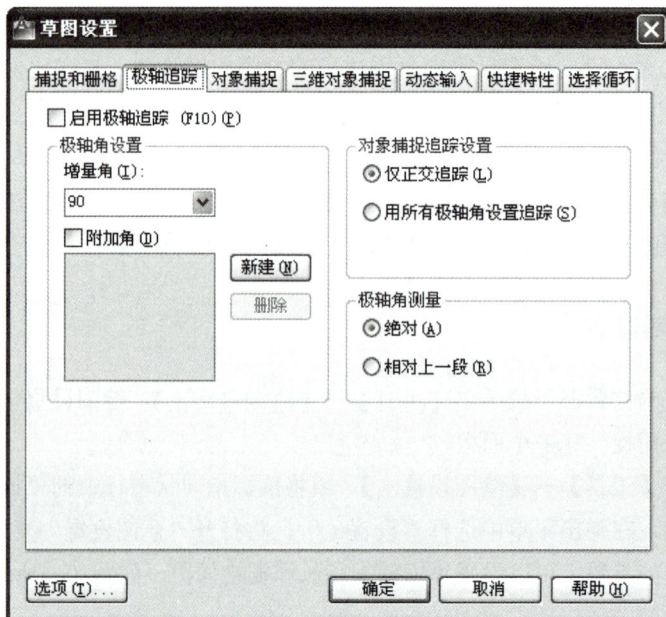

图10-5　极轴追踪面板

单击"对象捕捉"打开其面板，如图10-6所示。在面板中选中绘图常用的捕捉模式后，当状态行的"对象捕捉"按钮按下时，捕捉设置发挥作用。在执行绘图命令后（如单击"绘图"工具栏上的"直线"命令后），需要拾取一个点时，如果鼠标移动到图形上的特征点附近，将捕捉到这些特征点。在绘图过程中常用到已有图元上的特征点，如圆弧的圆心、两直线的交点、一条直线的中点及线段的端点等，这些特征点可以通过目标捕捉的方法精确定位。

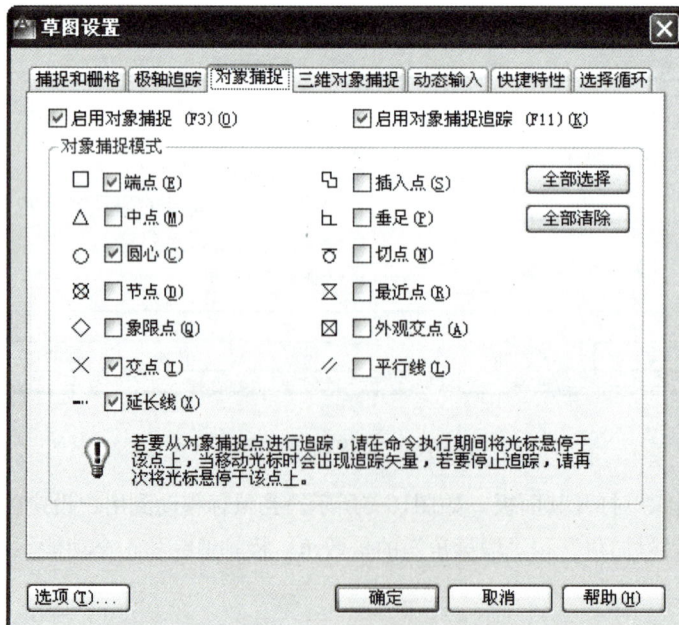

图10-6　对象捕捉面板

在执行绘图命令后，如果需要临时捕捉图元上的特征点，也可以在拾取点之前先点"对象捕捉"工具栏上的捕捉模式，再到图样上捕捉特征点，用一次点一次。对象捕捉工具栏如图10-7所示。

图10-7 对象捕捉工具栏

在操作过程中，面板和工具栏两种捕捉模式可同时使用，工具栏捕捉优先。在绘图过程中，可按"F3"功能键或单击状态行中的"对象捕捉"按钮，打开和关闭面板设定的对象捕捉功能。

10.2.3 图层设置及其控制

图层设置命令是"LAYER"，下拉菜单位置：【格式】→【图层】，该命令在"图层"工具栏。

绘制工程图时，要将同类型的图形元素绘制在同一个图层上，这样有利于对图形元素属性的控制，提高绘图效率。

图层的状态有关闭/打开（OFF/ON）、冻结/解冻（FREEZE/THAW）、加锁/解锁（LOCK/UNLOCK）。关闭和冻结的图层，其上的图形实体不可见，但对关闭图层上的实体，系统运行过程中仍需进行计算，而冻结图层上的实体被暂时搁置。另外，当前层可以被关闭和加锁，但不能被冻结。关闭或加锁了的当前层还可以在其上画图，但关闭图层上的图形看不见，打开图层后，图形才可见。加锁的图层，其上的实体仍然可见，但不能选择它们，因而这些实体得到了保护。关闭和冻结图层上的实体不能被打印输出，但加锁图层上的实体可以被打印输出。如果图层被标记为"不可打印"状态，则任何状态的图层都不能打印。图层状态的性质比较见表10-1所列。

表10-1 图层状态的性质比较

图层状态	可见性	当前层的绘图状态	可打印性
关闭（OFF）	不可见	可关闭，可绘图，不显示（打开后显示）	不可打印
冻结（FREEZE ）	不可见	不能冻结	不可打印
加锁（LOCK）	可见	可加锁，可绘图，显示，不能修改	可打印

图层的定义和设置操作如下：键入"LAYER"命令，或单击下拉菜单【格式】→【图层...】，或单击图层工具栏中的图标"📚"，可弹出图层特性管理器面板，如图10-8所示。绘制机械图样时，要根据《机械工程CAD制图规则》（GB/T 14665—2012）设置图层的层号（名称）、颜色、线型、线宽等特性。图10-8就是按该标准设置的图层特性。设置图层线型时，如果线型列表中没有要选的线型，可以点下面的"加载..."按钮，将线型库文件中的线型加载进来。设置好后关闭面板，设置的图层将显示在图层工具栏的下拉列表中。

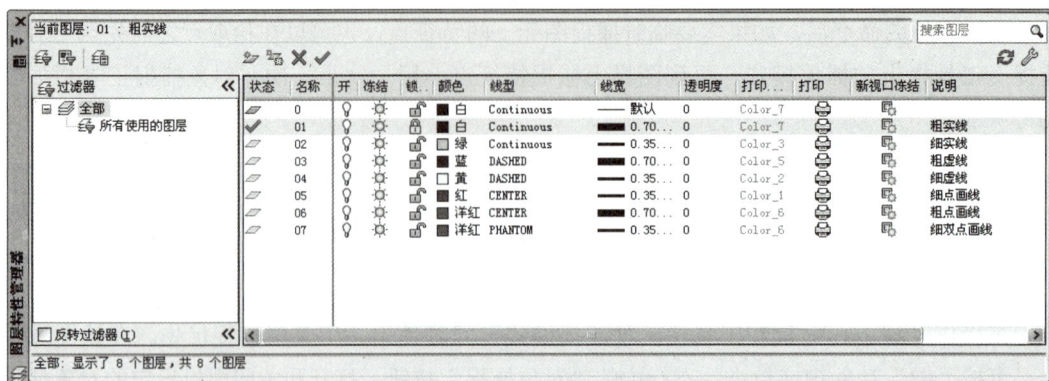

图10-8　图层特性管理器面板

图层的状态控制、当前层切换、修改图元的图层等操作，可用图层工具栏中的图层控制下拉列表来实现，如图10-9所示。对该下拉列表的操作可控制已定义图层的关闭/打开、冻结/解冻、加锁/解锁等状态。当前层以蓝色显示，要切换当前层只需用鼠标拾取即可。

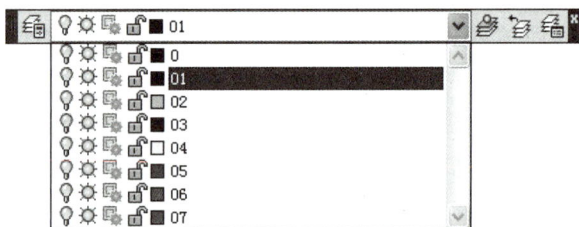

图10-9　图层控制下拉列表

10.2.4　文字样式设置

文字样式设置命令是"STYLE"，下拉菜单位置:【格式】→【文字样式...】，该命令在"样式"工具栏上。

图样中一般都有文字注释，如技术要求和标题栏中的文字等。在注写文本之前，必须先设置文字样式。文字样式的设置与修改可以键入"STYLE"命令，也可单击下拉菜单【格式】→【文字样式...】，或单击"样式"工具栏中"文字样式控制"前面的"文字样式..."图标，文字样式面板如图10-10所示。"样式"工具栏中的"文字样式控制"显示当前所用样式名，每个样式对应一种字体及字体的一组参数。系统默认的样式名为"Standard"，一般将"Standard"对应的字体设为"gbeitc.shx"。再设置一个"汉字"样式，将"汉字"样式对应的字体设为"T仿宋_GB2312"，设置汉字字体时要将"使用大字体"前面选择框中的对勾去掉，否则字体列表中将隐藏汉字字体。"高度"编辑框用于设置文字样式的字符高度，可以取默认值0.0000，待注写文本时再输入字高（如果在"高度"编辑框中设定了字高，则注写文本时不再询问字高，均以设定的字高注写）。"宽度因子"编辑框表示字符的宽度系数，可根据字体设置，其余参数取默认值即可。

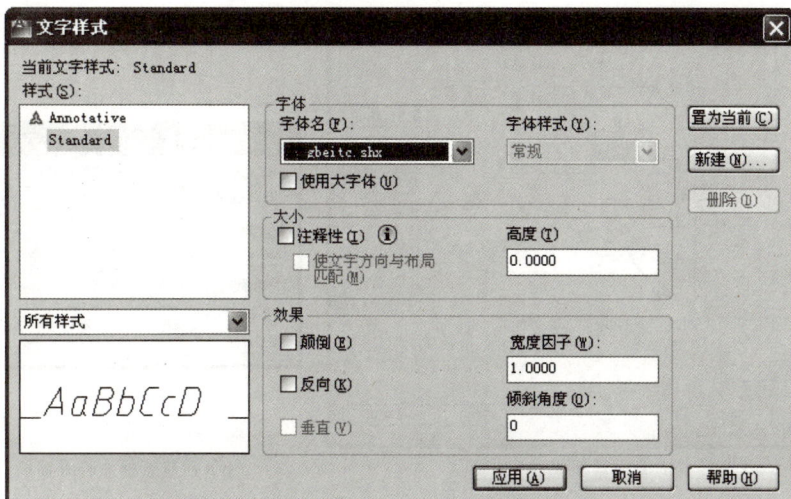

图10-10　文字样式面板

设置好的文字样式将显示在"样式"工具栏的文字样式控制列表中，"样式"工具栏如图10-11所示。从文字样式控制列表中可以切换当前文字样式。需要注意的是，书写汉字时当前样式对应的字体必须是汉字字体，否则将以"？"显示。

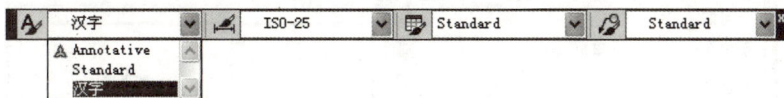

图10-11　样式工具栏

10.2.5　尺寸标注样式设置

尺寸标注样式设置命令为"DIMSTYLE"，下拉菜单位置：【格式】→【标注样式…】，该命令在"标注"和"样式"工具栏上。

AutoCAD可根据不同图样的尺寸要求设置尺寸标注样式，并将其以文件形式保存下来。用户在标注尺寸前都应根据具体要求创建尺寸标注样式，否则，系统将使用默认样式"ISO-25"工作。

尺寸标注样式的参数较多，设置比较复杂，按下述操作步骤操作，将设置一个符合《机械制图 尺寸注法》（GB/T 4458.4—2003）的尺寸标注样式，设置步骤如下。

步骤1：单击"标注"或"样式"工具栏中的""图标，或单击下拉菜单【格式】→【标注样式…】，调出标注样式管理器面板，如图10-12（a）所示。单击"新建…"按钮，打开创建新标注样式面板，如图10-12（b）所示。输入新样式名（默认样式名为"副本 ISO-25"），选择基础样式，然后单击"继续"按钮，打开新建标注样式复合面板。

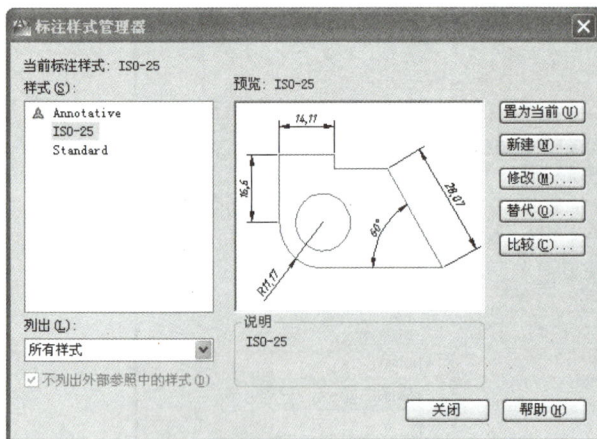

（a）标注样式管理器面板　　　　　　　　　　（b）创建新标注样式面板

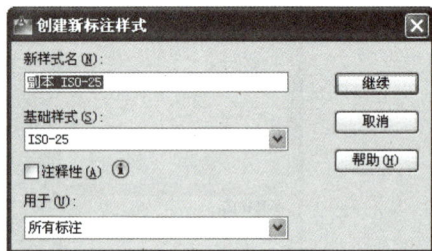

图10-12　标注样式管理器面板和创建新标注样式面板

步骤2：单击"线"选项，在线面板中将尺寸界线超出尺寸线修改为2，起点偏移量修改为0，尺寸线基线间距设为8，其余采用默认值，如图10-13所示。

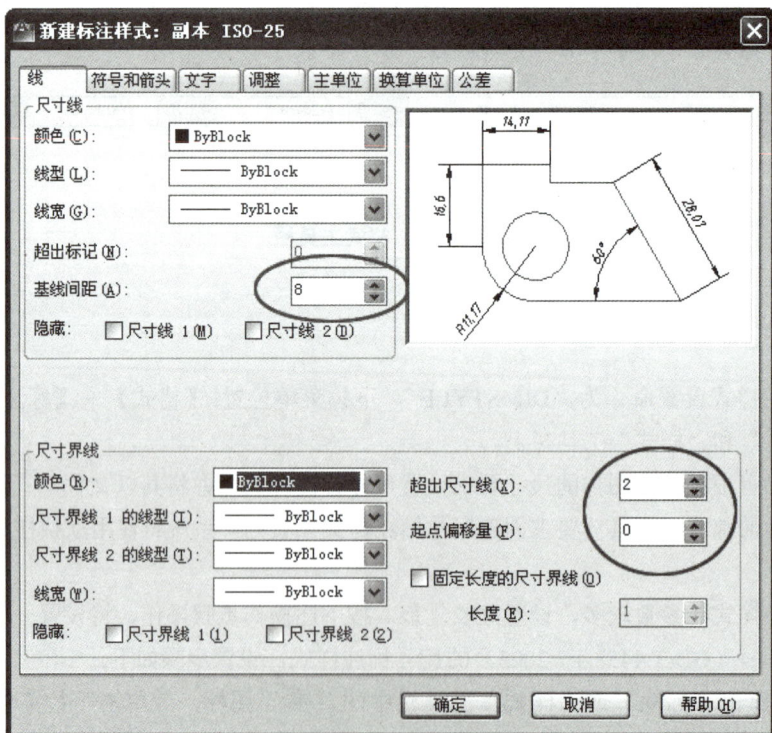

图10-13　线面板

步骤3：单击"符号和箭头"选项，在符号和箭头面板中，箭头大小设为3.5，箭头样式设为实心闭合，选择圆心标记为"无"，其余采用默认设置，如图10-14所示。

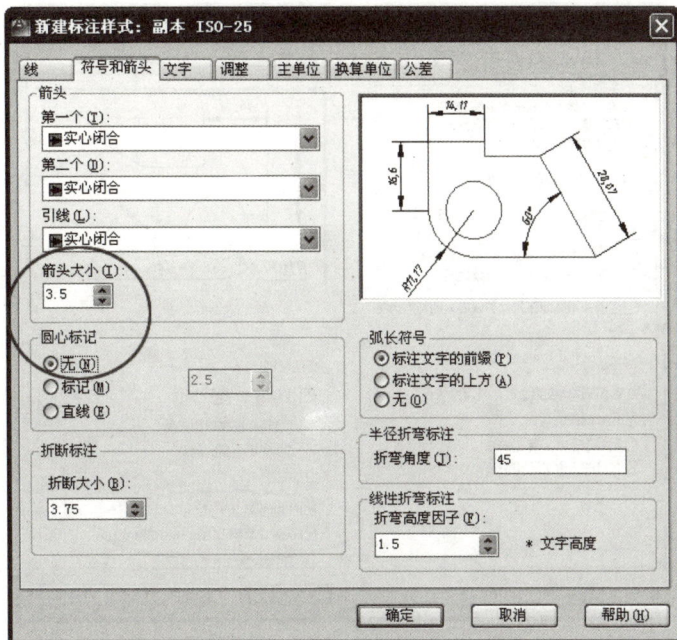

图10-14　符号和箭头面板

步骤4：单击"文字"选项，在文字面板中，文字样式选择"Standard"，该样式对应的字体为gbeitc.shx，文字高度设为3.5，文字位置和对齐方式按图10-15设置。

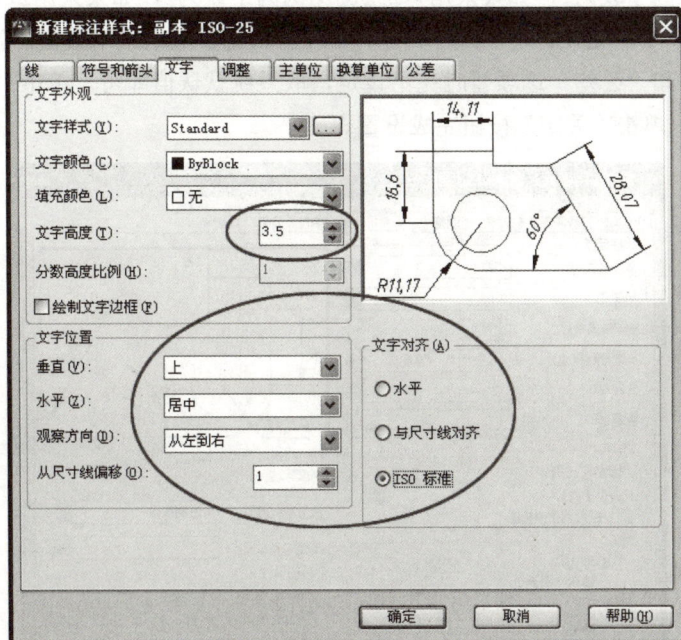

图10-15　文字面板

步骤5：单击"调整"选项，在调整面板中，调整选项选择"文字"，优化选项中的两项都选中，其余采用默认设置，如图10-16所示。

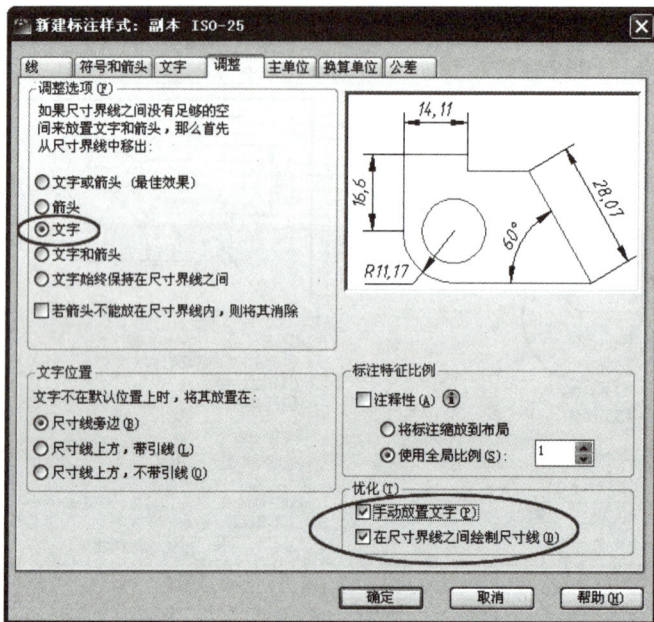

图10-16　调整面板

步骤6：单击"主单位"选项，主单位面板如图10-17所示。在"前缀"选项中如果填入"%%C"，则标注的线性尺寸前面带符号"ϕ"。测量单位比例因子要根据绘图比例确定，如果采用1:1绘图比例因子设为1，如果采用1:2绘图比例因子设为2，如果采用2:1绘图比例因子设为0.5，依此类推，目的是使标注的尺寸为零件的实际尺寸。其余采用默认设置。

　　"换算单位"和"公差"选项暂时先不设定，取系统默认值即可。单击"确定"按钮返回尺寸样式管理器，单击"关闭"按钮完成设置。

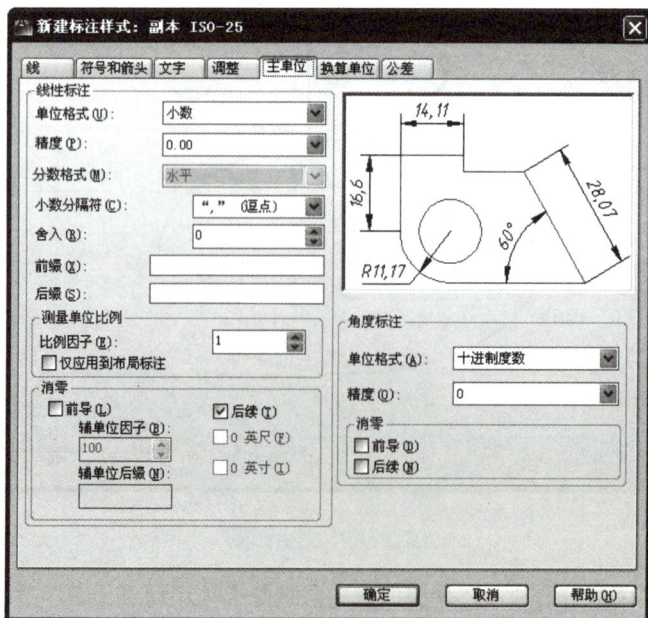

图10-17　主单位面板

10.3 AutoCAD绘图、修改和尺寸标注工具栏

10.3.1 绘图工具栏

常用的绘图命令均位于绘图工具栏上和【绘图】下拉菜单中，绘图工具栏如图10-18所示。

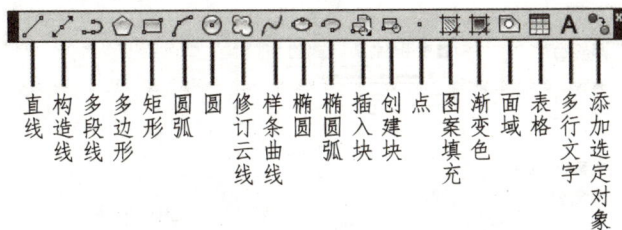

图10-18 绘图工具栏

1. 直线类

直线（Line）：在两个确定的点之间绘制一条线段。用该命令绘制的折线是多个图元。

构造线（Construction Line）：绘制无限长的直线。

多段线（Polyline）：绘制直线、圆弧、粗细变化的图线（如箭头）等。用该命令绘制的折线是一个图元。

多边形（Polygon）：可通过指定圆心和半径来绘制圆内接（Inscribed in Circle）多边形和圆外切（Circumscribed about Circle）多边形，也可通过边长（Edge）绘制正多边形。该命令绘制的多边形是一个图元。

矩形（Rectangle）：指定矩形的两个角点绘制矩形。用该命令绘制的矩形是一个图元。

2. 圆类

圆弧（Arc）：默认方式为3P（三点）画弧。使用该命令绘制圆弧时，要根据所绘圆弧的已知条件选择绘制方法，从起点到终点沿逆时针方向绘制。

圆（Circle）：①圆心和半径（Center，Radius）；②圆心和直径（Center，Diameter）；③两点（2Points），需指定圆的直径上的两个端点；④三点（3Points）；⑤相切、相切、半径(Tan，Tan，Radius)，需选定圆的两条切线并键入圆的半径，切线可以是直线，也可以是曲线，拾取切线时要拾取在切点附近；⑥相切、相切、相切（Tan，Tan，Tan，该方式在下拉菜单中），需选定圆的三条切线，圆的切线可以是直线，也可以是曲线。

3. 曲线类

样条曲线（Spline）：绘制波浪线。

椭圆（Ellipse）：需指定椭圆的圆心、长轴和短轴端点。

椭圆弧（Ellipse Arc）：需指定椭圆的圆心、长轴和短轴端点、椭圆弧的起始角。

4. 图案填充类

填充类命令有"图案填充"和"渐变色"，渐变色在机械图样中不常用。

在实际的绘图与设计工作中，通常需要对一些区域（封闭线框）以指定的图案进行填充，如机械图样中金属与非金属材料的剖面符号，建筑图中的砖块、瓦片和钢筋等。图案填充和渐变色面板如图10-19所示。

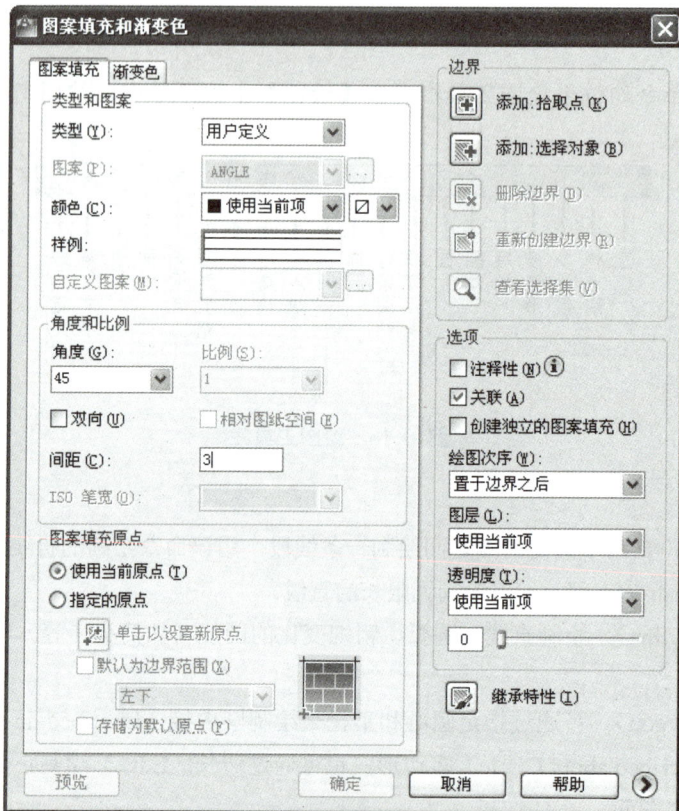

图10-19　图案填充和渐变色面板

使用该命令对区域进行填充至少要完成两个选择：选择封闭区域和选择图案。选择封闭区域有两种方法："拾取点"（区域内部拾取点，此时系统自动搜索到填充边界）和"选择对象"（直接选择封闭线框）。允许选择的图案类型有三种："预定义图案（Predefined）""用户定义（User defined）"和"自定义（Custom）"，选择用户定义时，要输入角度和间距。

5. 文字类

单行文字（Text）：该命令在下拉菜单【绘图】→【文字】→【单行文字】，工具栏上没有该命令。该命令需要指定文字的起点、字高、角度等参数，用当前文字样式书写字体。

多行文字（Mtext）：该命令在下拉菜单【绘图】→【文字】→【多行文字】，工具栏上有该命令。需要指定一个矩形区域为文字书写区域，然后在打开的文字编辑框内输入文本。文字的样式、字体类型、对齐方式等可以在文本格式面板上设置。

上述命令的具体应用在后面的绘图案例中详细讲解，其他命令在后续相关章节中用到时再介绍。

10.3.2　修改工具栏

绘制图形由绘图命令和修改命令共同完成，常用的修改命令位于修改工具栏和【修改】下拉菜单中，修改工具栏如图10-20所示。

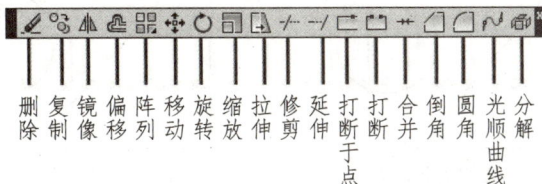

删　复　镜　偏　阵　移　旋　缩　拉　修　延　打　打　合　倒　圆　光　分
除　制　像　移　列　动　转　放　伸　剪　伸　断　断　并　角　角　顺　解
　　　　　　　　　　　　　　　　　　　干　　　　　　　曲
　　　　　　　　　　　　　　　　　　　点　　　　　　　线

图10-20　修改工具栏

删除（Erase）：删除选择的目标。

复制（Copy）：选定的实体做一次或多次（Multiple）复制，复制时需指定基点和到点。

镜像（Mirror）：选定的图元按镜像线做对称复制，镜像线需要两点来确定。

偏移（Offset）：将选定的图元按指定的距离复制，复制时沿对象上点的法线方向移动指定的距离。

阵列（arrayrect）：将选定的实体做有规则的多重复制。该工具箱包含矩形、路径和环形阵列。

移动（Move）：将一个或多个图元从原来的位置平移到一个新的位置。

旋转（Rotate）：将选定的图元绕指定点旋转，旋转时需指定基点和旋转角。

缩放（Scale）：将选定的图元按指定的基点和比例放大或缩小。

修剪（Trim）：以一条或几条边为修剪边，去剪除其他目标的一部分。

延伸（Extend）：与Trim相反，将对象指定端沿自身向界限边方向延长。

打断（Break）：将一个对象部分擦除或断开成两个图元。

合并（Join）：将两段共线并相连在一起的线段或圆弧连接成一个图元，

倒角（Chamfer）：将两线用指定的切距倒角。

圆角（Fillet）：将两线用指定的圆角半径连接，当半径为0时，有修剪功能。

分解（Explode）：将填充图案、尺寸、图块等组件分解为多个图元。

10.3.3　选择对象

修改命令一般要求选择要修改的对象。当命令行提示"选择对象"时，光标变成方形拾取框，这时就要到图形上选择要修改的对象。选择对象有三种方法：单个拾取、W窗口选择和C窗口选择。

单个拾取时可直接用鼠标点击对象，被选中的图元变虚，并显示出夹点，可以连续选择多个对象。

鼠标从左向右拖动形成的实线矩形框称为W窗口。W窗口只选中完全位于窗口内的图元。如图10-21（a）所示，直线被选中，圆不被选中。

鼠标从右向左拖动形成的虚线矩形框称为C窗口。C窗口选中完全和部分位于窗口内的图元。如图10-21（b）所示，直线和圆均被选中。

需要注意的是，当命令行提示"选择对象"时，如果键入A，则选中全部图元；如果键入P，则选中上次操作选中的图元；如果按住"Shift"键单击已经选中的图元，则从选择集中减去该图元。

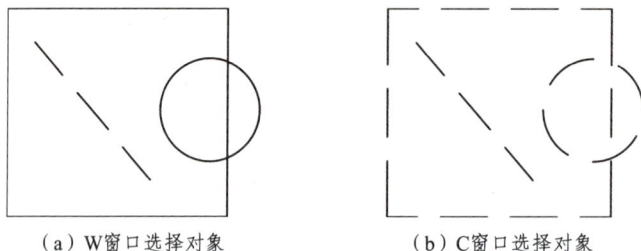

（a）W窗口选择对象　　　　　　　　　（b）C窗口选择对象

图10-21　W窗口选择对象和C窗口选择对象

10.3.4　尺寸标注工具栏

尺寸标注工具栏如图10-22所示。该工具栏常用的命令有"线性""对齐""半径""直径""角度""连续标注""编辑标注"等。

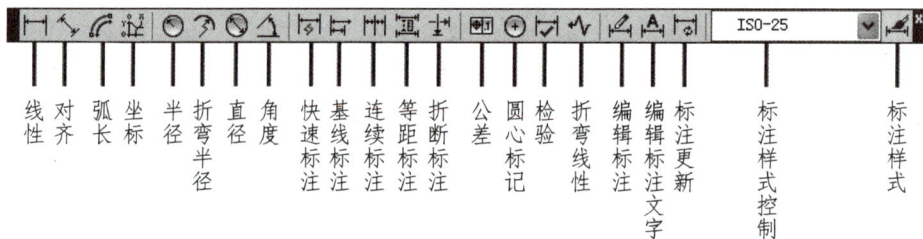

图10-22　尺寸标注工具栏

需要注意的是，用尺寸标注工具栏上的命令标注尺寸时，如果主单位面板的"前缀"选项中没有"%%C"，在用线性命令标注直径时，要从键盘上键入"%%C"表示直径，如2×%%C50表示2×ϕ50，操作步骤如下。

命令：单击尺寸标注工具栏上的"线性"选项

指定第一条尺寸界线原点或 <选择对象>：拾取第一尺寸界线的起点

指定第二条尺寸界线原点：拾取第二尺寸界线的起点

指定尺寸线位置或[多行文字（M）/文字（T）/角度（A）/水平（H）/垂直（V）/旋转（R）]：t

输入标注文字 <测量尺寸>：2×%%C50

指定尺寸线位置或[多行文字（M）/文字（T）/角度（A）/水平（H）/垂直（V）/旋转（R）]：拾取尺寸线位置

10.4　定制A4图幅的样板图

10.4.1　样板图要求

定制一张A4图幅的样板图，并存储在磁盘上，今后可利用这张样板图绘制其他图样，样板图一般按下列要求设置。

1. 图层设置要求

图层设置要求见表10-2所列。

表10-2　图层设置要求

图层名称	颜色	线型	线宽	说明
01	白色	continuous	0.7	粗实线
02	绿色	continuous	0.35	细实线
04	黄色	dashed	0.35	细虚线
05	红色	center	0.35	细点划线
07	品红	phantom	0.35	细双点划线

2. 字体设置要求

字体设置要求见表10-3所列。

表10-3　字体设置要求

字体样式名	字体	宽度因子
Standard	gbeitc.shx	1
汉字	T仿宋GB2312	0.7

3. 标注样式要求

按本书"10.2.5 尺寸标注样式设置"中的设置步骤和参数设定尺寸标注样式。

4. 图框线和标题栏

A4图纸竖放，留装订边。按本书"1.1.1 图纸幅面和格式"中的要求绘制图纸边线、图框线和标题栏。图形元素按线形绘制在对应的图层上，字体注写在02层上。

10.4.2 样板图设定步骤

1. 设置绘图界限

单击"格式"下拉菜单中的"图形界线"，按下列参数输入图纸左下角和右上角的坐标（注意输入法为英文）。

命令：_limits

重新设置模型空间界限：

指定左下角点或［开（ON）/关（OFF）］<0.0000，0.0000>：（回车）

指定右上角点 <420.0000，297.0000>：210，297

2. 显示图纸界限

命令：Z

指定窗口的角点，输入比例因子（nX或nXP），或者

［全部（A）/中心（C）/动态（D）/范围（E）/上一个（P）/比例（S）/窗口（W）/对象（O）］<实时>：A

3. 设置图层

单击"图层"工具栏中的图标"■"，弹出图层特性管理器面板。单击"新建"按钮，增加一个新图层，按样板图对图层的设置要求，依次设定图层的名称、颜色、线型、线宽和说明等。图样中没有的线型，在选择线型面板中单击"加载"按钮，加载需要的线型。

4. 设置字体样式

单击"格式"下拉菜单中的"文字样式"，弹出文字样式面板，选中样式"Standard"，在字体名列表选择"gbeitc.shx"。再单击"新建"按钮，输入样式名"汉字"，在字体名列表选择"T仿宋GB2312"，将"宽度系数"设为0.7。单击"确定"按钮结束。

5. 绘制图纸边线、图框线和标题栏

（1）绘制图纸边线和图框线。图纸边线绘制在02图层上，图框线绘制在01图层上，用"直线"命令绘制。

将当前层设置为02层，单击状态行的"正交"按钮，然后单击"绘图"工具栏上的"直线"按钮，在文本命令行按下述方法操作。

命令：_line指定第一点：0，0

指定下一点或[放弃（U）]：210（鼠标向右指）

指定下一点或[放弃（U）]：297（鼠标向上指）

指定下一点或[闭合（C）/放弃（U）]：210（鼠标向左指）

指定下一点或[闭合（C）/放弃（U）]：C

将当前层设置为01层，单击"绘图"工具栏上的"直线"按钮，在文本命令行按下述方法操作。

命令：_line

指定第一点：25，5

指定下一点或[放弃（U）]：180（鼠标向右指）

指定下一点或[放弃（U）]：287（鼠标向上指）

指定下一点或[闭合（C）/放弃（U）]：180（鼠标向左指）

指定下一点或[闭合（C）/放弃（U）]：C

绘制完成的结果如图10-23（a）所示。

（2）绘制标题栏。用偏移、修剪、延伸等命令绘制标题栏，绘制完后选中标题栏中的线，放到对应的图层上。下面是偏移复制标题栏横线的操作。

> 命令：_offset
>
> 当前设置：删除源=否 图层=源 OFFSETGAPTYPE=0
>
> 指定偏移距离或[通过（T）/删除（E）/图层（L）]<115.1886>：7
>
> 选择要偏移的对象，或[退出（E）/放弃（U）]<退出>：拾取目标线（图框底边线）
>
> 指定要偏移的那一侧上的点，或[退出（E）/多个（M）/放弃（U）]<退出>：拾取图框底边线上方一点
>
> 选择要偏移的对象，或[退出（E）/放弃（U）]<退出>：拾取目标线（刚才偏移复制的线）
>
> 指定要偏移的那一侧上的点，或[退出（E）/多个（M）/放弃（U）]<退出>：拾取刚才偏移复制的线上方一点

连续复制八个格，将标题栏的横线复制出来，回车结束命令。再用同样的方法复制标题栏的竖线，复制竖线时，偏移距离根据标题栏的尺寸确定。

下面是修剪标题栏的操作。

> 命令：_trim
>
> 当前设置：投影=UCS，边=无
>
> 选择剪切边...
>
> 选择对象或<全部选择>：拾取剪切边[见图10-23（b）]
>
> 选择对象：回车结束选择
>
> 选择要修剪的对象，或按住 Shift 键选择要延伸的对象，或[栏选（F）/窗交（C）/投影（P）/边（E）/删除（R）/放弃（U）]：拾取要修剪的对象

重复拾取要修剪的对象，结束命令按回车键。绘制完标题栏后，选取标题栏中应为细实线的线段，然后在图层工具栏的图层控制列表中选择02图层。

（3）输入标题栏文字。单击"样式"工具栏中文字样式列表中的"汉字"样式，将"汉字"设置为当前样式。将02层设置为当前图层。按下述操作填写标题栏。

> 命令：_dtext
>
> 当前文字样式："汉字" 文字高度：2.5000 注释性：否
>
> 指定文字的起点或[对正（J）/样式（S）]：拾取一点确定文字位置
>
> 指定高度<2.5000>：3.5
>
> 指定文字的旋转角度<0>：
>
> 在文字框内键入标题栏中的文字，如"设计"。（回车换行，再回车结束命令）

如果文字在标题栏单元格中的位置不合适，可以用修改工具栏中的移动命令将文字移动到合适的位置。标题栏内的其他文字可以采用复制，然后双击修改的办法填写，如图10-23（c）所示。复制命令的操作如下。

命令：_copy

选择对象：拾取要复制的文字

选择对象：回车结束选择

当前设置：复制模式 = 多个

指定基点或[位移（D）/模式（O）]<位移>：将状态行"对象捕捉"按钮按下，拾取文字所在单元格的一个角点作为基点

指定第二个点或[阵列（A）]<使用第一个点作为位移>：拾取要复制到单元格的对应于基点的角点

指定第二个点或[阵列（A）/退出（E）/放弃（U）]<退出>：重复拾取目标单元格的角点，结束命令按回车键

复制完文字后，双击文字，然后按标题栏的内容修改文字，如图10-23（d）所示。

（a）绘制图纸边线和图框线

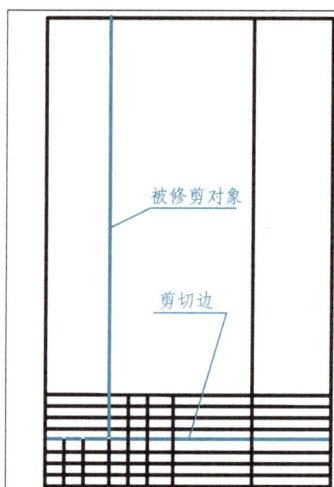

（b）绘制标题栏

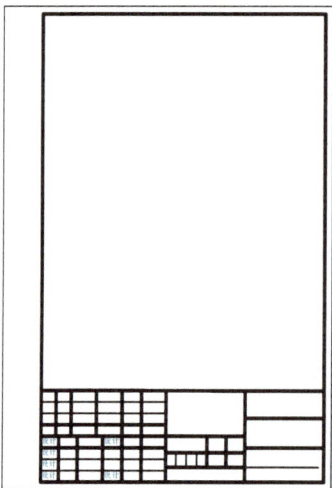

（c）输入标题栏文字

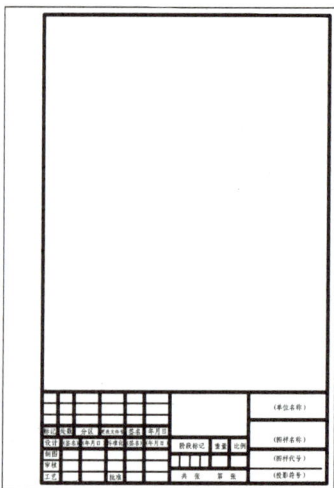

（d）完成样板图设定

图10-23　样板图设定步骤

6. 设置标注样式

按本书"10.2.5 尺寸标注样式设置"中的设置步骤和参数设定尺寸标注样式。

7. 保存样板图

单击"文件"下拉菜单中的"另存为…"，在弹出的图形另存为面板中，将文件类型设定为".dwt"，指定所需路径并键入文件名（将文件名定义为A4）后，单击"确定"按钮。如果将样板图存放在AutoCAD默认文件夹"template"中，在新建文件时，该文件将出现在选择样板面板的样板图列表中。

10.5　利用AutoCAD绘制平面图形案例

案例 10-1

绘制图10-24所示弯板的图形，并标注尺寸。

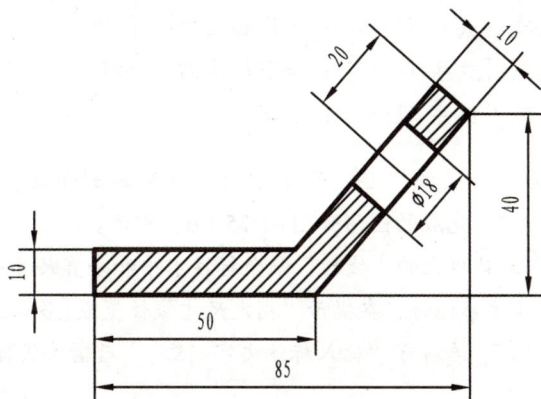

图10-24　弯板

画图步骤

（1）新建一个文件，选取10.4节定制的A4样板图为模板，将"粗实线"层设为当前层，按下"正交"和"对象捕捉"按钮。

（2）用"直线"命令绘制折线，50长的线段拾取起点后，用鼠标确定方向，键入50作为距离。斜线用相对坐标@35，40确定端点。

（3）用"偏移"命令将折线向上偏移复制，偏移距离为10。偏移后的图形如图10-25（a）所示。

（4）用"修改"工具栏上的"圆角"命令，将圆角半径设为0，修剪上轮廓线，操作如下。

命令：_fillet
当前设置：模式 ＝ 修剪，半径 ＝0.0000

选择第一个对象或〔放弃（U）/多段线（P）/半径（R）/修剪（T）/多个（M）〕：（如果半径不为0，输入"R"，回车后输入半径0）

选择第二个对象，或按住 Shift 键选择要应用角点的对象：拾取要保留的线

选择第二个对象，或按住 Shift 键选择要应用角点的对象：拾取要保留的线

（5）用"直线"命令连接板的端点，操作前将对象捕捉设置为端点模式，并单击"捕捉"按钮。完成的图形如图10-25（b）所示。

（6）将端面线向左下偏移20得孔的轴线，将轴线向两边偏移9得孔的轮廓线。完成的图形如图10-25（c）所示。

（7）将孔的轴线改变图层属性，由"粗实线"层改为"细实线"层，操作方法：先选中对象，点图层工具栏上图层控制列表中的"02（细实线）"图层，然后按键盘上的"Esc"键退出命令。修改图元的其他属性（如颜色、线型、线宽、样式等）操作相同。

（8）点下拉菜单【修改】→【拉长】命令，拉长轴线，操作如下。

命令：_lengthen

选择对象或〔增量（DE）/百分数（P）/全部（T）/动态（DY）〕：DE

输入长度增量或〔角度（A）〕<0.0000>：3

选择要修改的对象或〔放弃（U）〕：拾取轴线的一端

选择要修改的对象或〔放弃（U）〕：拾取轴线的另一端

选择要修改的对象或〔放弃（U）〕：回车

（9）将当前层设为"细实线"层，用图案填充命令画剖面线，图案类型为"用户定义"，角度为45°，间距为2。完成的图形如图10-25（d）所示。

（10）单击"标注"工具栏上的"线性"命令标注水平和垂直尺寸；单击"对齐"命令标注倾斜尺寸20和ϕ18，标注ϕ18时，在提示"指定尺寸线位置或[多行文字（M）/文字（T）/角度（A）]："后输入"T"，在提示"输入标注文字<18>："后输入代替文字"%%C18"。

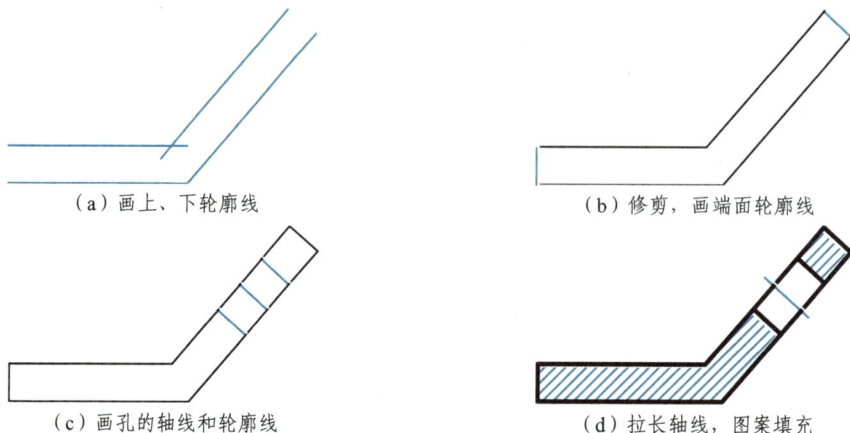

（a）画上、下轮廓线

（b）修剪，画端面轮廓线

（c）画孔的轴线和轮廓线

（d）拉长轴线，图案填充

图10-25　弯板画图步骤

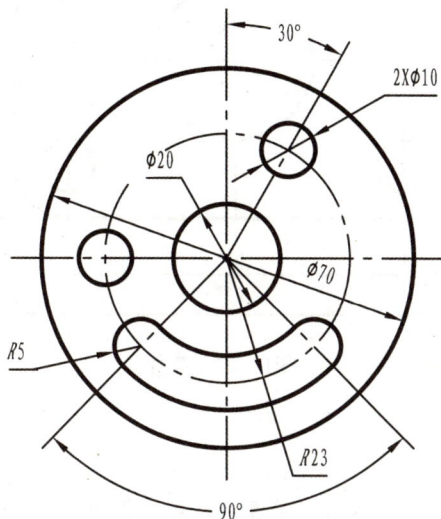

案例 10-2

绘制图10-26所示圆垫片的图形，并标注尺寸。

图10-26　圆垫片

画图步骤

（1）新建一个文件，选取10.4节定制的A4样板图为模板，将"05（细点划线）"层设置为当前层，按下"正交"和"对象捕捉"按钮。

（2）用"直线"命令绘制细点划线。绘制倾斜的细点划线时，要单击"极轴"按钮，并将"增量角"设为30°和45°，或采用输入相对极坐标的方法绘制斜线。例如，画标注角度30°的斜线时，第一点捕捉圆心，第二点输入@40<60；画标注角度90°的斜线时，第一点捕捉圆心，第二点输入@40<-45和@40<-135。用"Circle"命令绘制点划线圆，捕捉点划线交点作为圆心，半径为23。

（3）将"01（粗实线）"层设置为当前层，用"圆"命令绘制粗实线圆，圆心用对象捕捉拾取。两个R5的半圆可以先画成一个圆，然后修剪成半圆。

（4）单击下拉菜单【绘图】→【圆弧】→【起点、圆心、端点】绘制连接R5的两段圆弧。注意：从起点到端点逆时针绘制圆弧。

（5）单击"标注"工具栏上的"半径""直径""角度"等命令标注尺寸。2×φ10要采用手动输入方法，输入的代替标注文字为"2×%%C10"，"×"用软键盘输入，或用大写X代替。

（6）整理图形，将画长的中心线用"拉长"命令拉短。

案例 10-3

绘制图10-27所示垫片的图形，并标注尺寸。

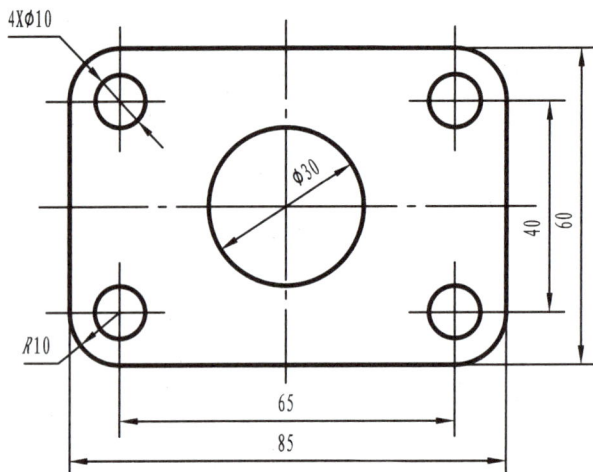

图10-27　垫片

画图步骤

本例根据对称性可只画1/4，然后用镜像命令对称复制。

（1）新建一个文件，选取10.4节定制的A4样板图为模板，将"05（细点划线）"层设置为当前层，按下"正交"和"对象捕捉"按钮。

（2）用"直线"命令绘制对称中心线，可先画1/2长。

（3）用"偏移"命令绘制轮廓线，偏移距离分别为30和42.5，并将轮廓线的图层属性改为"01（粗实线）"层。

（4）将"01（粗实线）"层设置为当前层，用"修改"工具栏上的"圆角"命令绘制R10圆角，具体操作如下。

> 命令：单击"修改"工具栏上的"圆角"命令
>
> 当前设置：模式 = 修剪，半径 = 0.0000
>
> 选择第一个对象或［放弃（U）/多段线（P）/半径（R）/修剪（T）/多个（M）］：R
>
> 指定圆角半径 <0.0000>：10
>
> 选择第一个对象或［放弃（U）/多段线（P）/半径（R）/修剪（T）/多个（M）］：拾取画圆角的线
>
> 选择第二个对象，或按住 Shift 键选择要应用角点的对象：拾取画圆角的线

（5）用"圆"命令绘制ϕ10的圆，输入圆心时捕捉R10圆弧的圆心。

（6）将"05（细点划线）"层设置为当前层，用"直线"命令绘制ϕ10的中心线，起点捕捉圆心，单击下拉菜单【修改】→【拉长】拉长中心线。

（7）用"镜像"命令做镜像复制，上、下和左、右镜像两次，具体操作如下。

> 命令：单击"修改"工具栏上的"镜像"命令
>
> 选择对象：拾取要镜像的对象

选择对象：回车

指定镜像线的第一点：捕捉对称轴的端点

指定镜像线的第二点：捕捉对称轴的另一个端点

要删除源对象吗？[是（Y）/否（N）] <N>：回车

（8）将"01（粗实线）"层设置为当前层，用"圆"命令绘制 $\phi30$ 的圆。

（9）将"02（细实线）"层设置为当前层，用标注尺寸命令标注尺寸。

案例10-3画图步骤如图10-28所示。

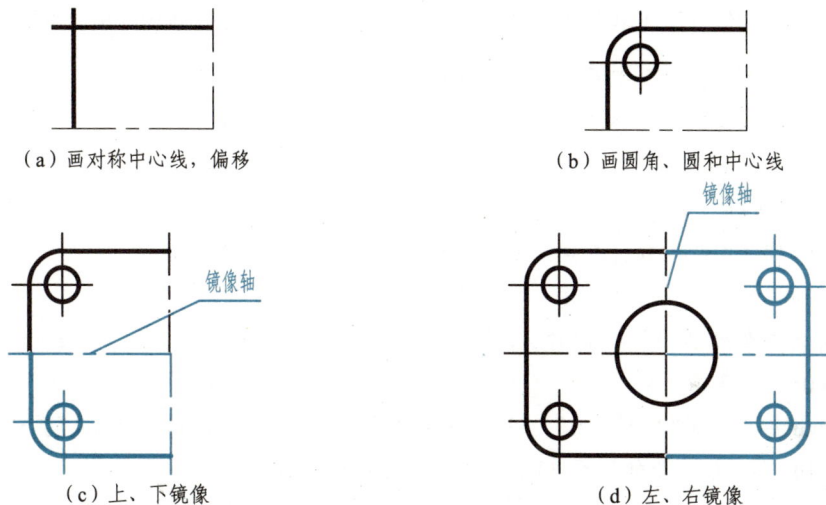

（a）画对称中心线，偏移　　　　　　　　（b）画圆角、圆和中心线

（c）上、下镜像　　　　　　　　（d）左、右镜像

图10-28　案例10-3画图步骤

案例 10-4

绘制图10-29所示圆垫片的图形，并标注尺寸。

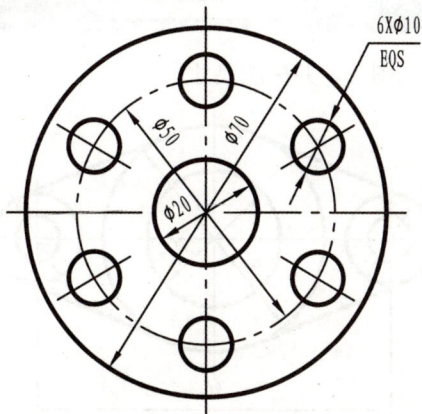

图10-29　圆垫片

⚙ **画图步骤**

（1）新建一个文件，选取10.4节定制的A4样板图为模板，将"05（细点划线）"层设置为当前层，按下"正交"和"对象捕捉"按钮。

（2）用"直线"命令绘制圆的中心线，用"圆"命令绘制ϕ50的细点划线圆，拾取圆心时要用捕捉方式。

（3）将"01（粗实线）"层设置为当前层，用"圆"命令绘制ϕ70、ϕ20、ϕ10的粗实线圆，ϕ10的小圆只画一个。

（4）单击"修改"工具栏上的"圆形阵列"命令，阵列复制ϕ10的圆，具体操作如下。

命令：单击"修改"工具栏上的"圆形阵列"命令

选择对象：拾取ϕ10小圆

选择对象：回车结束选择

类型 = 极轴　关联 = 是

指定阵列的中心点或［基点（B）/旋转轴（A）］：拾取阵列中心

输入项目数或［项目间角度（A）/表达式（E）］<4>：6

指定填充角度（"+" = 逆时针、"–" = 顺时针）或［表达式（EX）]<360>：回车以默认值（360°）为填充角度

按Enter键接受或［关联（AS）/基点（B）/项目（I）/项目间角度（A）/填充角度（F）/行（ROW）/层（L）/旋转项目（ROT）/退出（X）］：回车

（5）将"05（细点划线）"层设置为当前层，用"直线"命令画阵列圆的中心线，并用"拉长"命令调整其长度。

（6）将"02（细实线）"层设置为当前层，用标注尺寸命令标注尺寸。

🤖 **案例 10-5**

绘制图10-30所示法兰盘的图形，并标注尺寸。

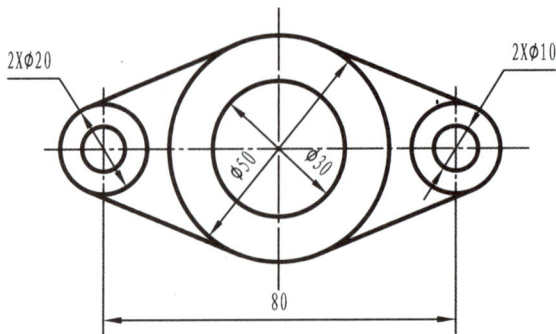

图10-30　法兰盘

画图步骤

本例根据对称性可只画1/2，然后用镜像命令对称复制。

（1）新建一个文件，选取10.4节定制的A4样板图为模板，将"05（细点划线）"层设置为当前层，按下"正交"和"对象捕捉"按钮。

（2）用"直线"命令画对称轴线。将垂直轴线向左偏移复制，偏移距离为40。

（3）将"01（粗实线）"层设置为当前层，用"圆"命令绘制$\phi50$、$\phi30$、$\phi20$和$\phi10$的粗实线圆。

（4）选中"对象捕捉"模式中的"切点"，关闭"圆心"，并确保"对象捕捉"按钮处于按下状态。用"线"命令画两圆的公切线，在提示输入"第一点"和"第二点"时，均用捕捉切点的方法输入点，拾取切点时的位置要在切点所在象限。

（5）用"镜像"命令做镜像复制。

（6）将"02（细实线）"层设置为当前层，用标注尺寸命令标注尺寸。

案例 10-6

绘制图10-31所示支承板的图形，并标注尺寸。

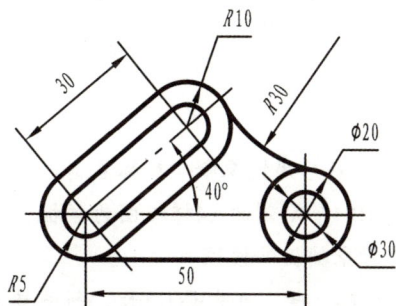

图10-31 支承板

画图步骤

（1）新建一个文件，选取10.4节定制的A4样板图为模板，将"05（细点划线）"层设置为当前层，按下"正交"和"对象捕捉"按钮。

（2）用"直线"命令绘制点划线。画40°斜线时要输入相对极坐标@43<40，或按下"极轴"按钮，将增量角设为40°。画40°斜线的垂线时，可用对象捕捉模式中的"垂足"，捕捉垂足点，然后用"修改"下拉菜单中的"拉长"命令修改线的长度。

（3）将"01（粗实线）"层设置为当前层，用"圆"命令绘制$\phi20$、$\phi10$的圆和R10、R50的半圆，这里先将半圆绘制为圆，然后用"修剪"命令修剪成半圆。

（4）用"直线"命令画两圆的公切线和半圆的公切线。

（5）用"圆"命令绘制R30的圆弧，采用"相切、相切、半径"（TTR）方式画圆，拾取切点时要在切点所在的象限拾取，否则，画出的圆可能不是想要的圆，然后修剪成圆弧。

（6）将"02（细实线）"层设置为当前层，用标注尺寸命令标注尺寸。

案例 10-7

绘制图10-32所示活塞端面的图形，并标注尺寸。

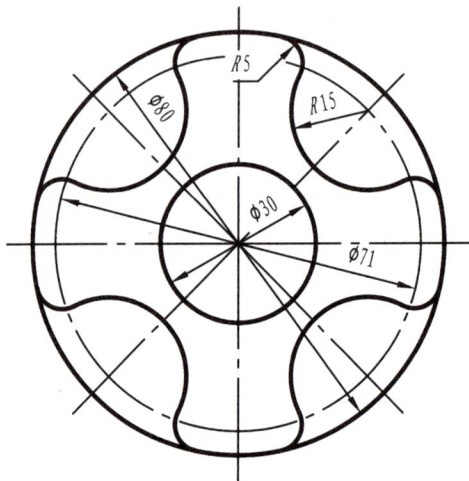

图10-32　活塞端面

画图步骤

本例根据对称性可只画1/4，然后用镜像命令对称复制。

（1）新建一个文件，选取10.4节定制的A4样板图为模板，将"05（细点划线）"层设置为当前层，按下"正交"和"对象捕捉"按钮。

（2）用"直线"命令绘制中心线，可先画1/2长，斜线要用相对极坐标或极轴辅助绘图。用"圆"命令绘制 $\phi 71$ 的点划线圆。

（3）将"01（粗实线）"层设置为当前层，用"圆"命令绘制 $\phi 80$、$\phi 30$、$R15$ 的圆，这里先将 $R15$ 的圆弧画成圆，再以 $\phi 71$ 为剪切边，修剪成圆弧。

（4）用"圆角"命令绘制 $R5$ 的圆角，画圆角前要将半径设定为5，确保模式为"修剪"。

（5）用"修改"工具栏上的"镜像"命令做镜像复制，要重复"镜像"命令复制两次。

（6）将"02（细实线）"层设置为当前层，用标注尺寸命令标注尺寸。

案例10-7画图步骤如图10-33所示。

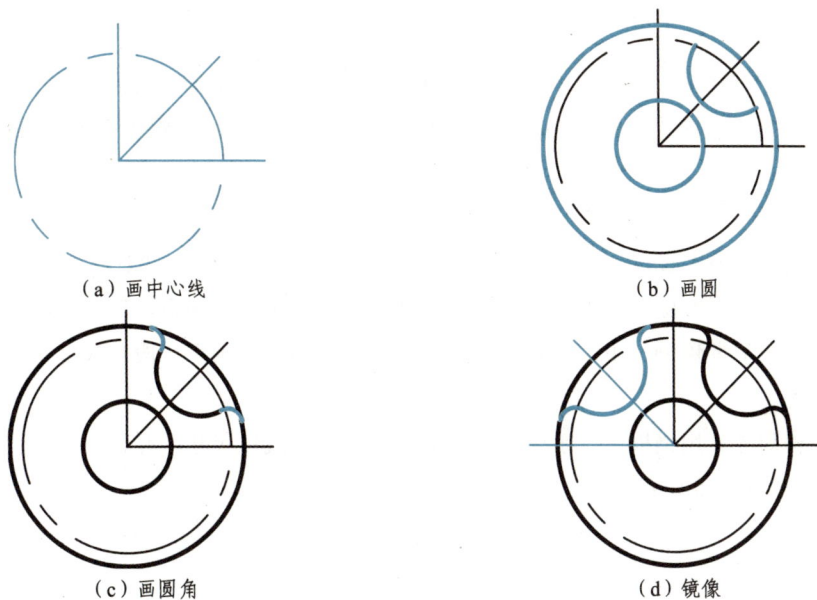

(a) 画中心线　　　　　　　　　　　(b) 画圆

(c) 画圆角　　　　　　　　　　　(d) 镜像

图10-33　案例10-7画图步骤

10.6　利用AutoCAD绘制三视图案例

10.6.1　参考平面立体零件的立体图绘制三视图

案例 10-8

徒手绘制图10-34所示平面立体的草图，从图上1:1测量尺寸，并将尺寸标注在草图上，然后利用AutoCAD绘图软件绘制立体的正图。

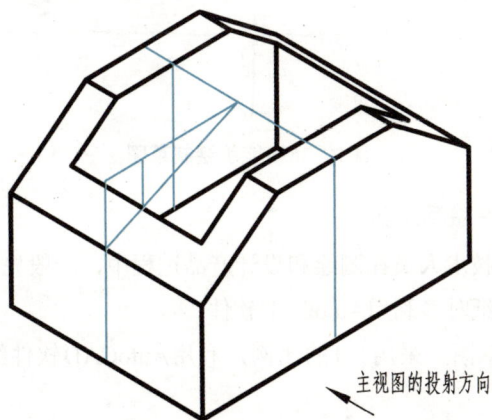

主视图的投射方向

图10-34　平面立体的轴测图

1. 绘制草图

（1）确定主视图的投射方向。对零件进行分析，确定主视图的投射方向，一般选形状特征最明显的方向为主视图的投射方向，主视图的投射方向确定后，左视图和俯视图的方向也就随之确定。

（2）目测尺寸，徒手绘制草图。徒手绘制草图时，可先用2H铅笔轻轻画出底稿，再用HB铅笔加深粗实线，画草图的粗实线铅笔笔尖要修理成圆头，细线用H或2H铅笔加深，线形要粗细分明。要注意直线和圆弧的宏观效果，不要计较某些细节上的曲直。较长的线和圆弧不要一笔画完，画一段后要停顿一下，调整一下方向和姿势，然后再画下一段。尺寸采用目测，比例大致准确即可。

（3）测量尺寸。用钢板尺、游标卡尺等测量工具测量线性尺寸，并将尺寸标注在草图上。完成的草图如图10-35所示。

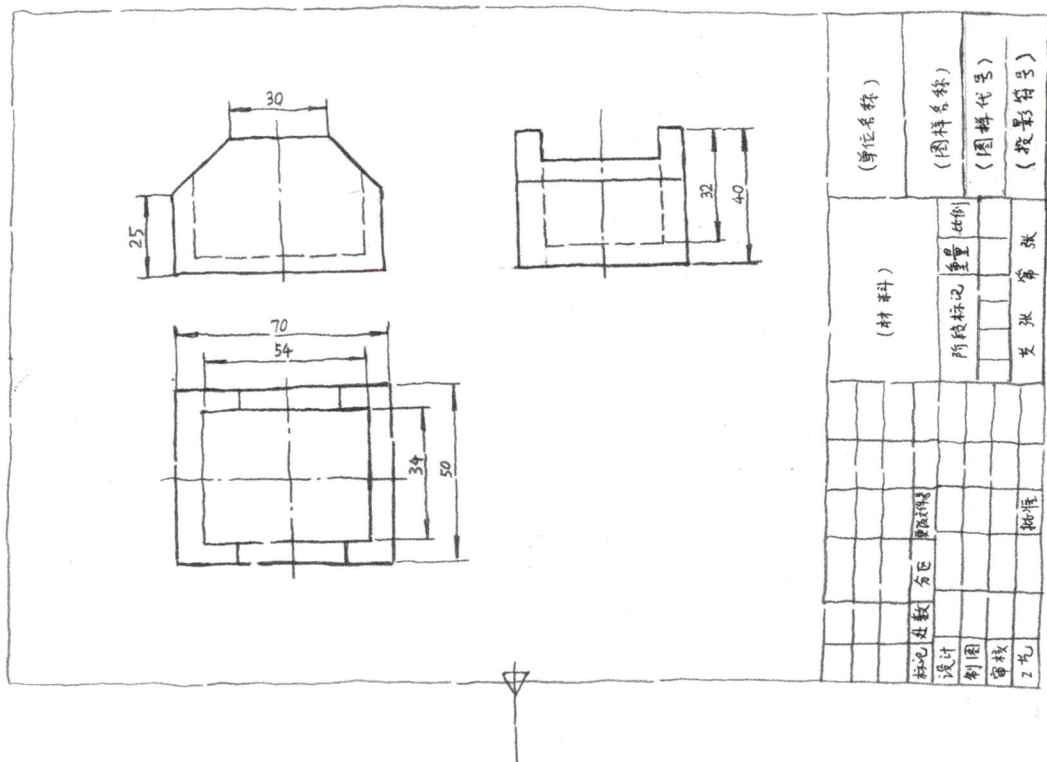

图10-35　徒手绘制草图

2. 利用AutoCAD软件绘制正图

在现代企业中，工程技术人员在测绘和设计产品过程中，一般先绘制草图，再根据草图绘制正式图纸。绘制正式图纸时多利用AutoCAD软件。

根据图10-35所示的草图，采用1:1的比例，利用AutoCAD软件绘制其三视图，并标注尺寸，具体画图步骤如下。

　　第一步：创建横放的A4样板图。

　　（1）新建一个文件，选取10.4节定制的A4样板图为模板。单击"修改"工具栏上的"旋转"命令，将图纸旋转成水平放置，具体操作如下。

```
命令：_rotate
UCS当前的正角方向：ANGDIR=逆时针　ANGBASE=0
选择对象：all
选择对象：回车结束选择
指定基点：拾取图纸左下角为基点
指定旋转角度或［参照（R）］：90
```

　　（2）单击"修改"工具栏上的"移动"命令，将图纸的左下角移动到原点，具体操作如下。

```
命令：_move
选择对象：all
选择对象：回车结束选择
指定基点或位移：拾取图纸左下角为基点
指定位移的第二点或 <用第一点作位移>：0，0
```

　　（3）按图1-4所示图样，绘制方向符号。先用"直线"命令画对中直线，再将图框线上下偏移3。将极轴"增量角"设为30°，按下"极轴"按钮，用"直线"命令绘制等边三角形的斜线，最后修剪成三角形。

　　（4）保存样板图。单击 "文件"下拉菜单的"另存为…"，在弹出的"图形另存为"对话框中，将文件类型设定为".dwt"，指定所需路径并键入文件名（将文件名定义为"A4横放"）后，单击"确定"按钮。

　　第二步：绘制长方体的三视图，先从俯视图开始绘制，如图10-36（a）所示。

　　（1）将"01（粗实线）"层设置为当前层，按下"对象捕捉"按钮。单击"绘图"工具栏上的"矩形"命令。

```
命令：_rectang
指定第一个角点或[倒角（C）/标高（E）/圆角（F）/厚度（T）/宽度（W）]：第一点
在图框内大致位置拾取
指定另一个角点或[尺寸（D）]：@70，50
```

　　（2）单击"修改"工具栏上的"偏移"命令，将矩形向内偏移8。

　　（3）将图层"05（细点划线）"设置为当前层，单击"绘图"工具栏上的"直线"命令，绘制俯视图的对称轴线，目标捕捉矩形的中点，然后用"拉长"命令拉长对称轴线。

　　（4）将"01（粗实线）"层设置为当前层，用"直线""偏移"命令绘制主视图和左视图。

偏移左视图上的宽度线时，可以输入宽度值50，也可以在命令提示输入偏移量时，到俯视图上拾取两点确定偏移量。

（5）单击"修改"工具栏上的"圆角"命令，将圆角半径设为0，确保"模式"为修剪，修剪主视图和左视图。

第三步：绘制长方体槽的三视图，先画主视图，再画左视图，如图10-36（b）所示。

（1）用"直线"和"偏移"命令绘制轮廓线，偏移左视图的轮廓线时，在俯视图上拾取偏移量。

（2）用"修剪"和"圆角"命令修剪轮廓线。

（3）将图线的图层属性改为虚线层。

第四步：绘制切角的三视图，先画主视图，再画俯视图，最后画左视图，如图10-36（c）所示。

（1）先将主视图上的对称线向左、右分别偏移15，底边向上偏移25，确定切角的两个端点，再用"直线"命令绘制出切角的斜线，要用"对象捕捉"捕捉端点。

（2）根据"长对正"和"高平齐"绘制俯视图和左视图上的图线。

（3）修剪三个视图上的图线，左视图上槽的轮廓线可见性发生变化，有一部分可见，可以点"修改"工具栏上的"打断于点"命令在交点处打断，然后修改其图层属性为粗实线层。

第五步：标注尺寸，单击"标注"工具栏上的"线性"命令标注尺寸，如图10-36（d）所示。

完成的平面立体的正图如图10-37所示。

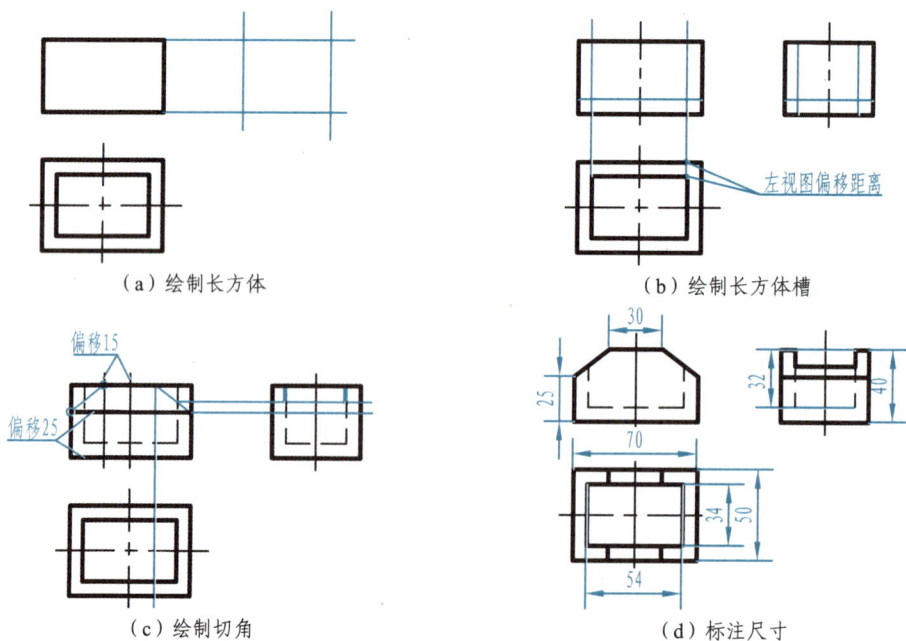

（a）绘制长方体　　　　　　　　　　（b）绘制长方体槽

（c）绘制切角　　　　　　　　　　（d）标注尺寸

图10-36　利用AutoCAD软件绘制正图的步骤

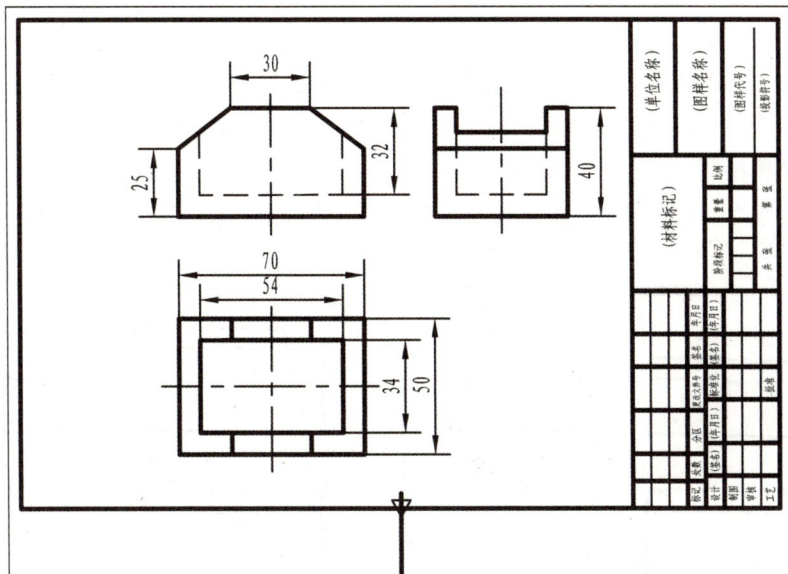

图10-37 平面立体的正图

10.6.2 参考圆柱相贯体零件的立体图绘制三视图

案例 10-9

根据图10-38所示轴测图,绘制圆柱相贯体的草图,然后利用AutoCAD绘图软件绘制圆柱相贯体的正图。

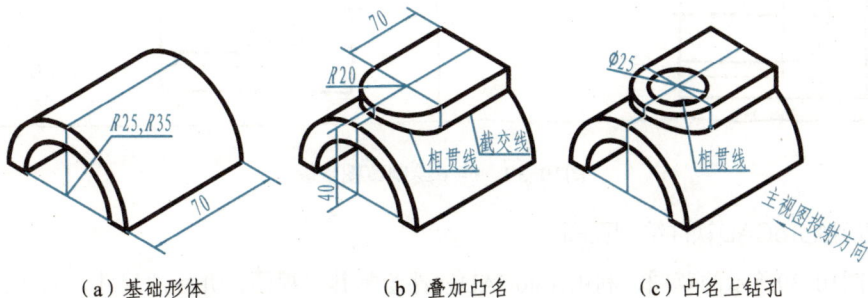

（a）基础形体　　　　　（b）叠加凸名　　　　（c）凸名上钻孔

图10-38 相贯体的形体分析和线面分析轴测图

1. 形体分析、线面分析和尺寸分析

（1）基础形体是半圆柱筒,需要测量的尺寸有圆柱筒的内、外半径和长度,如图10-38（a）所示。

（2）半圆柱筒上叠加一个凸台,凸台左边是半圆柱体,右边是长方体。凸台的左边半圆柱体和半圆柱筒的外圆正交,产生相贯线,右边长方体的前、后面和半圆柱筒的外圆产生截交线。需要测量的尺寸有凸台半圆的半径、凸台圆心的高度和轴向定位尺寸,如图10-38（b）所示。

（3）凸台上钻孔,该孔和凸台的半圆同轴,和半圆柱筒的内孔正交,产生相贯线。需要测量的尺寸有该孔的直径,如图10-38（c）所示。

2. 绘制草图

（1）确定主视图的投射方向。主视图的投射方向如图10-38（c）所示。

（2）目测尺寸，徒手绘制草图。徒手绘制草图时，要按形体分析过程逐步绘制，图10-39为本案例的草图绘制步骤。

（3）测量尺寸。按尺寸分析的过程，用钢板尺、游标卡尺等测量工具测量尺寸，并将尺寸标注在草图上。

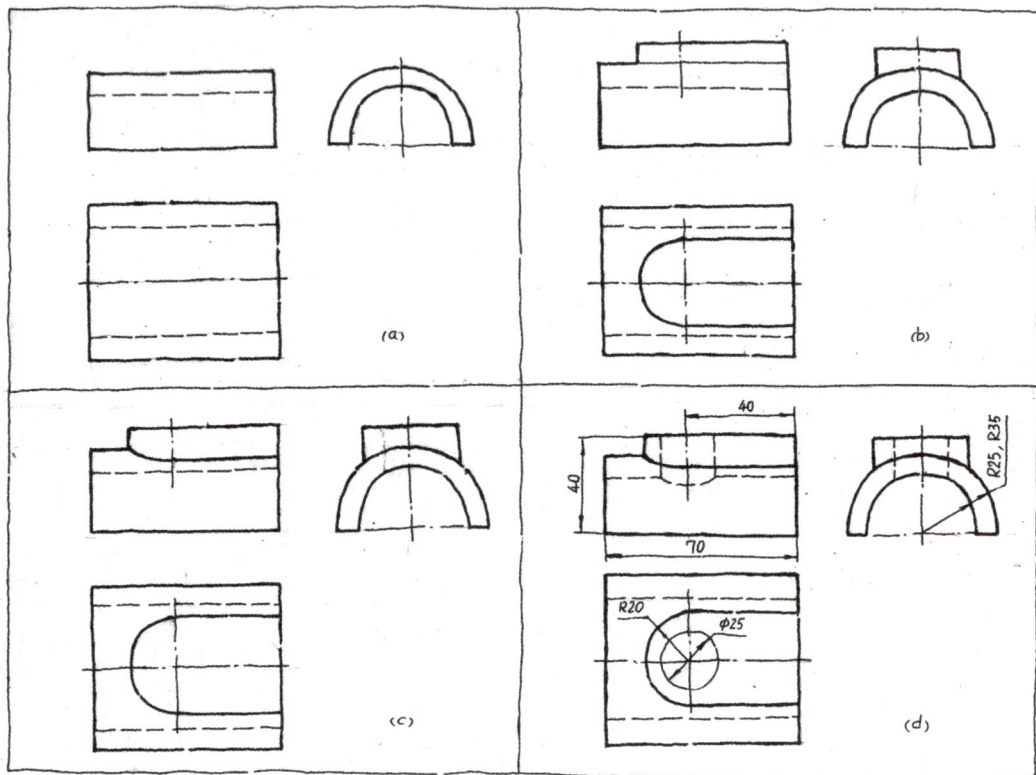

图10-39　徒手绘制草图步骤

3. 利用AutoCAD软件绘制正图

根据图10-39所示的草图，利用AutoCAD软件绘制其三视图，并标注尺寸，具体画图步骤如下。

第一步：绘制基础形体半圆柱筒的三视图，先从左视图开始绘制，如图10-40（a）所示。

（1）新建一个文件，选取10.4节定制的A4样板图为模板，将"05（细点划线）"层设置为当前层，按下"对象捕捉"按钮。

（2）绘制俯视图、左视图上的点画线。单击"绘图"工具栏上的"直线"命令，绘制俯视图和左视图上的点划线。

（3）绘制半圆柱筒的左视图。将"01（粗实线）"层设置为当前层，单击"绘图"工具栏上的"圆"命令，绘制 $R25$ 和 $R35$ 两个圆，然后用"修剪"命令修剪成半圆。

（4）绘制半圆柱筒的主视图。用"绘图"工具栏上的"直线"命令和"修改"工具栏上的

"偏移"命令，绘制主视图上的轮廓线，用"圆角"命令的修剪功能修剪轮廓线。

（5）绘制半圆柱筒的俯视图。用"绘图"工具栏上的"直线"命令和"修改"工具栏上的"偏移"命令，根据"长对正"和"宽相等"绘制俯视图的轮廓线。用"修剪"命令或"圆角"命令的修剪功能修剪轮廓线。将图元的图层属性改为"粗实线"和"虚线"。

第二步：绘制凸台的三视图，先从俯视图开始绘制，如图10-40（b）所示。

（1）绘制凸台的俯视图。单击"修改"工具栏上的"偏移"命令，将半圆柱筒右端面向左偏移40，得到凸台半圆的中心线。单击"绘图"工具栏上的"圆"命令，绘制$R20$的圆，并修剪成半圆。用"直线"命令绘制凸台前、后面的轮廓线。

（2）绘制凸台的左视图。用"偏移""修剪"命令绘制凸台的左视图。将图元的图层属性修改为"粗实线"

（3）绘制凸台的主视图。利用"长对正"和"高平齐"求出凸台主视图上的轮廓线。$R20$和$R35$的相贯线用"绘图"工具栏上的"圆弧"命令绘制，在绘制之前要先求出圆弧的端点A和B，具体操作如下。

> 命令：_arc指定圆弧的起点或[圆心（C）]：拾取A点
>
> 指定圆弧的第二个点或[圆心（C）/端点（E）]：E
>
> 指定圆弧的端点：拾取B点
>
> 指定圆弧的圆心或[角度（A）/方向（D）/半径（R）]：R
>
> 指定圆弧的半径：35

注意："圆弧"命令按逆时针方向绘制圆弧，所以先拾取点A。

（4）用"修剪"等命令整理轮廓线。

第三步：绘制凸台上$\phi25$圆孔的三视图，先从俯视图开始绘制，如图10-40（c）所示。

（1）绘制圆孔的俯视图。用"绘图"工具栏上的"圆"命令绘制$\phi25$的圆。

（2）绘制圆孔的左视图。将中心线分别向左、右偏移12.5，然后修剪，并将图元的图层属性改为"虚线"。

（3）绘制圆孔的主视图。根据"长对正"绘制孔的轮廓线，然后修剪，求出相贯线上的点C和点E。根据"高平齐"求出相贯线上的点D。单击"绘图"工具栏上的"圆弧"命令，按逆时针顺序拾取C、D、E三点用圆弧表示相贯线，具体操作如下。

> 命令：_arc指定圆弧的起点或[圆心（C）]：拾取C点
>
> 指定圆弧的第二个点或[圆心（C）/端点（E）]：拾取D点
>
> 指定圆弧的端点：拾取E点

（4）整理轮廓线。

第四步：标注尺寸，如图10-40（d）所示。

（1）单击"标注"工具栏上的"直径"和"半径"命令，标注圆柱的直径和半径。

（2）单击"标注"工具栏上的"线性"命令，标注其他尺寸。

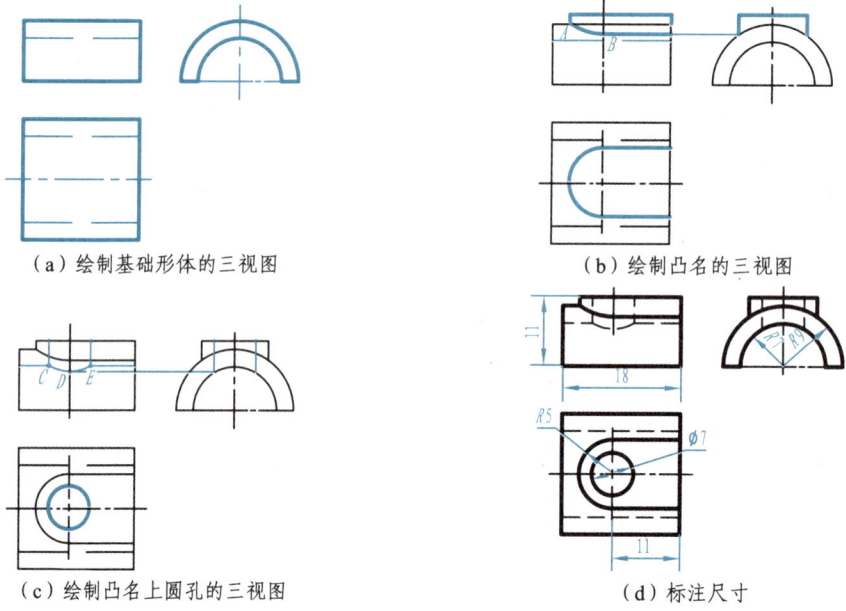

（a）绘制基础形体的三视图　　　　　　（b）绘制凸名的三视图

（c）绘制凸名上圆孔的三视图　　　　　　（d）标注尺寸

图10-40　利用AutoCAD软件绘制正图的步骤

在线测试

附录　机械制图相关标准

螺纹

螺纹紧固件

键与销

滚动轴承

常用标准数据和标准结构

常用金属材料、热处理和表面处理

极限与配合

参考文献

[1] 刘力，王冰．机械制图[M]．5版．北京：高等教育出版社，2019．

[2] 王冰，解双．机械制图[M]．北京：高等教育出版社，2011．

[3] 王冰，李莉．机械制图及测绘实训[M]．4版．北京：高等教育出版社，2019．

[4] 王冰．工程制图与AutoCAD[M]．北京：机械工业出版社，1998．

[5] 吕金铎．看机械图十讲[M]．2版．北京：机械工业出版社，1999．

[6] 胡建生．机械制图[M]．北京：机械工业出版社，2009．

[7] 王槐德．机械制图新旧标准代换教程[M]．北京：中国标准出版社，2003．

[8] 全国技术产品文件标准化技术委员会，中国标准出版社．技术产品文件标准汇编：技术制图卷[M]．北京：中国标准出版社，2007．

[9] 全国技术产品文件标准化技术委员会，中国标准出版社．技术产品文件标准汇编：机械制图卷[M]．北京：中国标准出版社，2007．

[10] 王冰．机械制图测绘及学习与训练指导[M]．北京：高等教育出版社，2003．

[11] 王冰．工程制图习题集[M]．北京：高等教育出版社，2006．

[12] 王冰，王国永．机械制图及测绘实训习题集[M]．2版．北京：高等教育出版社，2010．

[13] 刘力、王冰等．机械制图习题集[M]．5版．北京：高等教育出版社，2019．

[14] 苑国强等．制图员考试鉴定辅导[M]．北京：航空工业出版社，2003．

智能化融媒体新形态教材

机械制图习题集

主　审　王　冰

主　编　李松涛　雷源春　汤　锋　王弓芳

副主编　周军晖　冯振华　胡志国　陈美盛

　　　　覃　迈　黄　鑫　刘　刚　谭　辉

　　　　陈　菊　汤海霞　赵晶晶

合肥工业大学出版社

HEFEI UNIVERSITY OF TECHNOLOGY PRESS

目录

CONTENTS

第 1 章

制图基本知识和技能

10 号字

7 号字

7 号字

5 号字

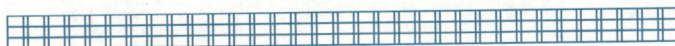

班级_____   学号_____   姓名_____

1-2 图线练习

1-3 在指定位置抄画平面图形

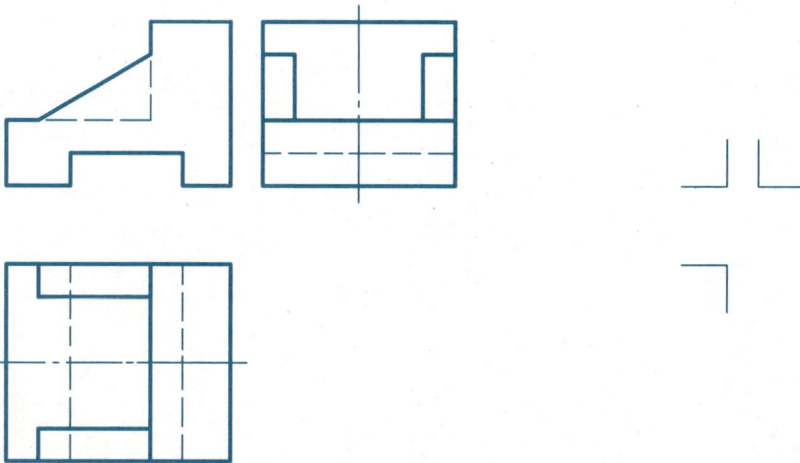

1-4 在指定位置抄画平面图形

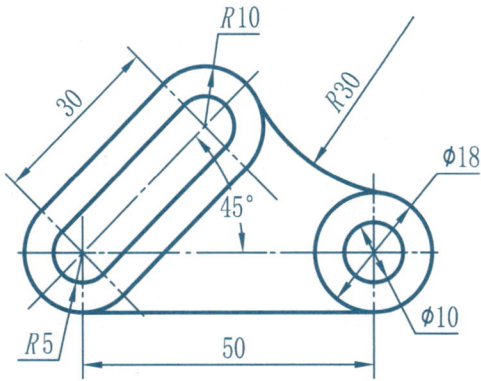

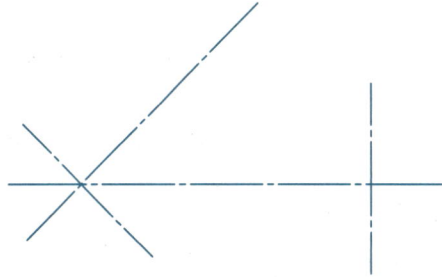

1-5 在指定位置抄画平面图形，并标注尺寸（1:1从图中测量尺寸）

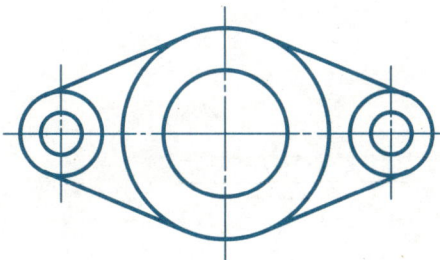

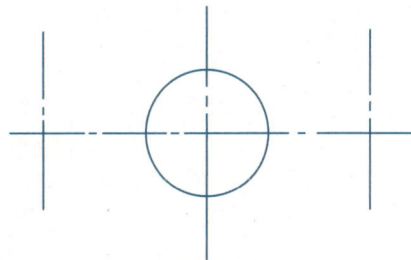

班级＿＿＿＿＿＿＿＿   学号＿＿＿＿＿＿＿＿   姓名＿＿＿＿＿＿＿＿

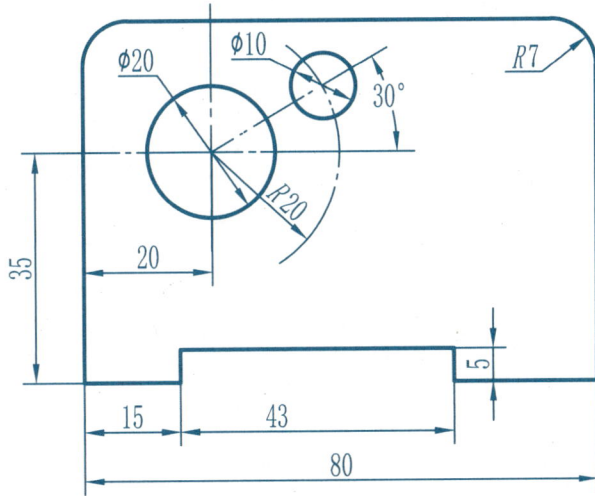

班级_____ 　　学号_____ 　　姓名_____

1-7 在下页抄画脚踏板的平面图形，并标注尺寸

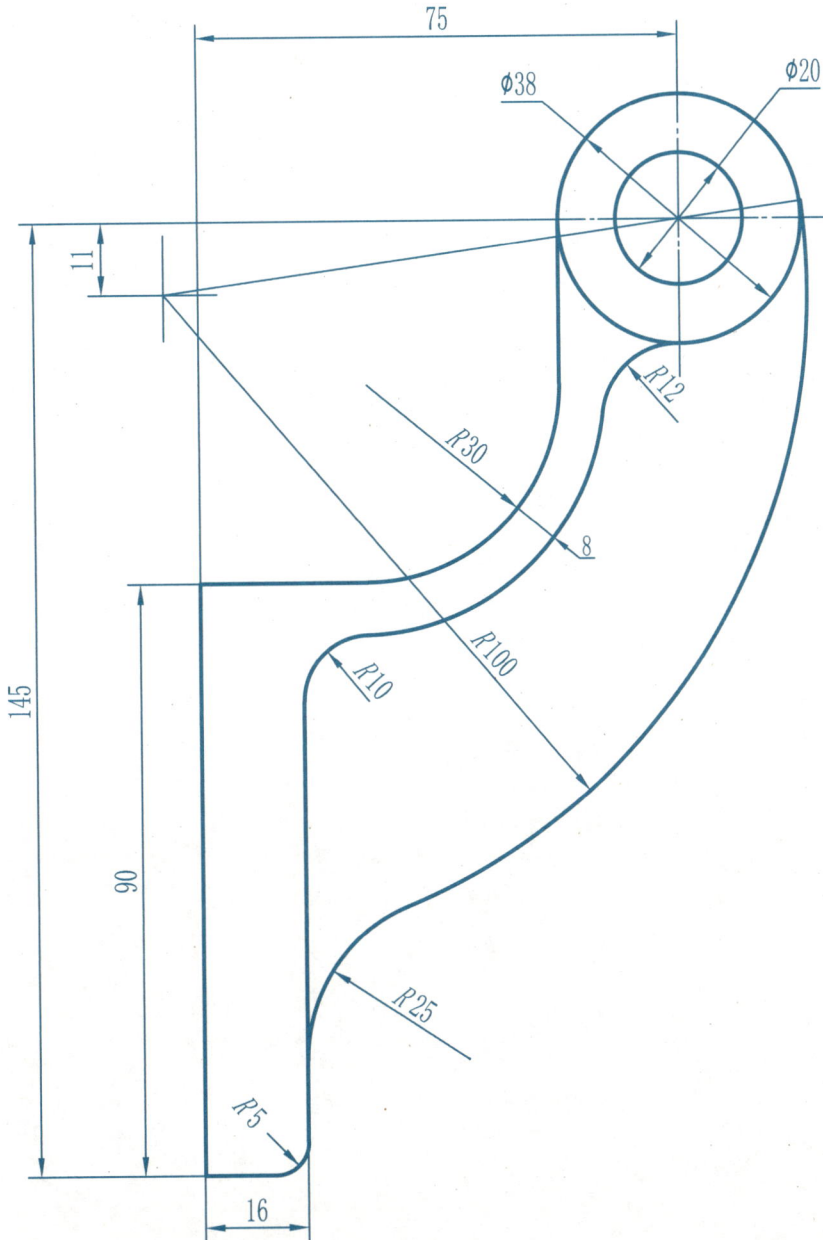

75

ϕ38 ϕ20

11

R12

R30

8

145

R100

R10

90

R25

R5

16

1-7（续）在指定位置抄画脚踏板的平面图形，并标注尺寸

13

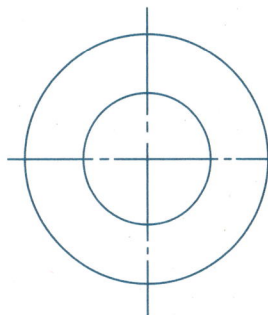

第 2 章

正投影法和视图

2-1 参考轴测图补画俯视图

(1)

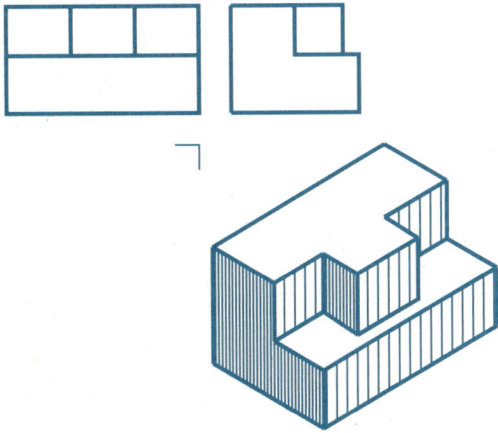

(2)

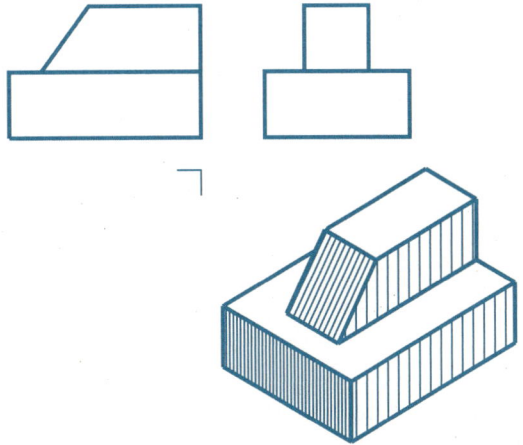

(3)

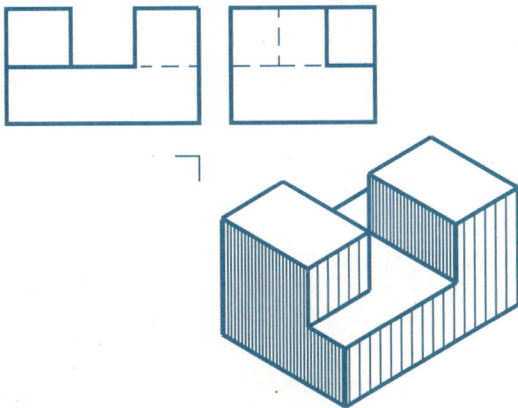

(4)

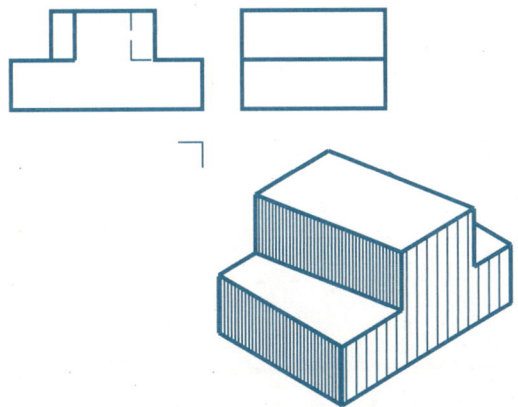

(5)

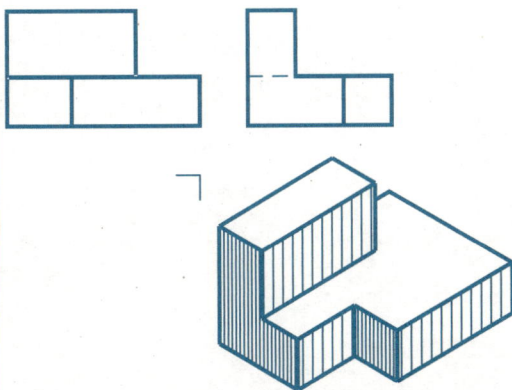

(6)

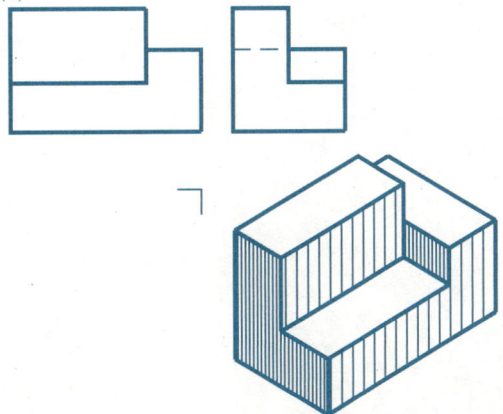

17

2-2 参考主视图和轴测图，补画俯视图和左视图，1:1从轴测图上测量尺寸

(1)

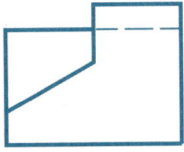

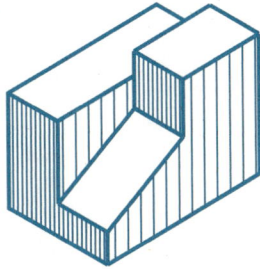

(2)

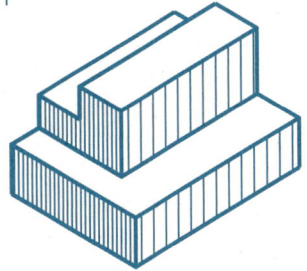

(3)

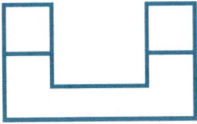

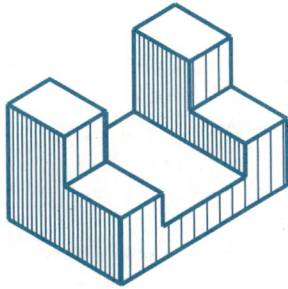

(4)

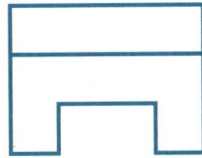

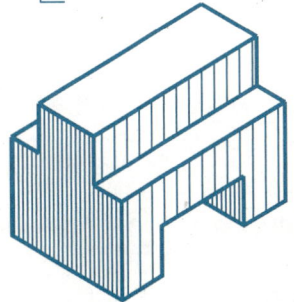

(5)

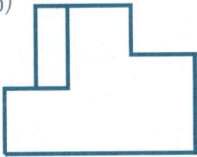

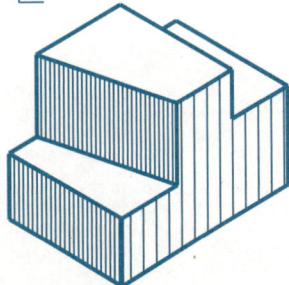

(6)

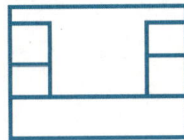

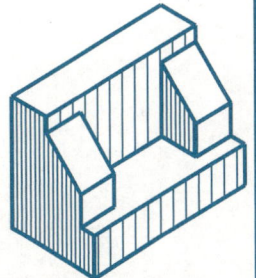

班级_____ 学号_____ 姓名_____

2-3 参考主视图和轴测图，补画俯视图和左视图，1:1从轴测图上测量尺寸

(1)

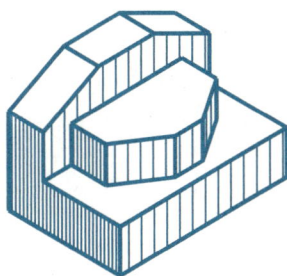

(2)

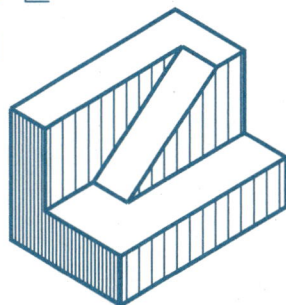

(3)

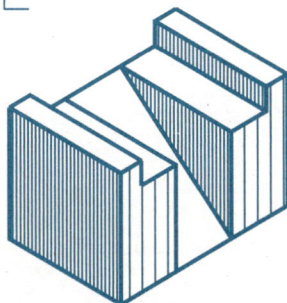

(4)
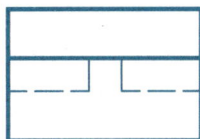
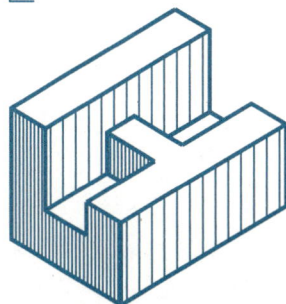

(5)

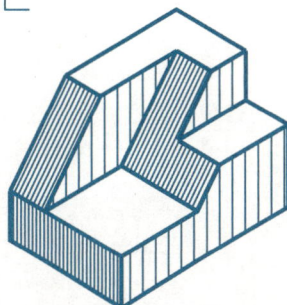

(6)

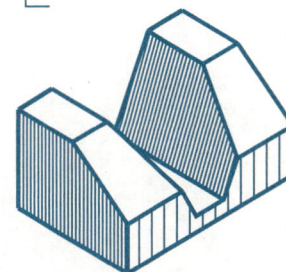

班级_____   学号_____   姓名_____

2-4 求点的第三投影

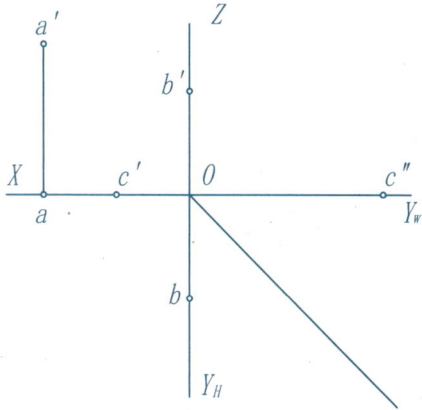

2-5 求线段 AB 的第三投影

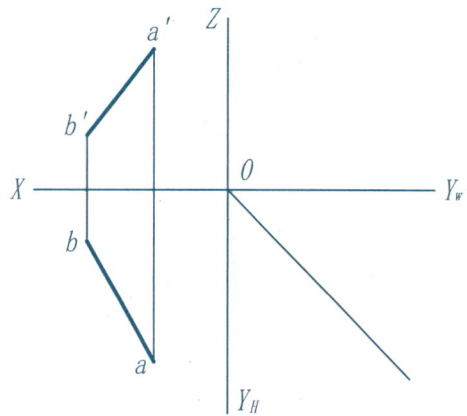

2-6 求线段 AB 的第三投影

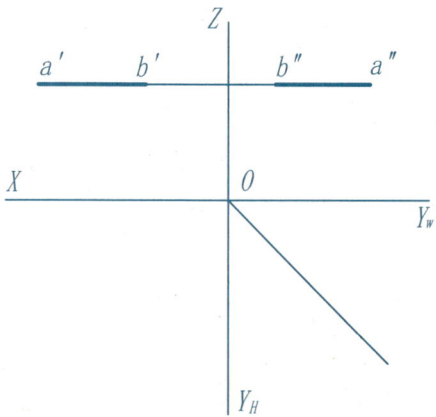

2-7 求线段 CD 的第三投影

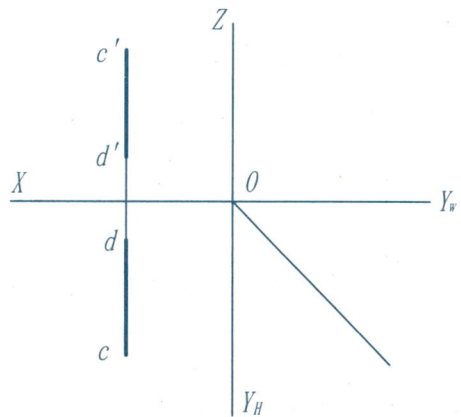

2-8 过点 A 作正平线 AB，使 AB=25 mm，α=30°

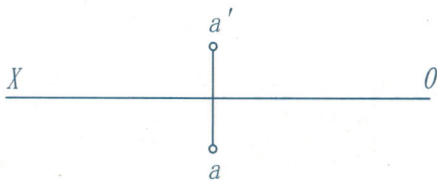

2-9 完成菱形的两投影

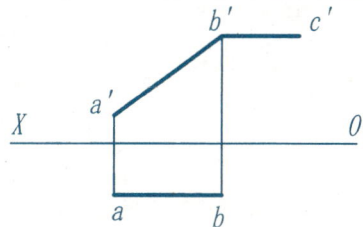

2-10 求平面的第三投影	2-11 判断三棱锥各侧面的位置

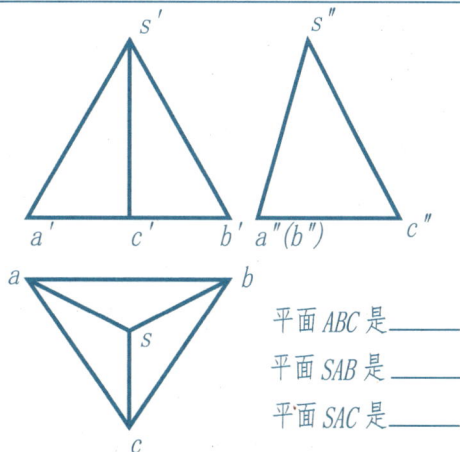

2-10 求平面的第三投影

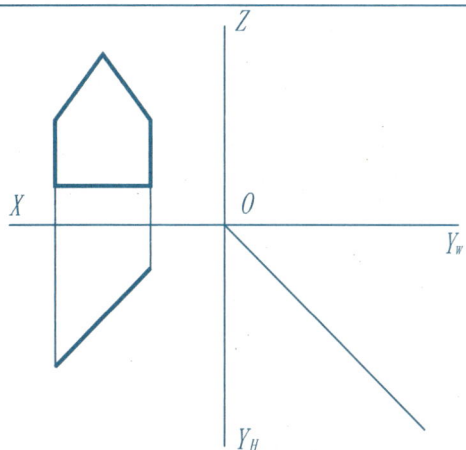

Z

X —— O —— Y_W

Y_H

2-11 判断三棱锥各侧面的位置

s' s''

a' c' b' $a''(b'')$ c''

a b

s

c

平面 ABC 是_____

平面 SAB 是_____

平面 SAC 是_____

2-12 完成四边形 ABCD 的 V 面投影，AB 为水平线	2-13 完成三角板的水平投影

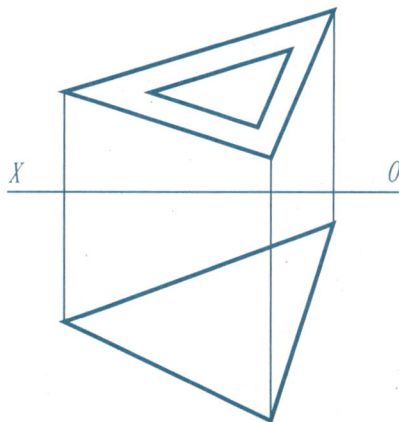

2-12 完成四边形 ABCD 的 V 面投影，AB 为水平线

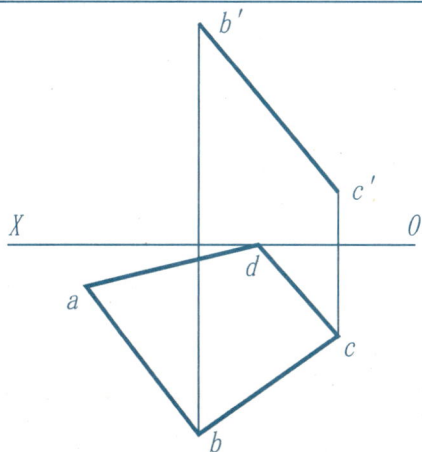

b'

c'

X —— O

a

d

c

b

2-13 完成三角板的水平投影

X —— O

2-14 标出平面 M、N、P、R 的主视图和左视图	2-15 判断三角形 ABC 对投影面的位置关系

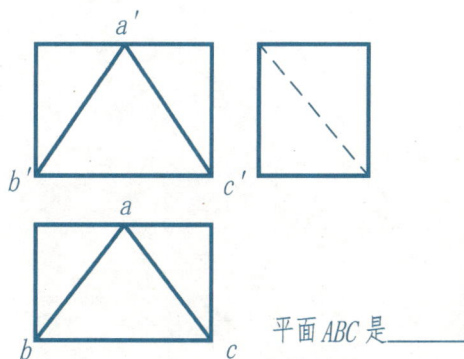

2-14 标出平面 M、N、P、R 的主视图和左视图

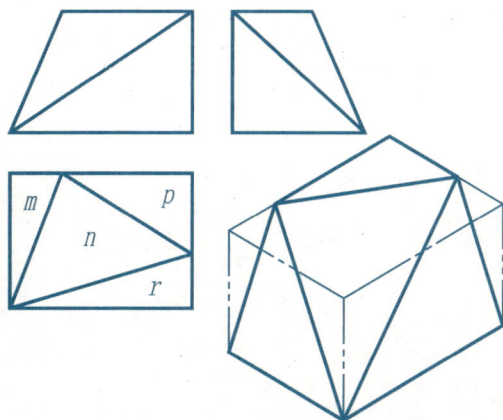

m p

n

r

2-15 判断三角形 ABC 对投影面的位置关系

a'

b' c'

a

b c

平面 ABC 是_____

2-16 参考轴测图补画左视图

(1)

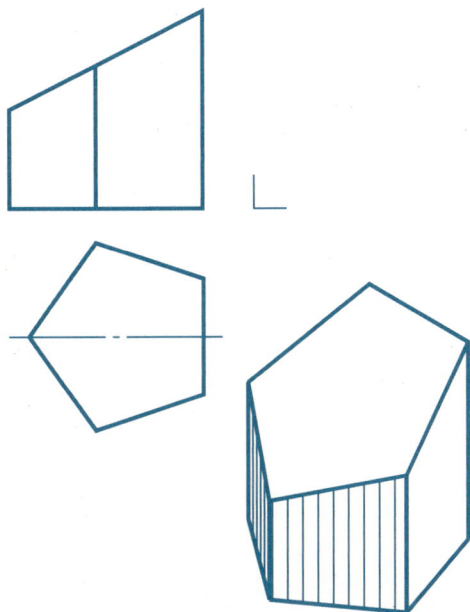

(2)

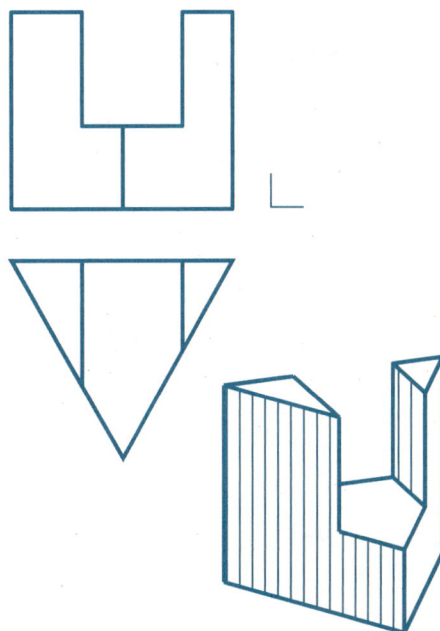

2-17 参考轴测图补画俯视图

(3)

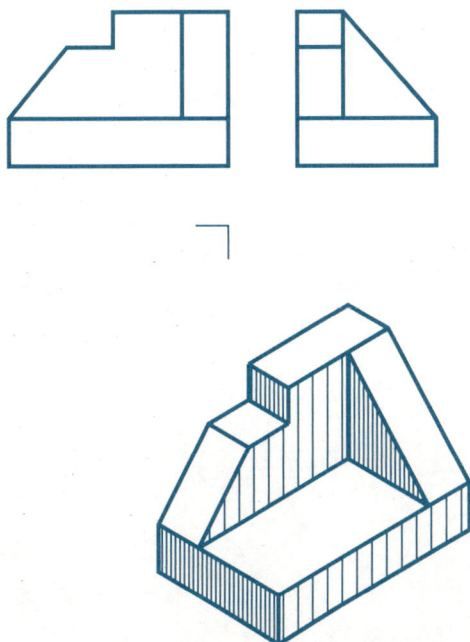

(4)

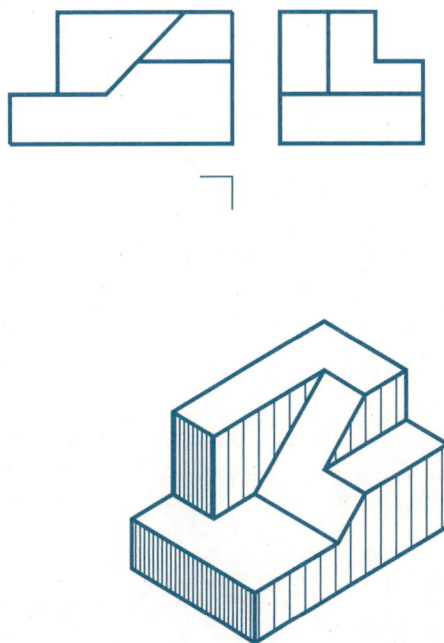

班级_____   学号_____   姓名_____

(1)

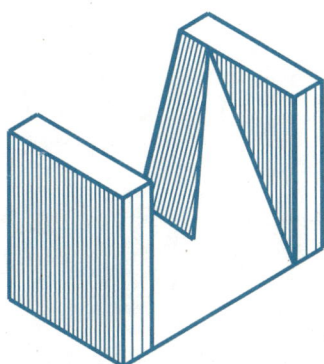

(2)

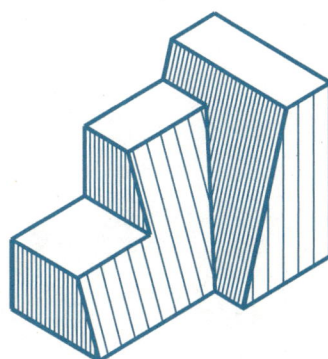

(3)

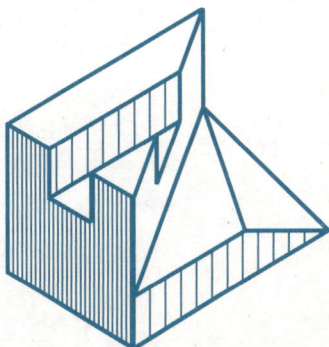

(4)

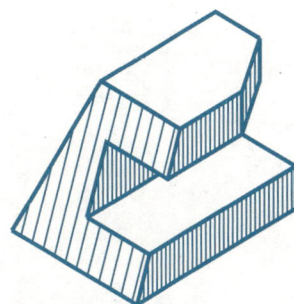

29

2-19 参考轴测图补画俯视图

(1)

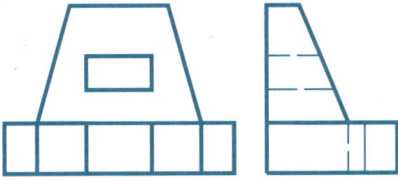

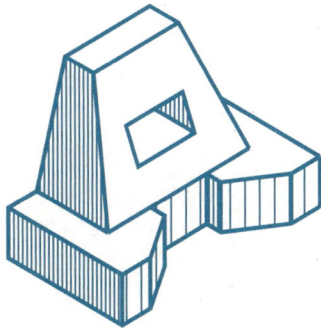

(2)

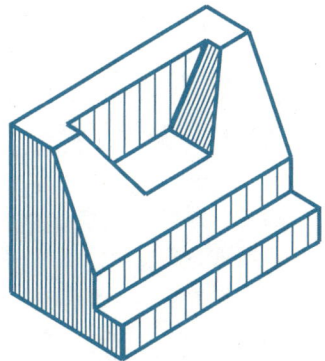

(3)

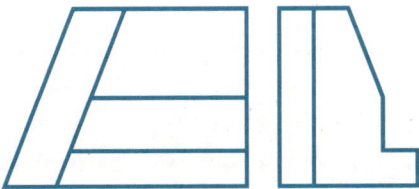

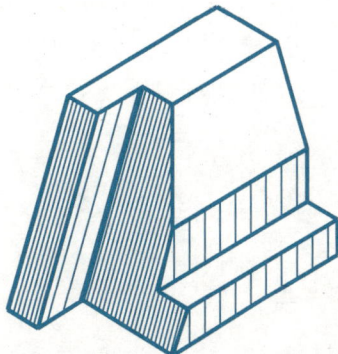

(4)

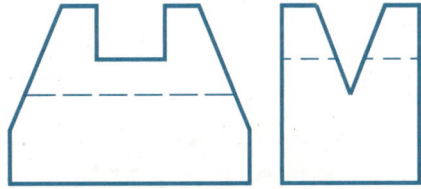

班级_____   学号_____   姓名_____

2-20 补画第三视图

(1)

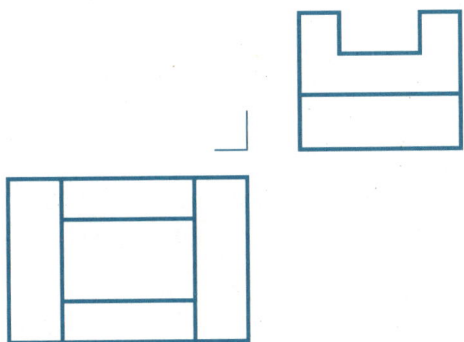

(2)

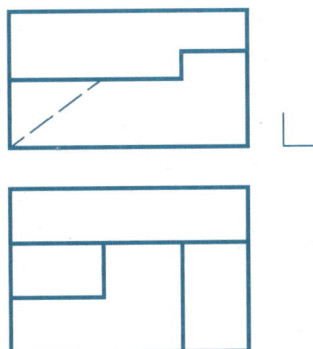

(3)

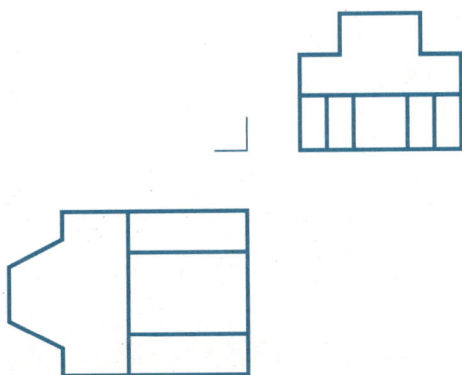

(4)

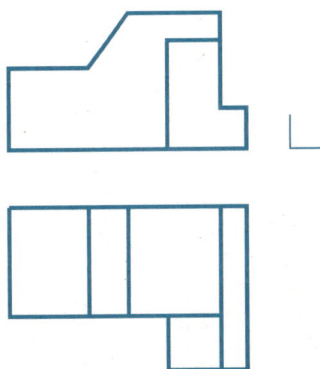

(5)

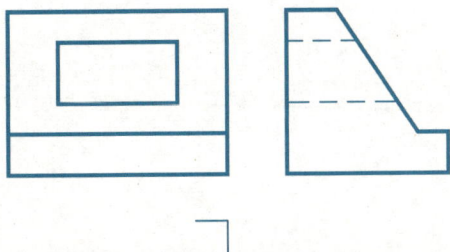

(6)

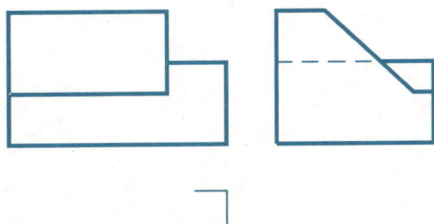

33

第 3 章

立体及其表面交线

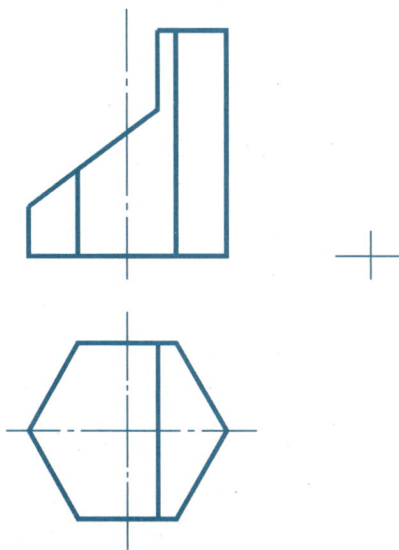

3-1 补画左视图	3-2 求柱面上点 M 的其他两个投影

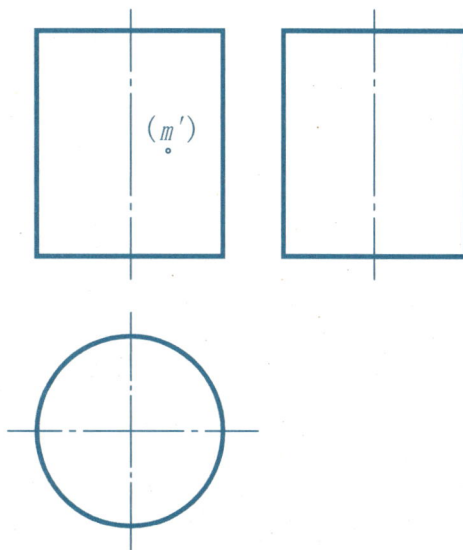

3-3 求锥面上点 M 的其他两个投影

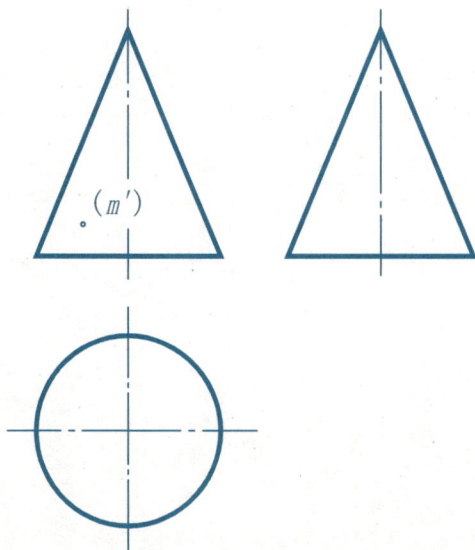

3-4 求点 M 的侧面投影，并判断点 M 是否在球面上

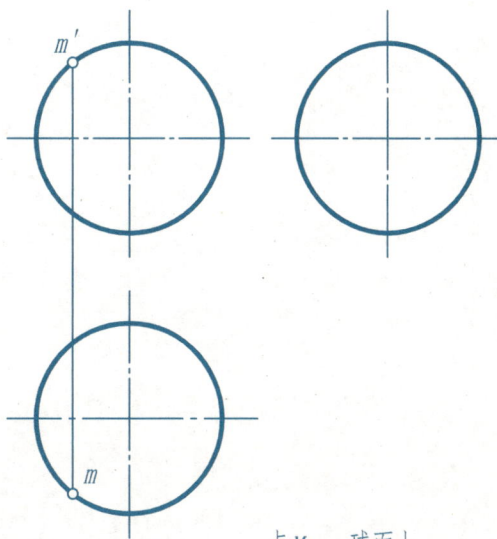

点 M ____ 球面上。

3-5 参考轴测图补全主视图和左视图上的漏线

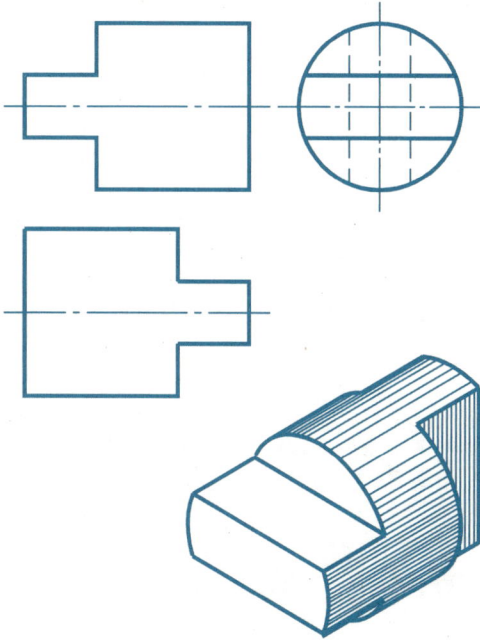

3-6 参考轴测图补画俯视图

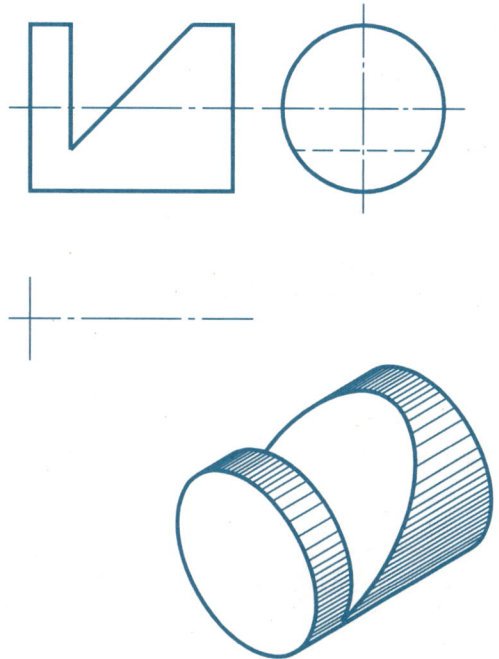

3-7 参考轴测图补画左视图

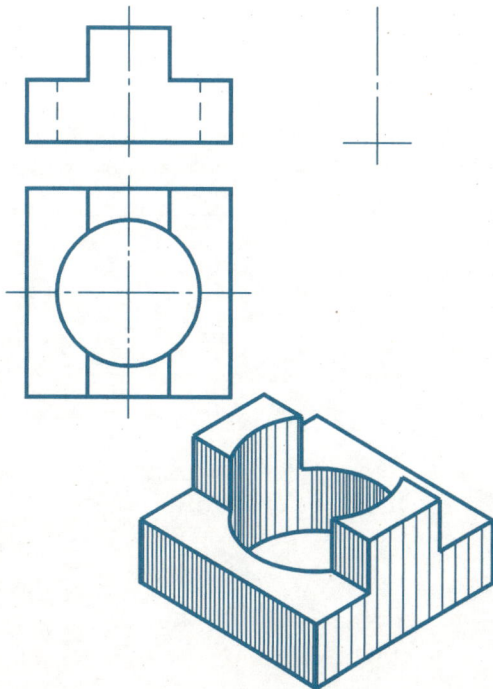

3-8 参考轴测图补画左视图

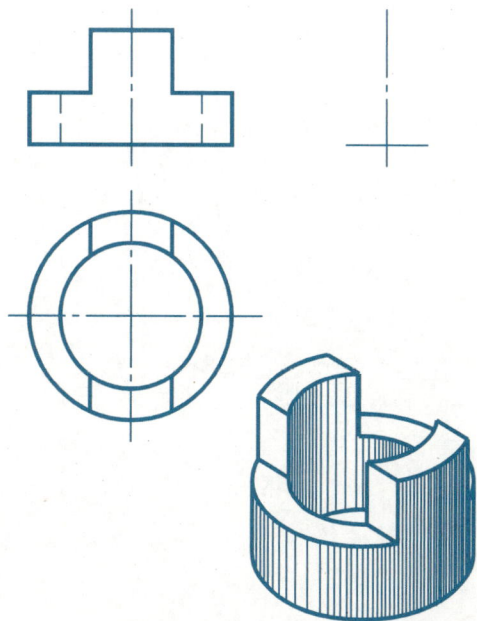

班级_____ 学号_____ 姓名_____

3-9 参考轴测图补全主视图上的漏线

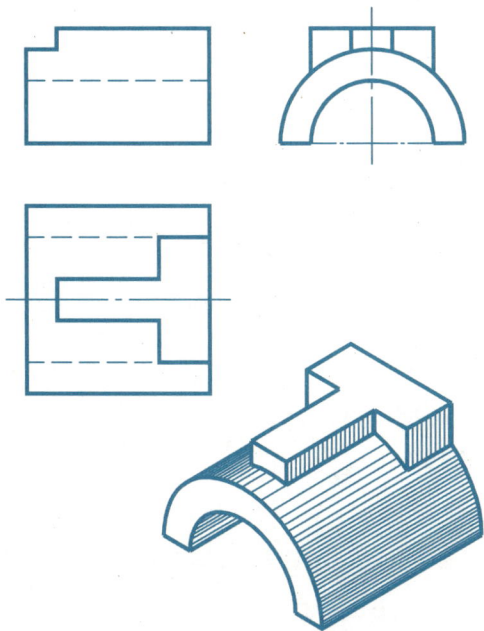

3-10 参考轴测图补画左视图

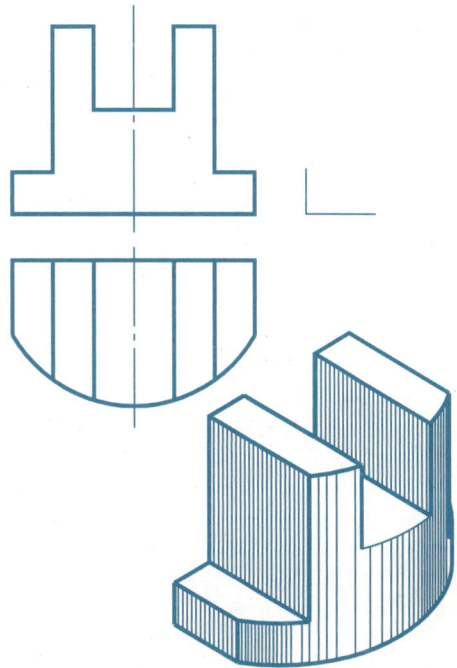

3-11 参考轴测图补全主视图和左视图上的漏线

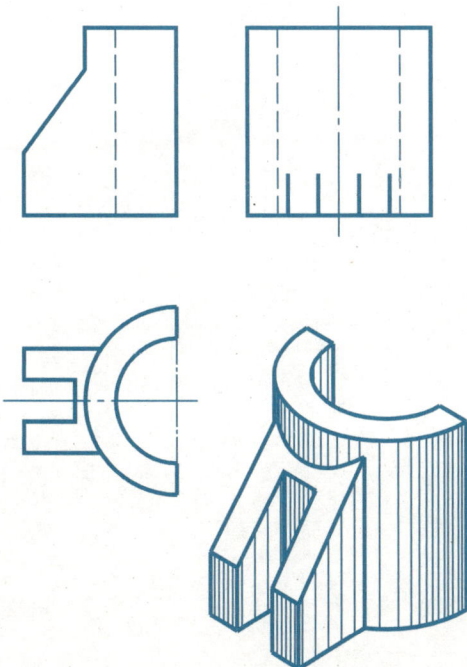

3-12 参考轴测图补画左视图

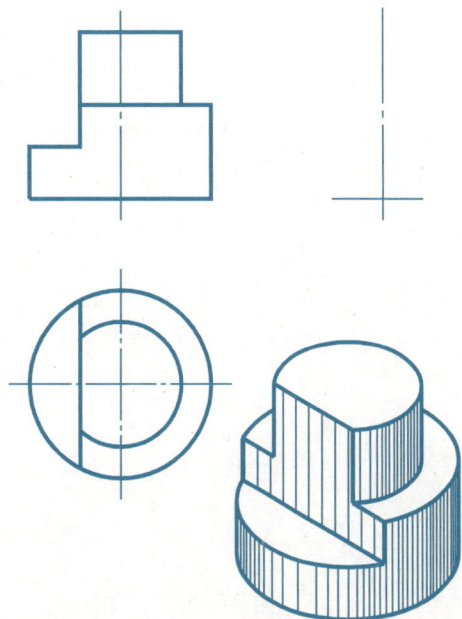

3-13 参考轴测图补全俯视图和左视图上的漏线

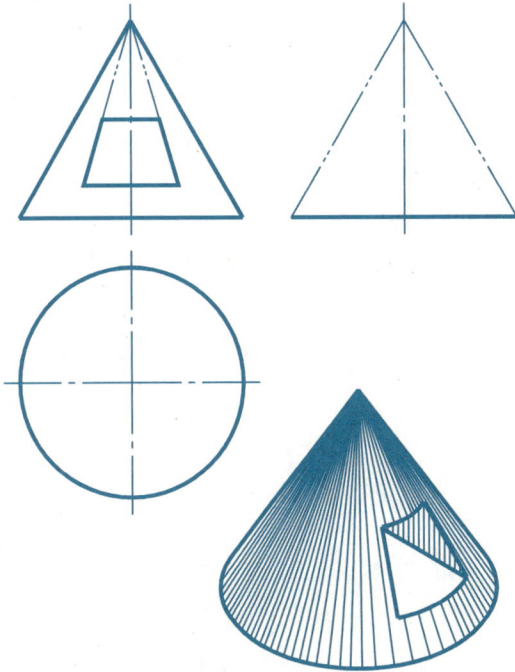

3-14* 参考轴测图补全主视图和俯视图上的漏线

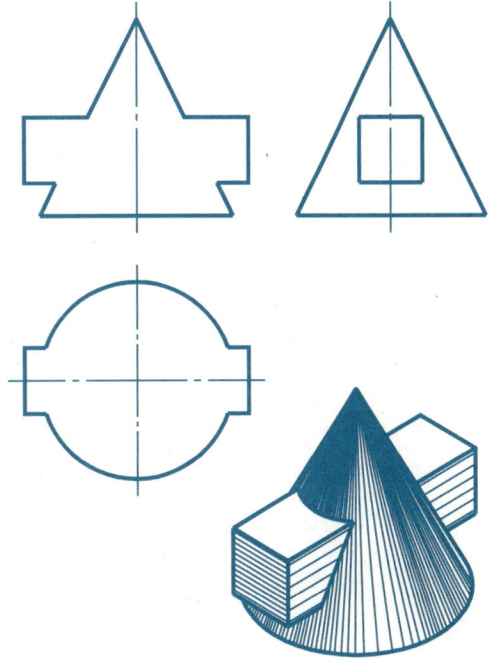

3-15 参考轴测图补全主视图和左视图上的漏线

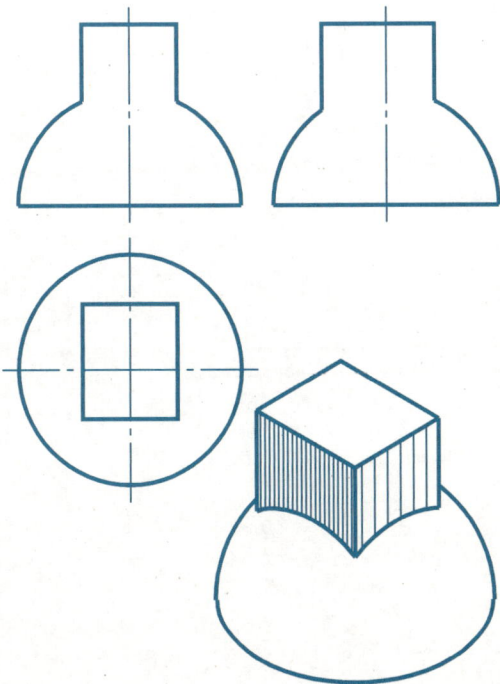

3-16 参考轴测图补全俯视图和左视图上的漏线

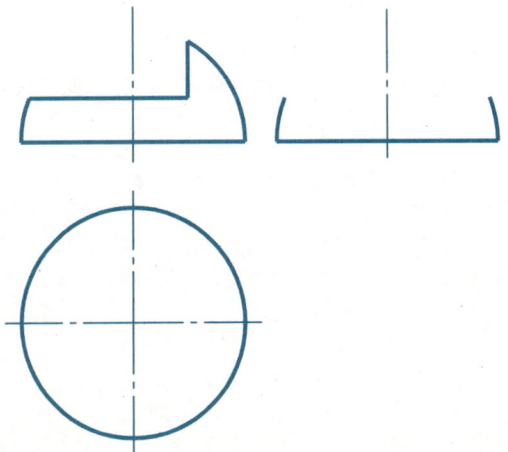

班级_____ 学号_____ 姓名_____

3-17 参考轴测图补全主视图上的相贯线

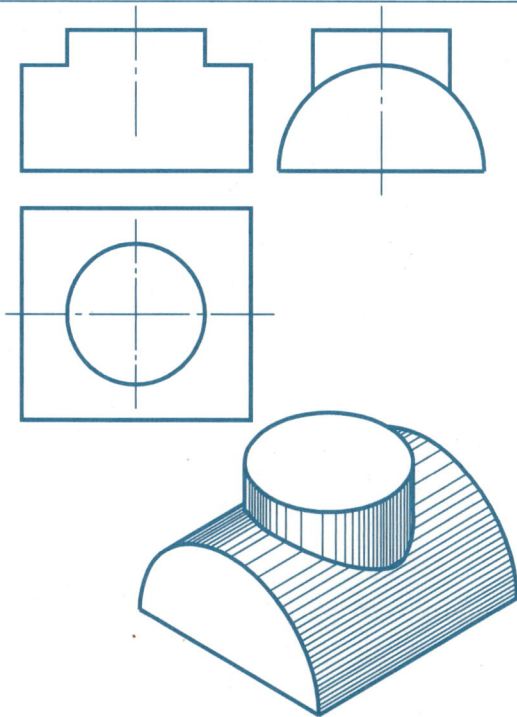

3-18 参考轴测图补全主视图上的相贯线

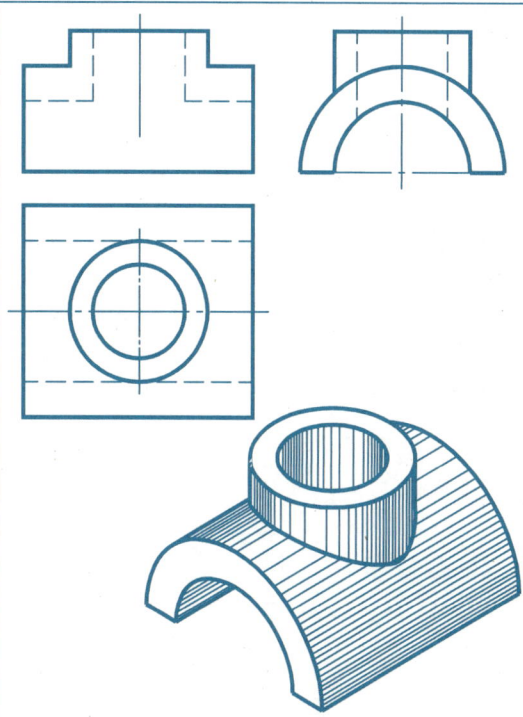

3-19 参考轴测图补全主视图上的相贯线

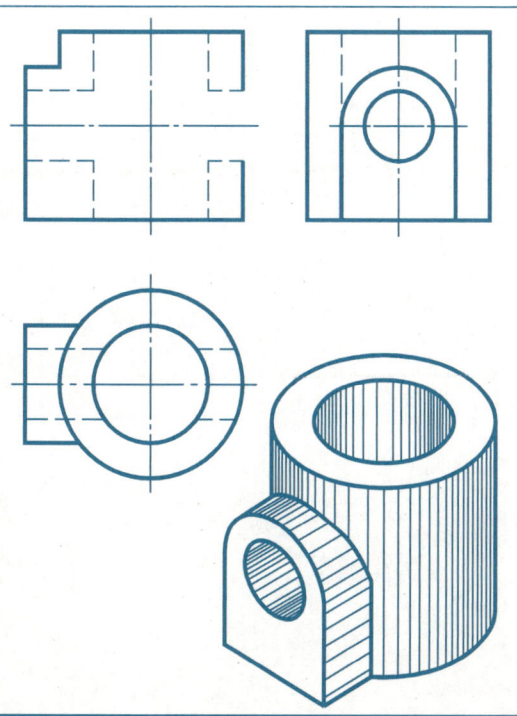

3-20 参考轴测图补全俯视图和左视图上的相贯线

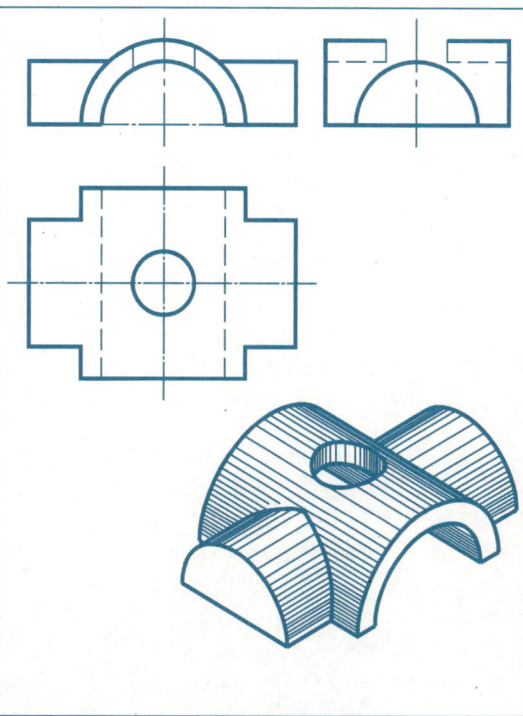

班级＿＿＿＿＿＿＿＿　学号＿＿＿＿＿＿＿＿　姓名＿＿＿＿＿＿＿＿

3-21 补全主视图上的相贯线

(1)

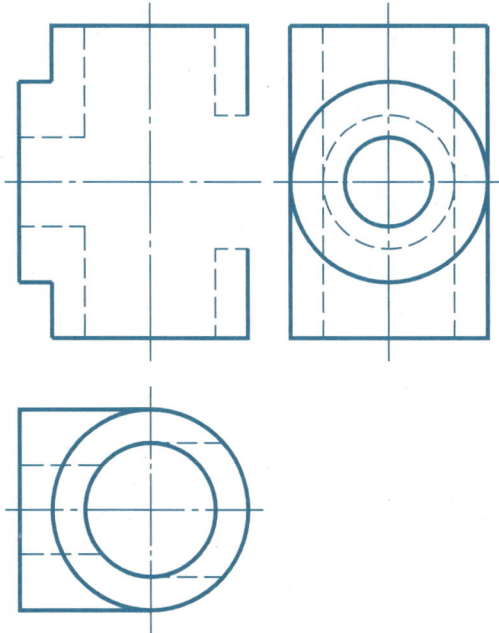

(2)

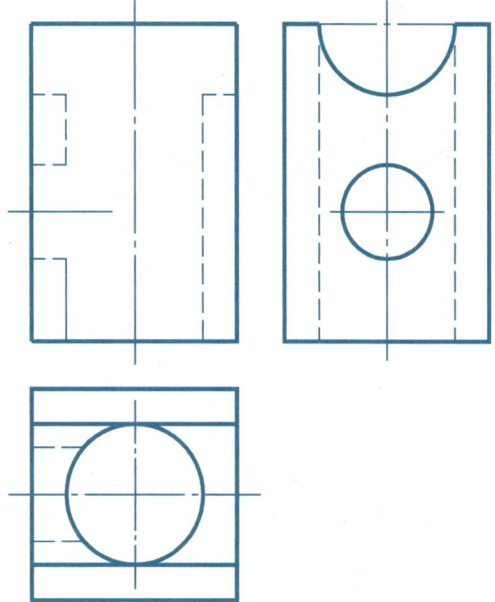

(3)

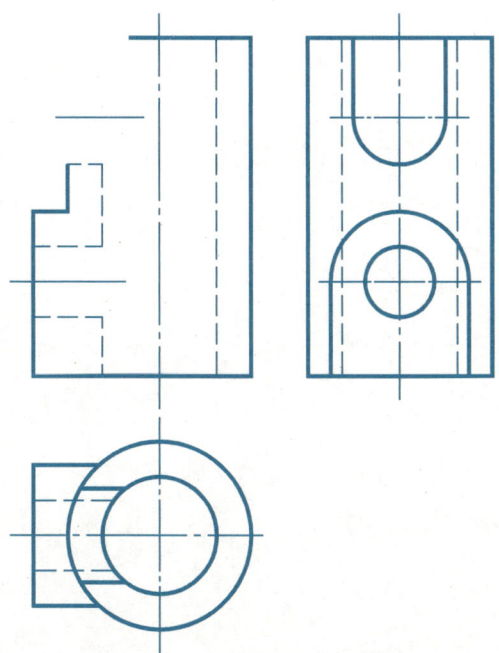

(4)

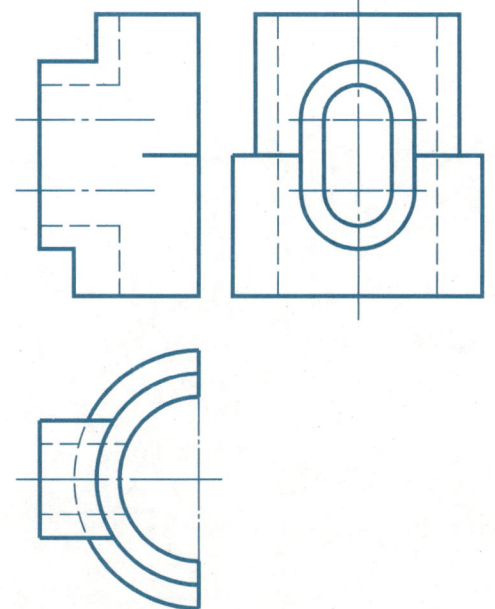

47

第 4 章

组合体

(1)

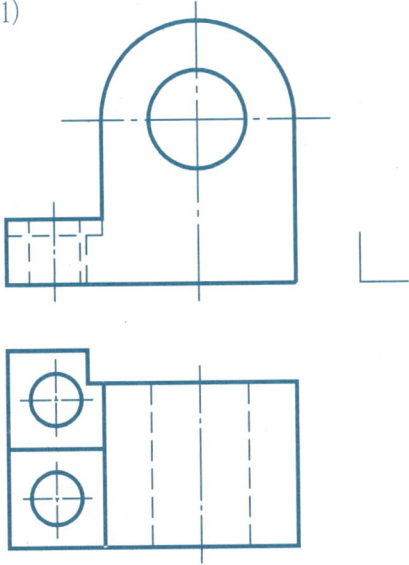

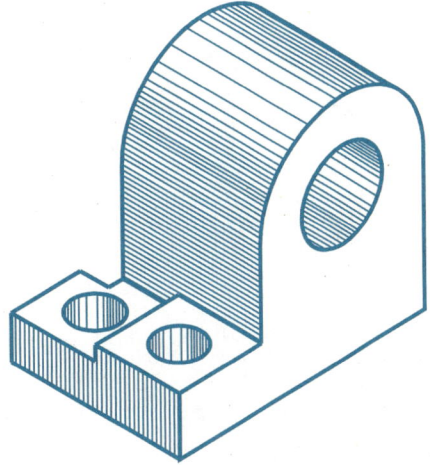

(2)

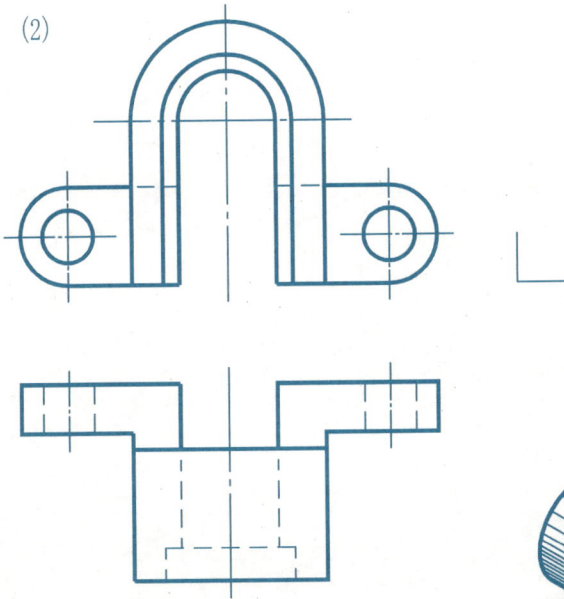

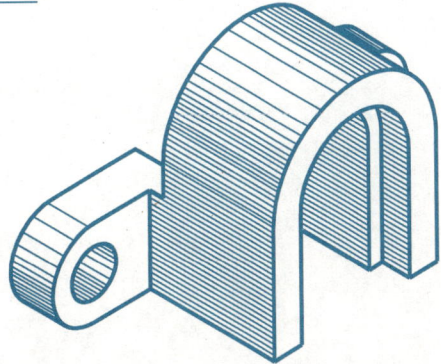

51

班级_____ 学号_____ 姓名_____

(1)

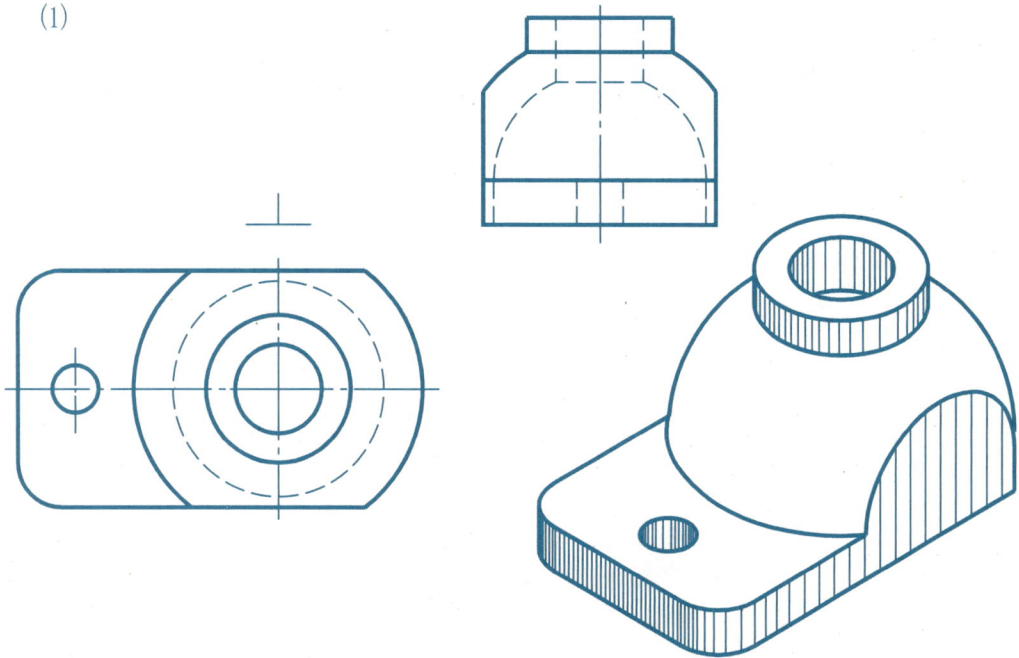

(2)

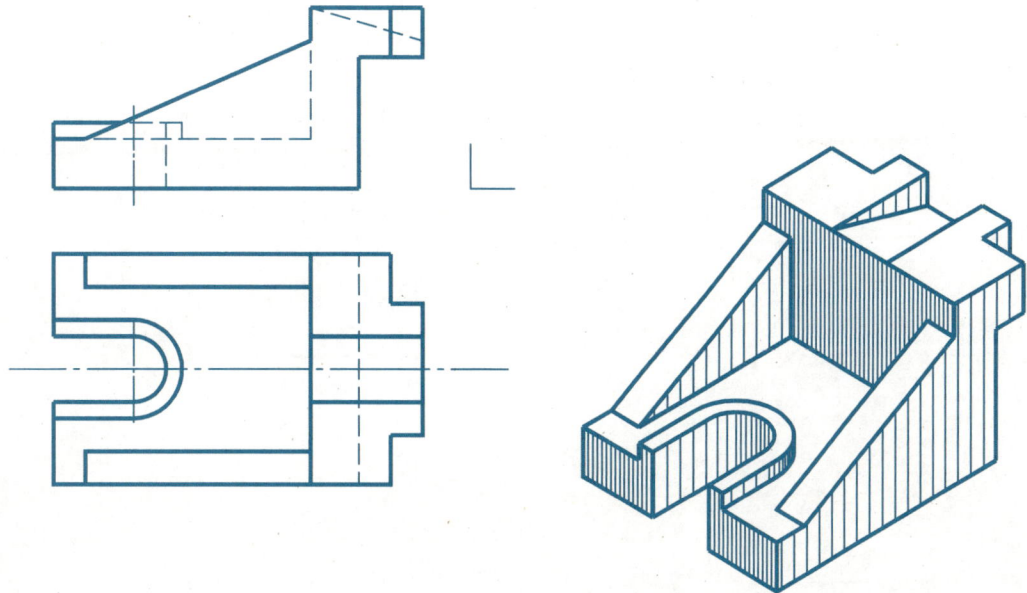

53

4-3 参考轴测图补画左视图

(1)

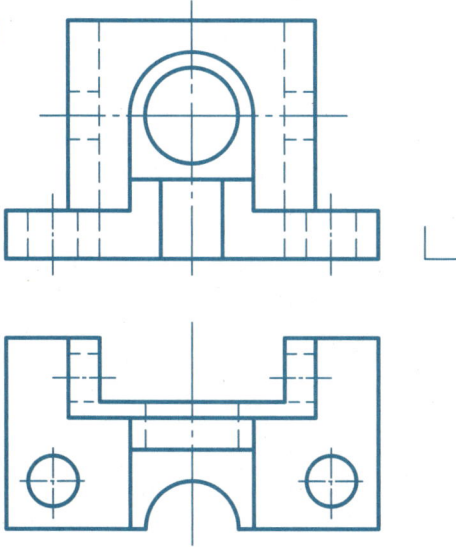

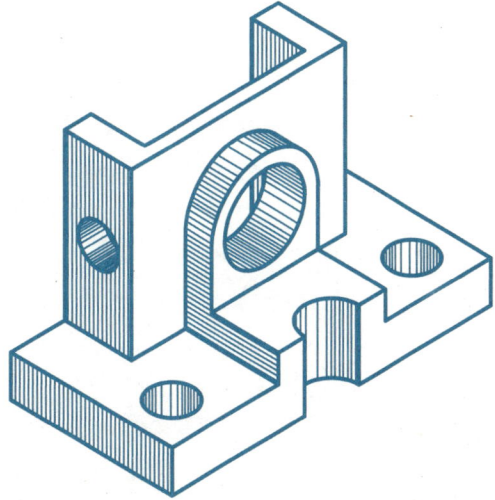

(2)

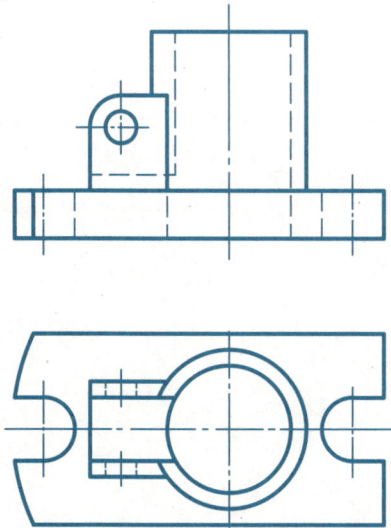

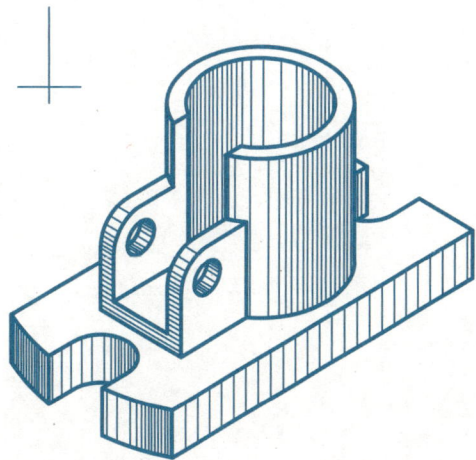

班级_____ 学号_____ 姓名_____

4-4 补画第三视图

(1)
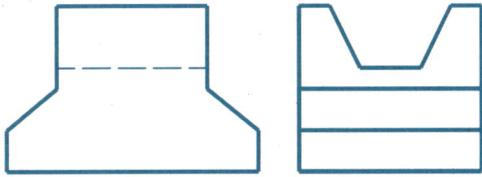

(2)
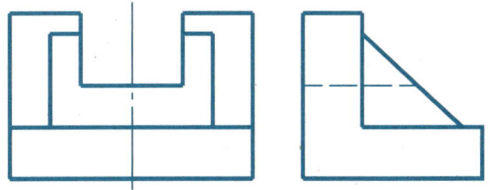

(3)

(4)
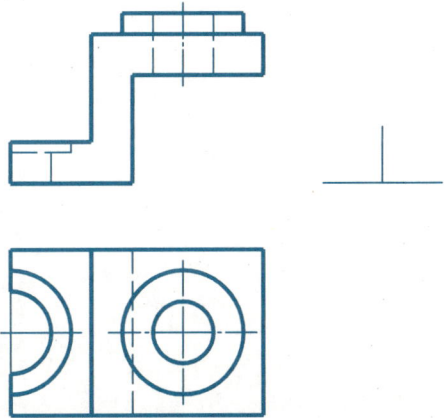

(5)
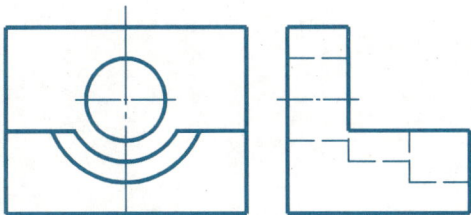

(6)

57

4-5 补画第三视图

(1)

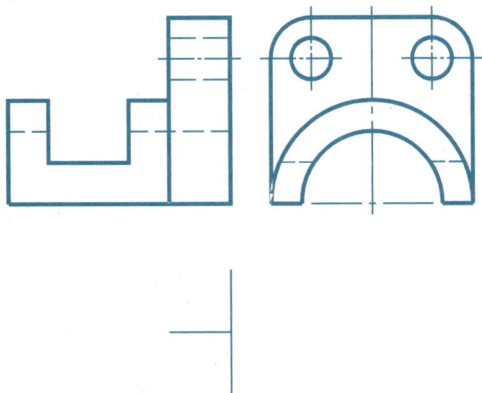

(2)

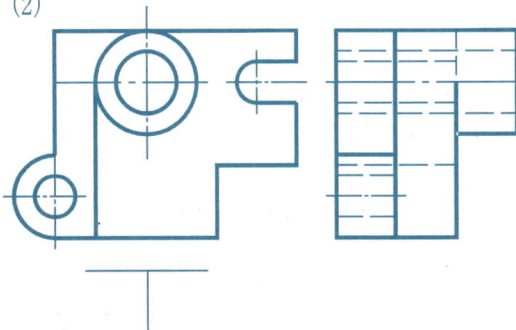

(3)

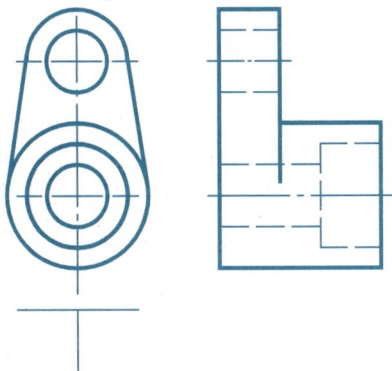

(4)

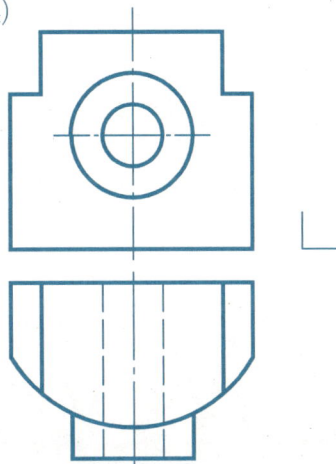

(5)

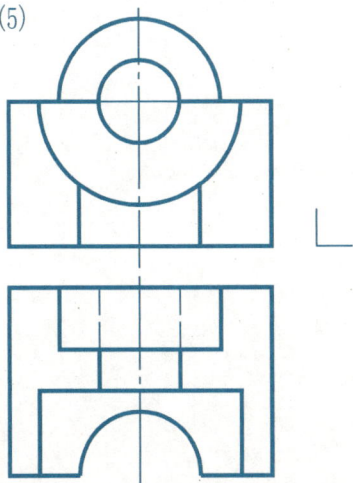

(6)

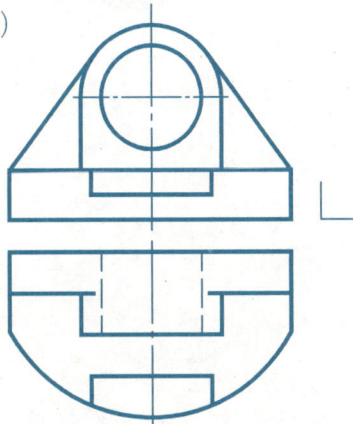

59

4-6 补画左视图

(1)
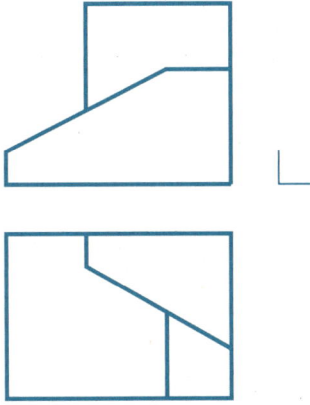

(2)
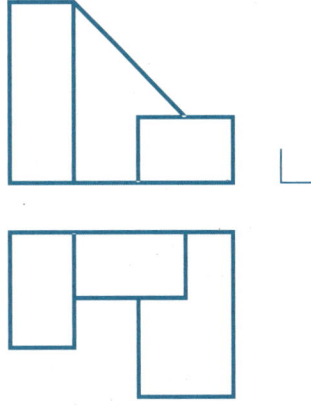

(3)
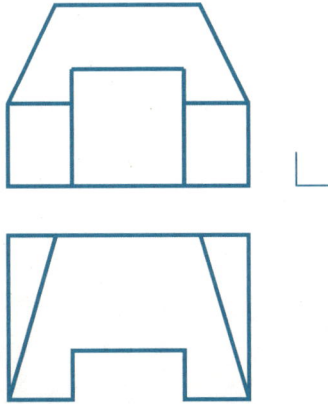

(4)
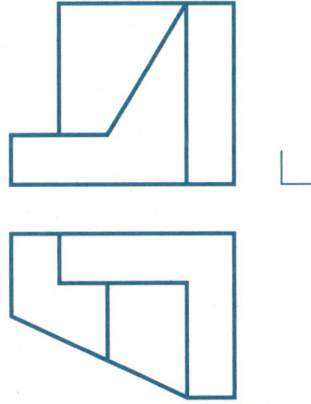

(5)
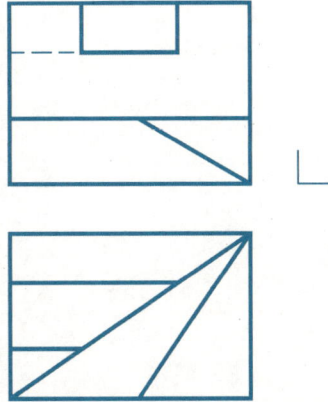

(6)
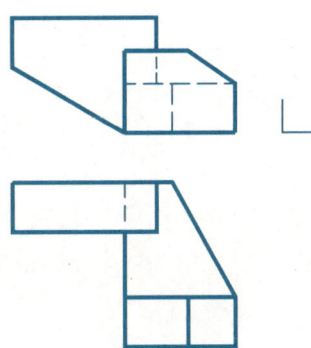

班级_____　　学号_____　　姓名_____

4-7 标注组合体的尺寸（1:1从图中测量尺寸）

(1)

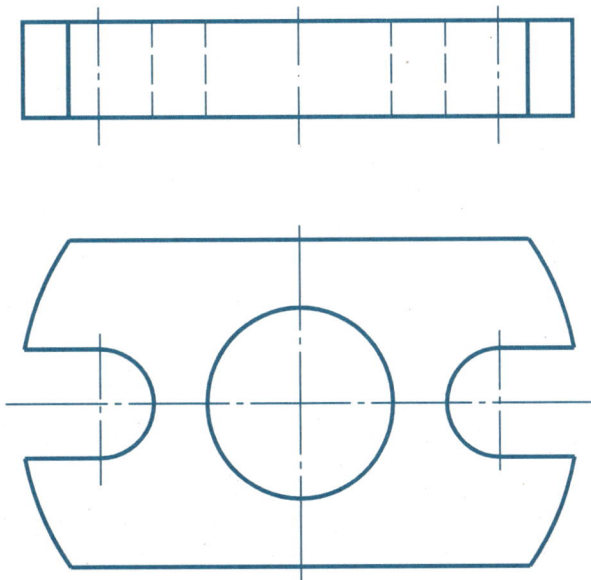

(2)

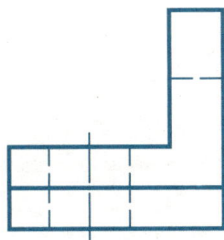

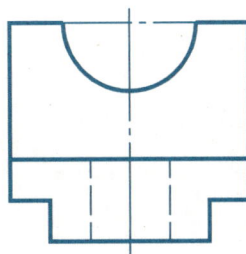

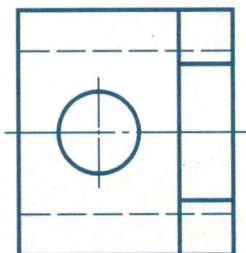

班级_____ 学号_____ 姓名_____

4-8 标注组合体的尺寸（1：1从图中测量尺寸）

(1)

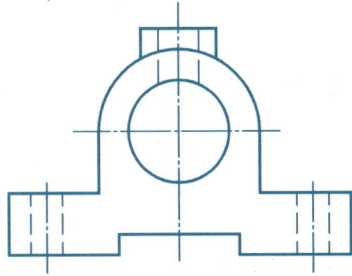

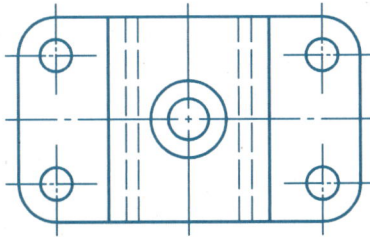

(2)

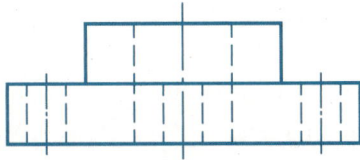

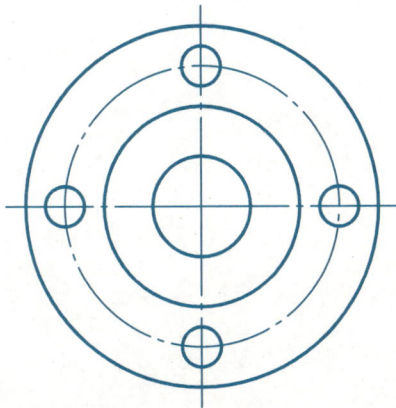

班级_____ 学号_____ 姓名_____

4-9 （第1次大作业，图样名称：组合体，图样代号：DZY-01）选择合适的比例，在A3图纸上画出组
合体的三视图，并标注尺寸(1：1从主视图和轴测图中测量尺寸)

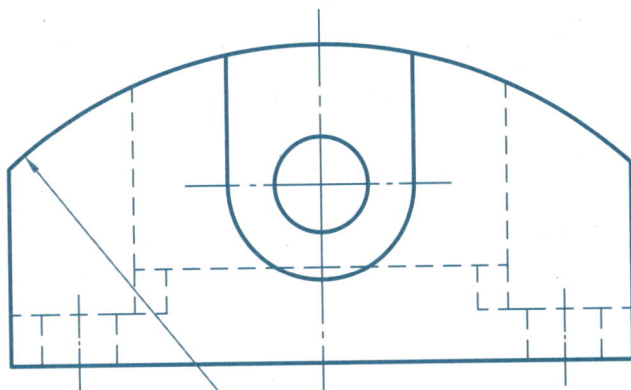

通孔

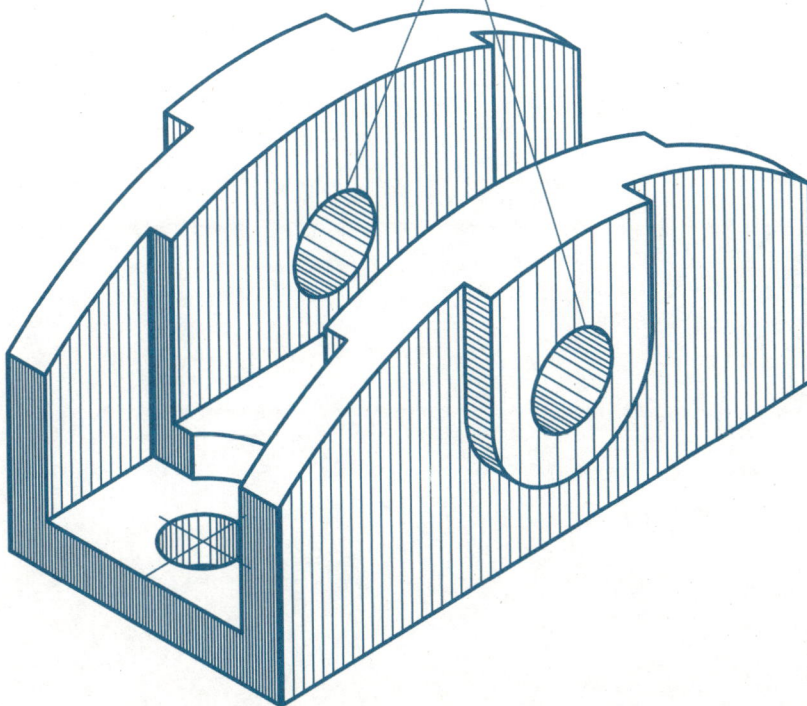

第 5 章

机件的基本表示方法

5-1 看懂三视图，在指定位置补画后视图

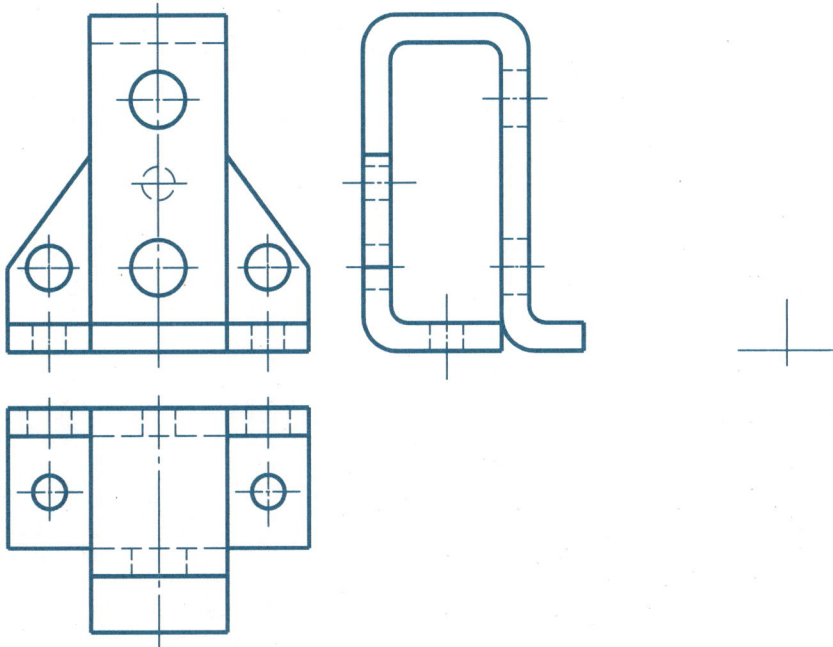

5-2 将俯视图重新画成局部视图，并补画A向斜视图

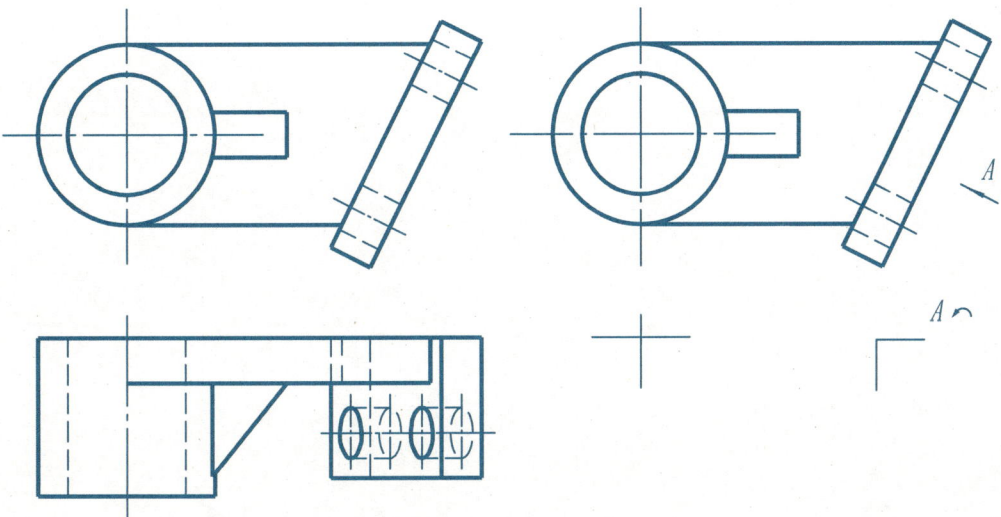

A

A

5-3 画出 A 向斜视图

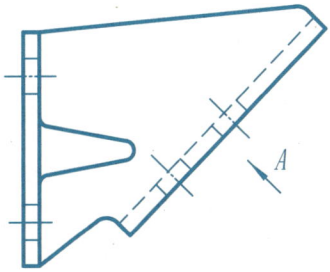

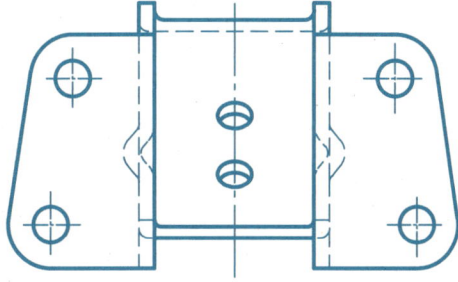

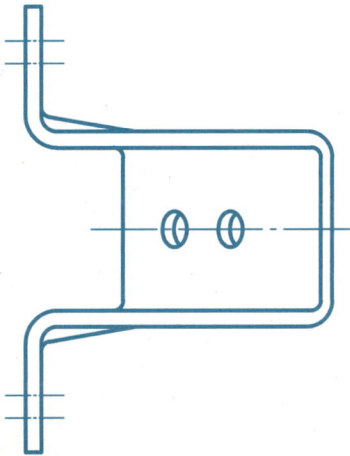

5-4 画出指定方向的斜视图

(1)

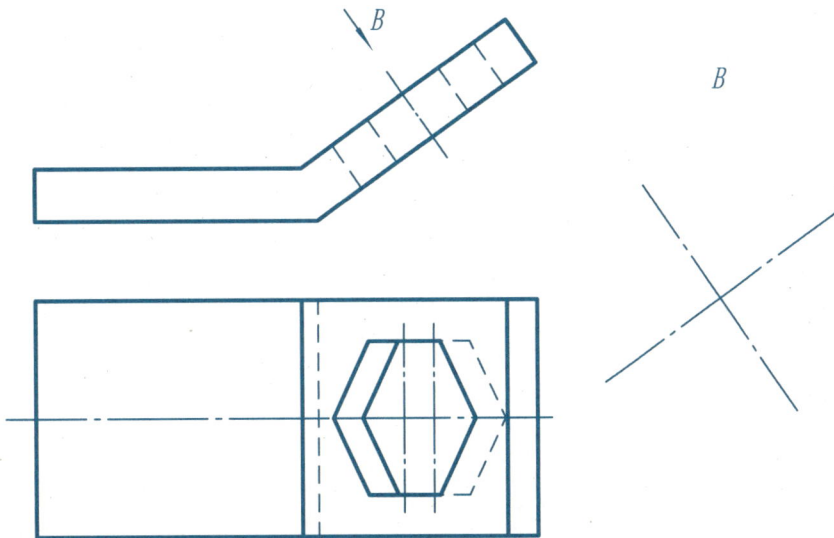

(2)

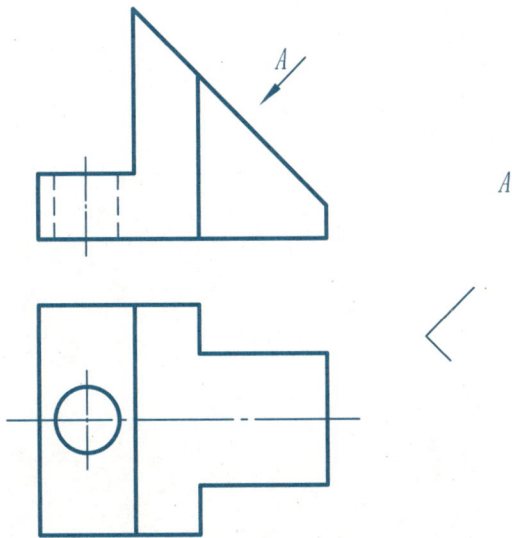

班级_____ 学号_____ 姓名_____

5-5 补画主视图上的漏线

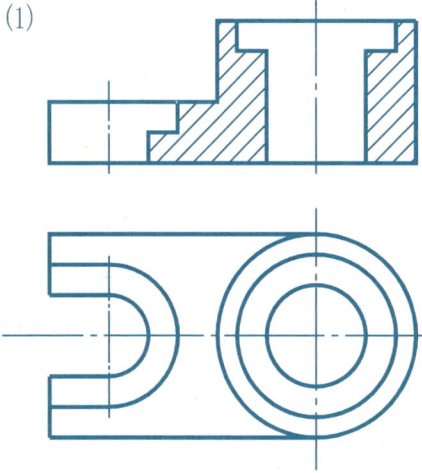

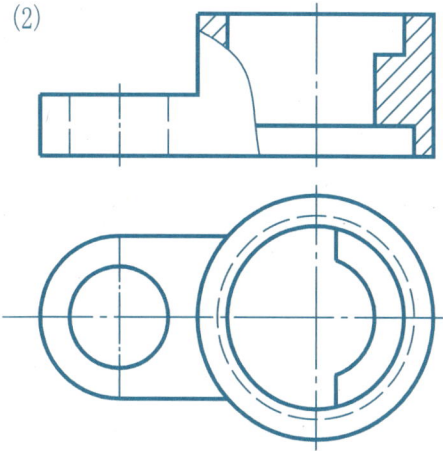

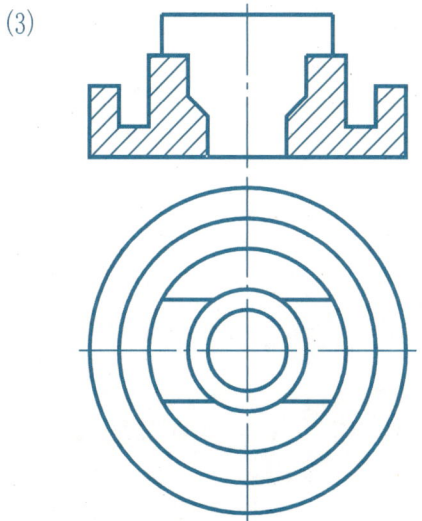

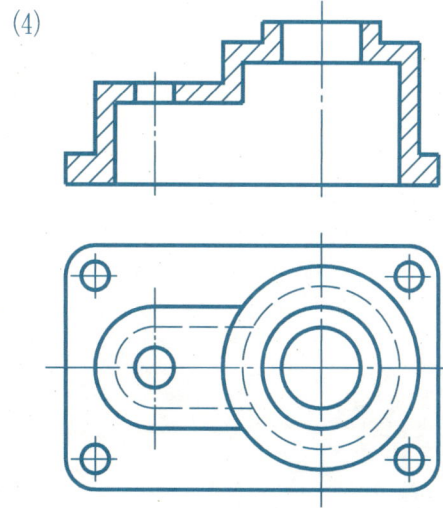

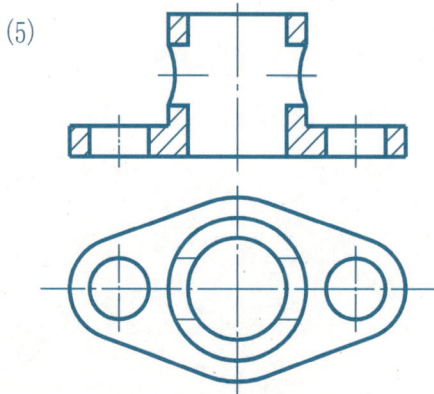

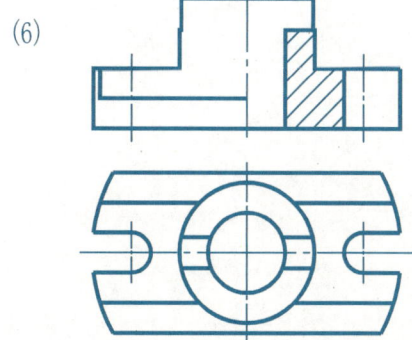

(1)

(2)

(3)

(4)

(5)

(6)

班级_____ 学号_____ 姓名_____

5-6 在指定位置将主视图画成全剖视图，并画出 A、B 局部视图

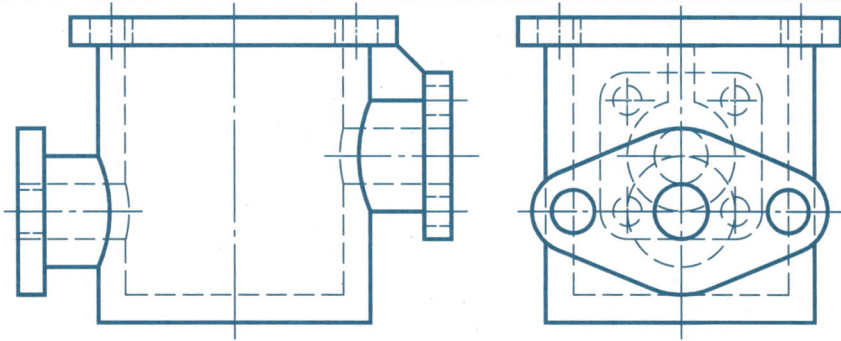

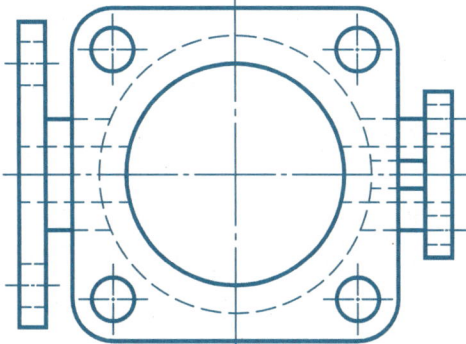

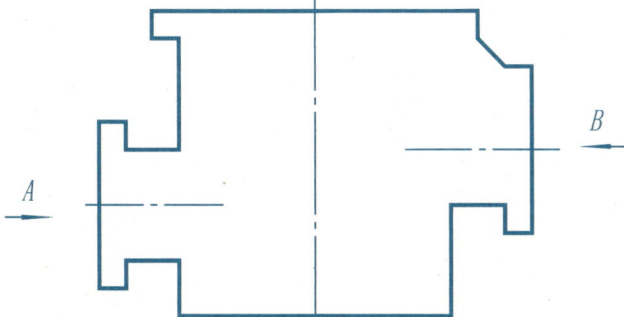

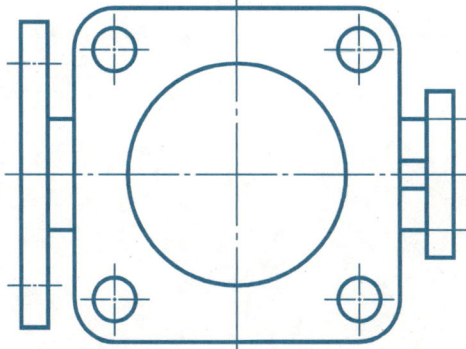

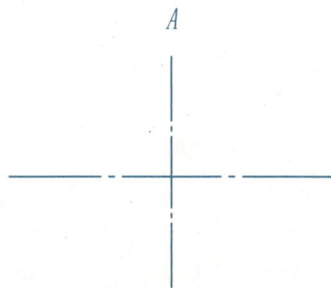

B

B

A

A

A

5-7 将左视图画成半剖视图

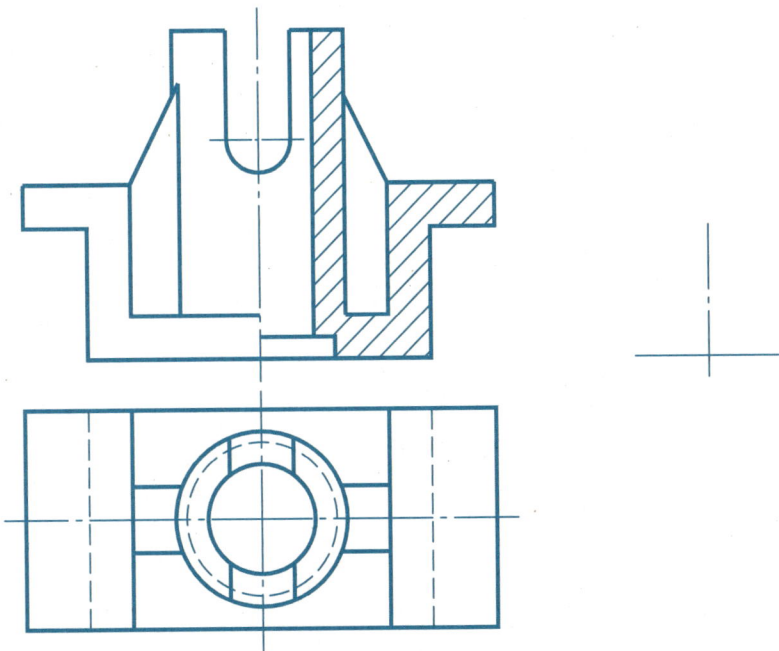

5-8 将主视图和俯视图重新画成局部剖视图

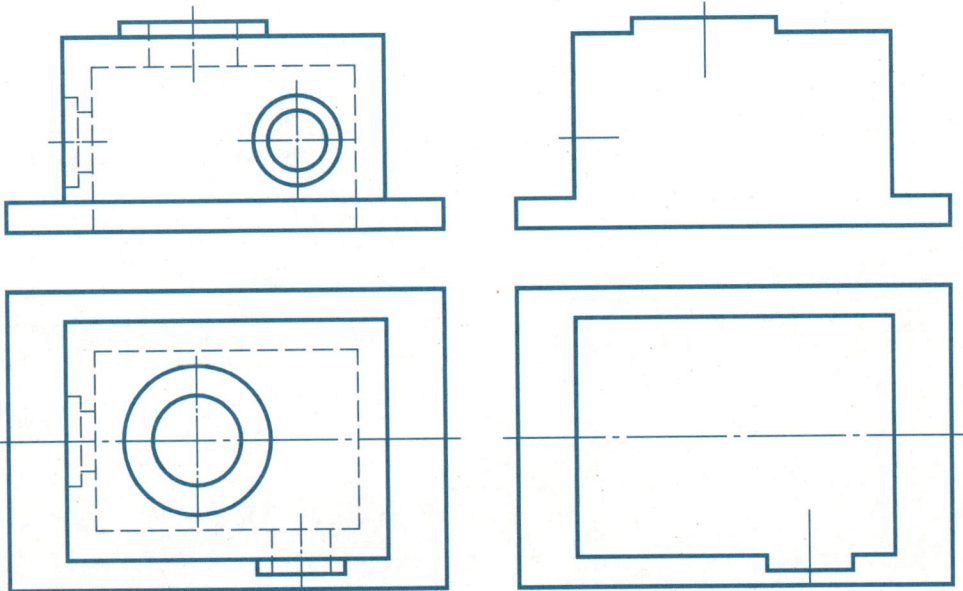

81

班级_____ 学号_____ 姓名_____

5-9 采用相交剖切平面，将主视图重新画成全剖视图

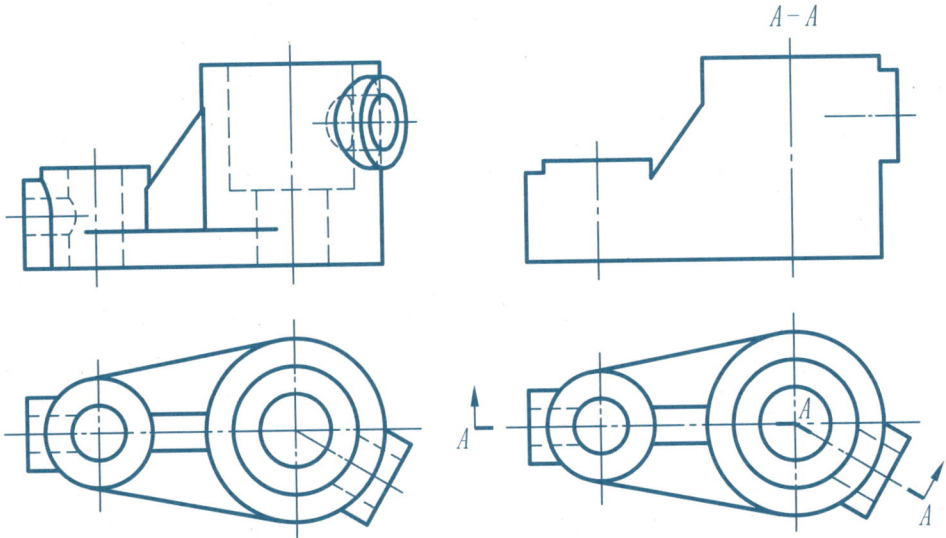

$A - A$

A

5-10 采用平行剖切平面，将主视图重新画成全剖视图，并作标记

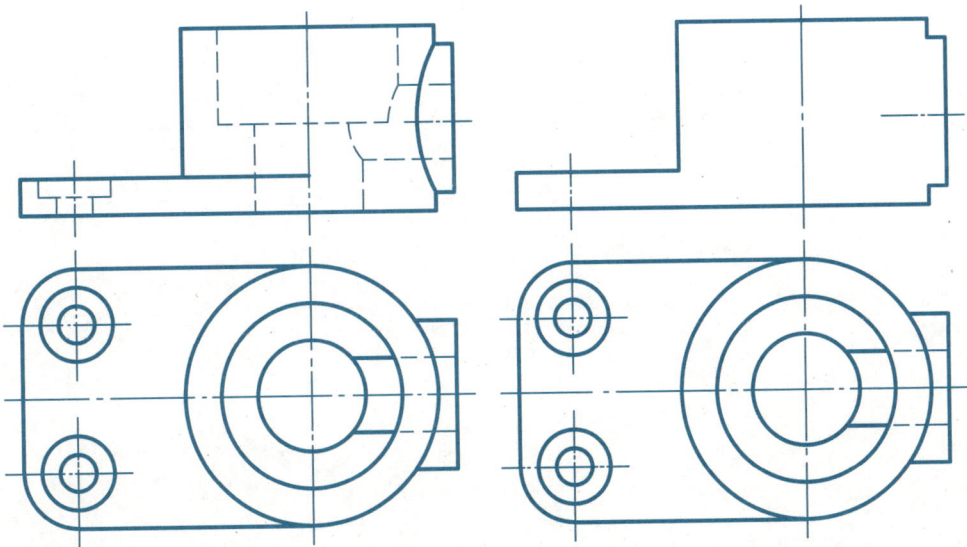

83

5-11 采用平行剖切平面，将主视图重新画成全剖视图，并作标记

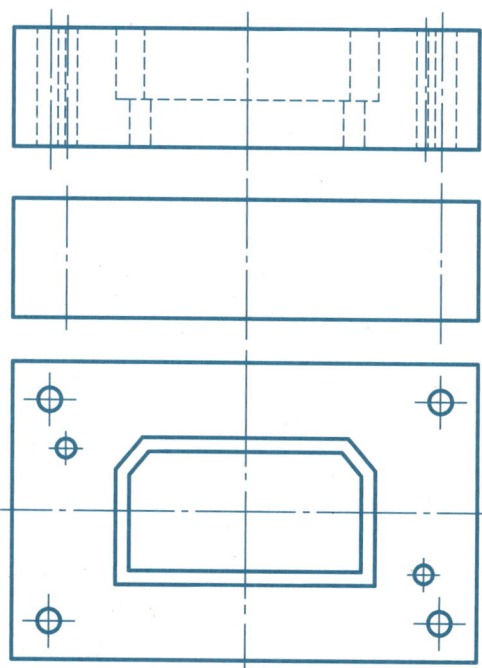

5-12 采用相交剖切平面，将主视图重新画成全剖视图，并作标记

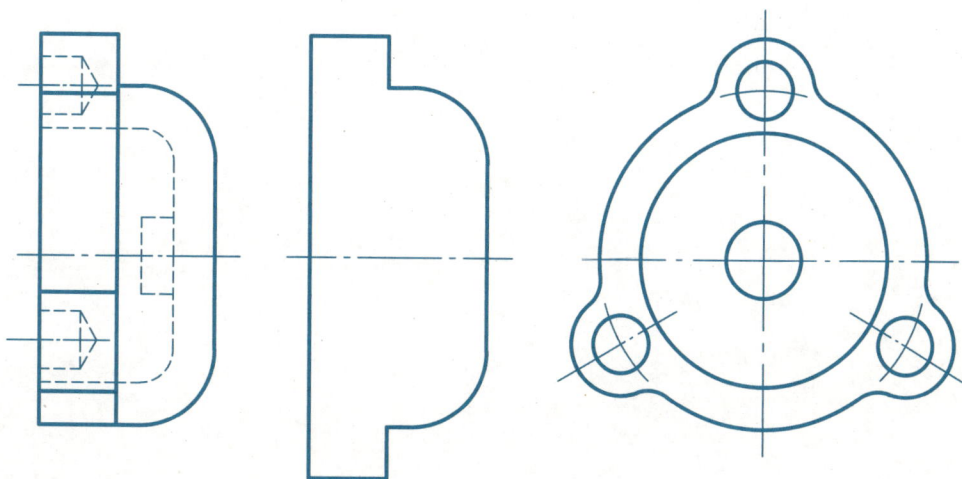

85

班级_____ 学号_____ 姓名_____

5-13 作指定位置的移出断面图

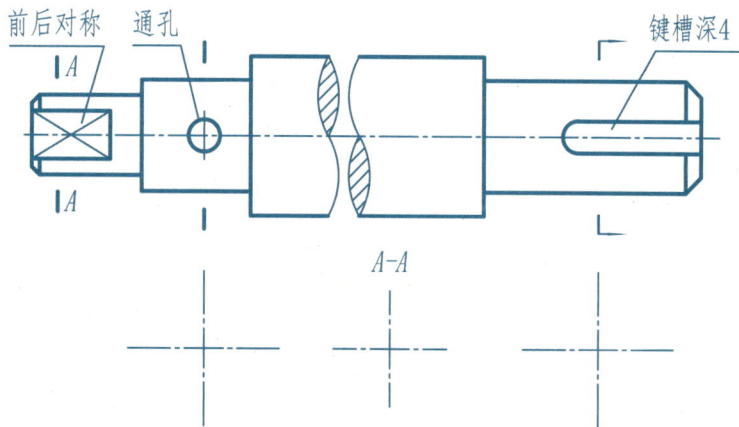

前后对称　通孔　　　　　　　键槽深4

A

A

$A-A$

5-14 在细点划线指定位置作肋板的重合断面图

5-15 在细点划线指定位置作肋板的移出断面图

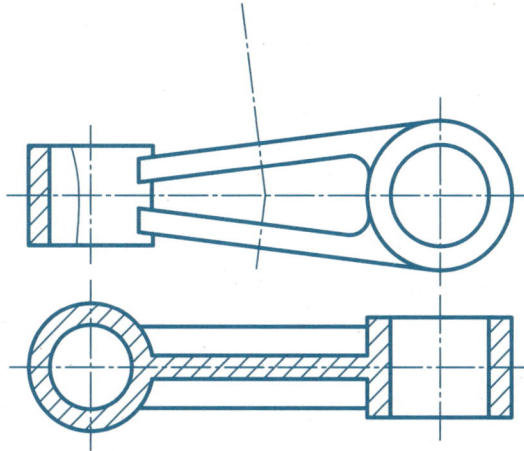

5-16 在细点划线指定位置作手柄的重合断面图

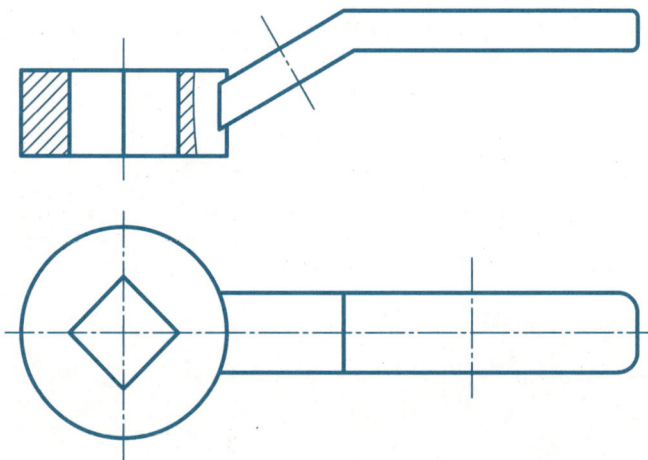

班级_____   学号_____   姓名_____

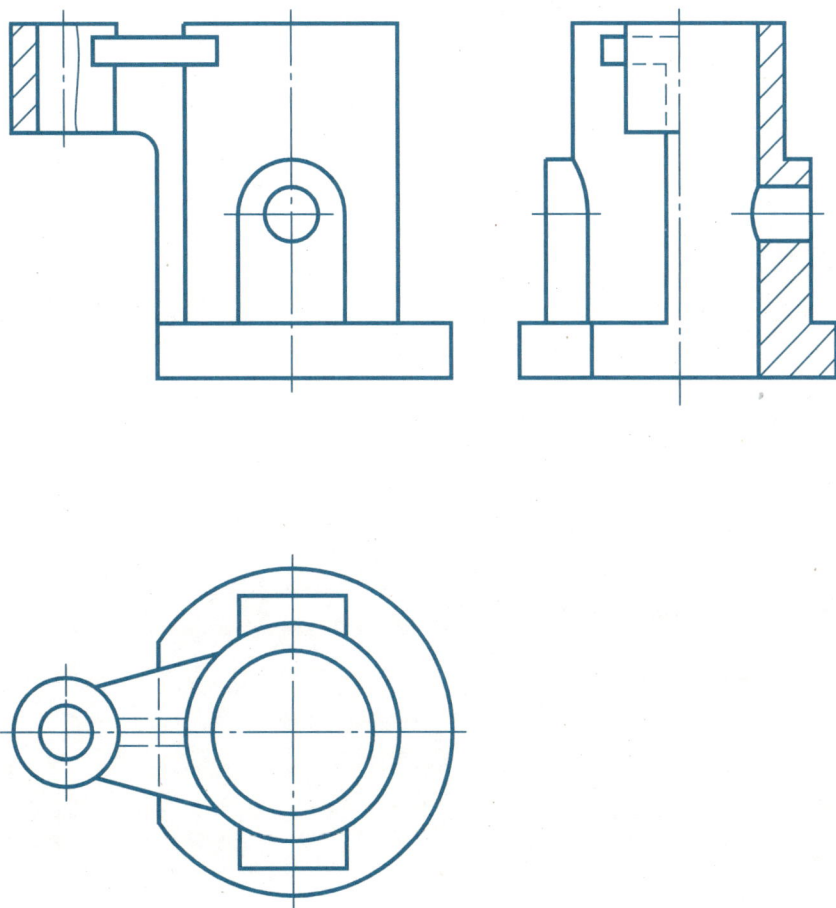

班级_____ 学号_____ 姓名_____

5-18 按第三角画法画出立体的主视图、俯视图和右视图，并在标题栏中画出投影识别符号

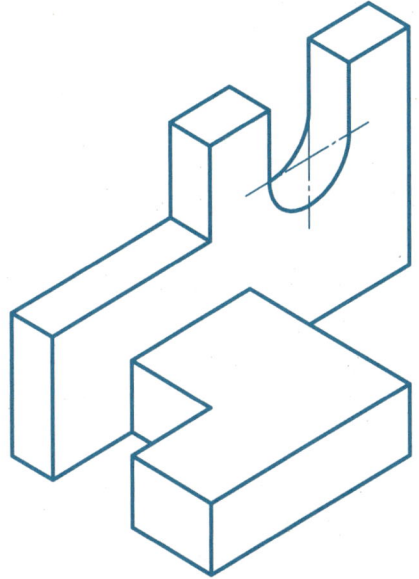

标记	处数	分区	更改文件号	签名	年月日					(单位名称)
							45			
设计			标准化				阶段标记	重量	比例	(图样名称)
校对						B		50	1:5	(图样代号)
审核										
工艺			批准			共　　张　第　　张				

班级_____　　学号_____　　姓名_____

5-19 （第2次大作业，图样名称：机件1，图样代号：DZY-02）采用1∶1的比例和适当的表示方法，
　　　在A3图纸上画出机件的视图，并标注尺寸

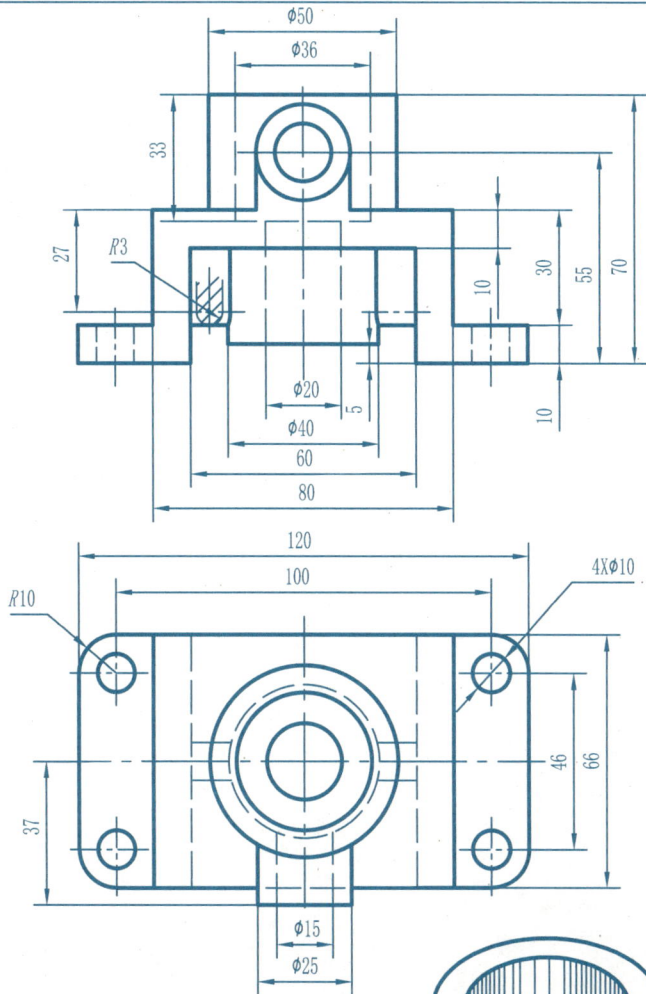

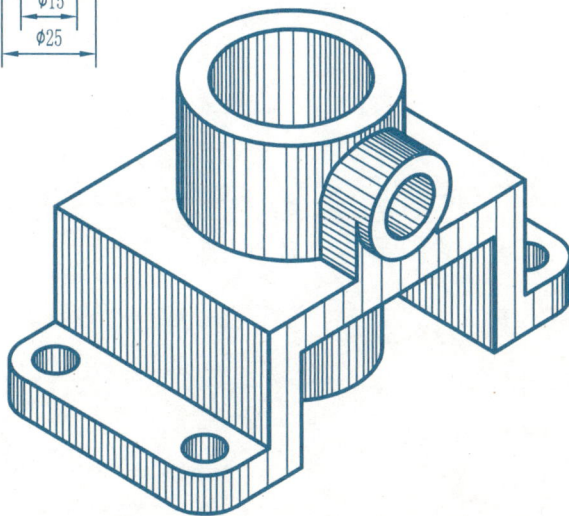

第 6 章

常用机件及结构要素的特殊表示法

6-1 下列外螺纹画法中正确的是（　　）

(A)

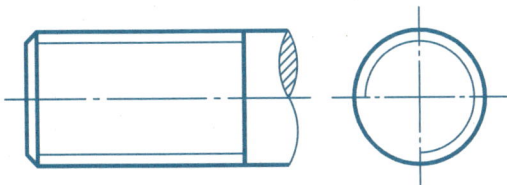

(B)

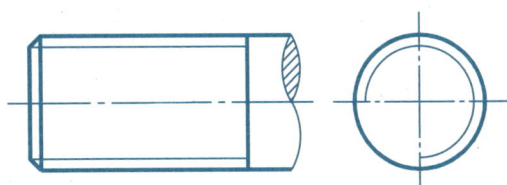

(C)

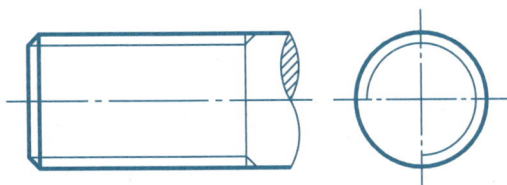

(D)

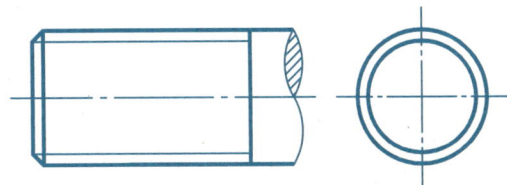

6-2 下列内螺纹画法中正确的是（　　）

(A)

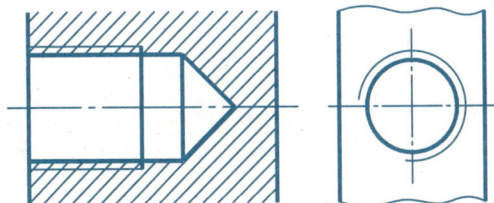

(B)

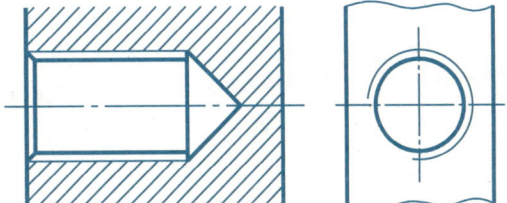

(C)

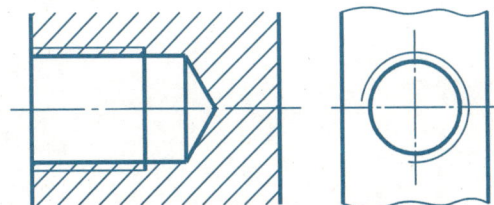

(D)

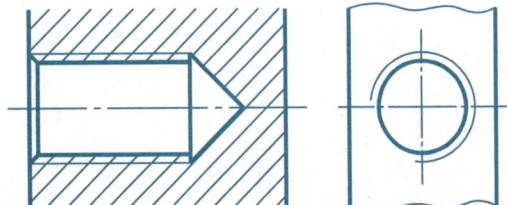

6-3 补画漏线,并标注(1) 、(2)图的尺寸(粗牙普通螺纹,1:1从图中测量尺寸)

(1)

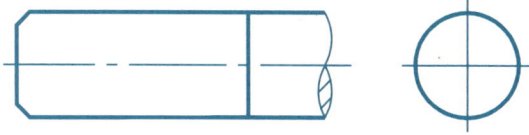

(3)

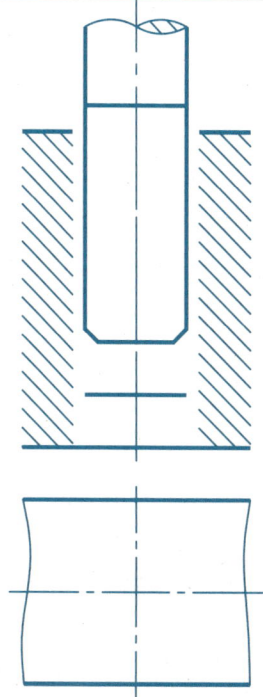

(2)

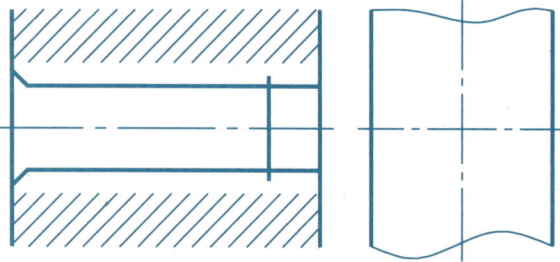

6-4 解释螺纹代号的意义

M20

M20X1.5

M: _____

20: _____

M: _____

20: _____

1.5: _____

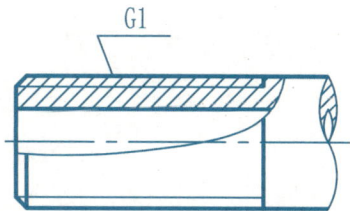

G1

G1: _____

大径: _____

小径: _____

R₁1/2

R₁1/2: _____

大径: _____

小径: _____

6-5 下列螺纹旋合画法正确的是（　　）

(A)

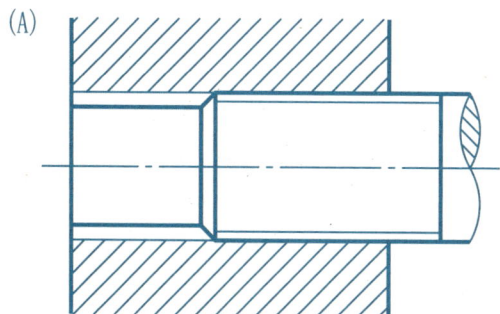

(B)

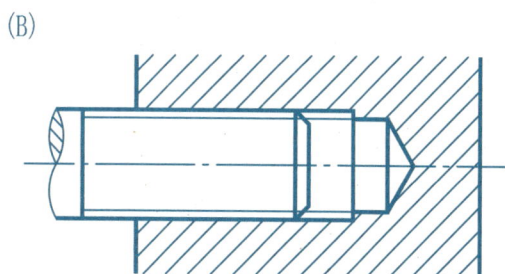

(C)

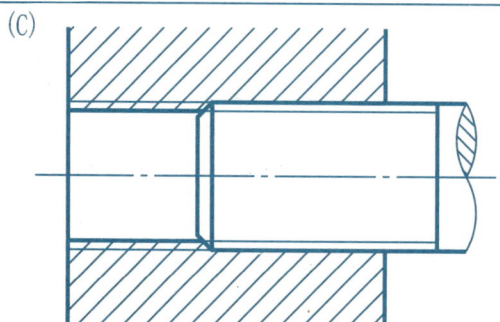

(D)

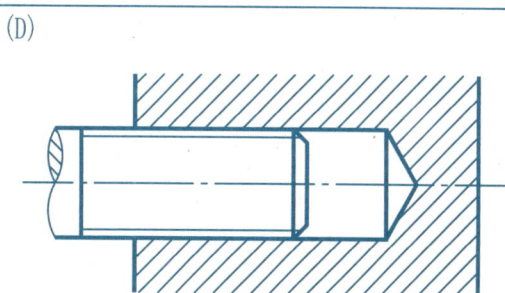

6-6 下列螺纹尺寸标注正确的是（　　）

(A)

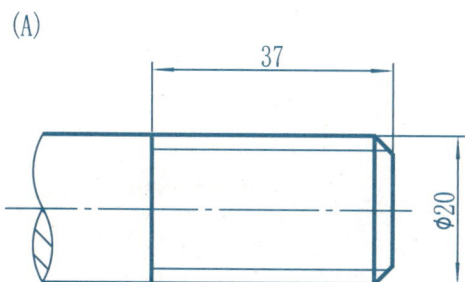

(B)

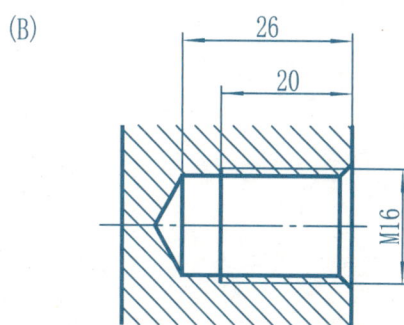

(C)

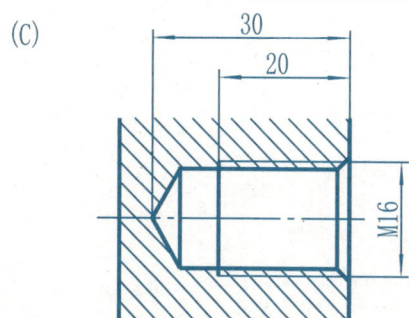

(D)

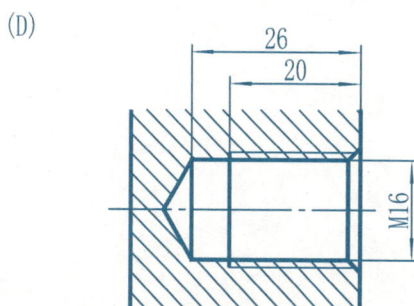

103

班级＿＿＿＿＿＿　　学号＿＿＿＿＿＿　　姓名＿＿＿＿＿＿

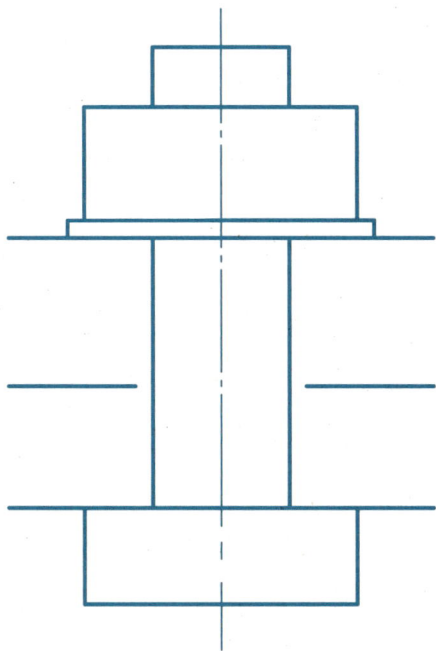
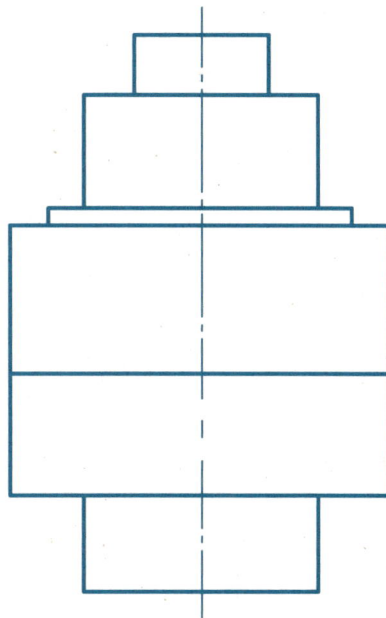
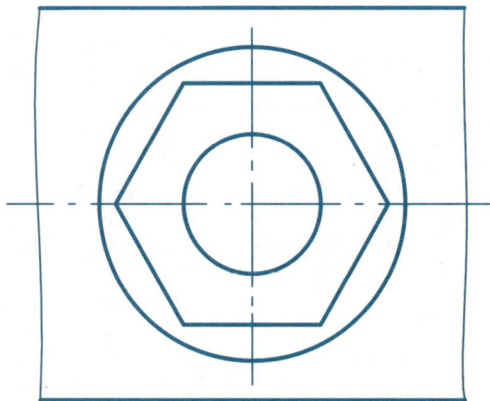

班级_____   学号_____   姓名_____

6-8 补画螺柱连接简化画法中的漏线

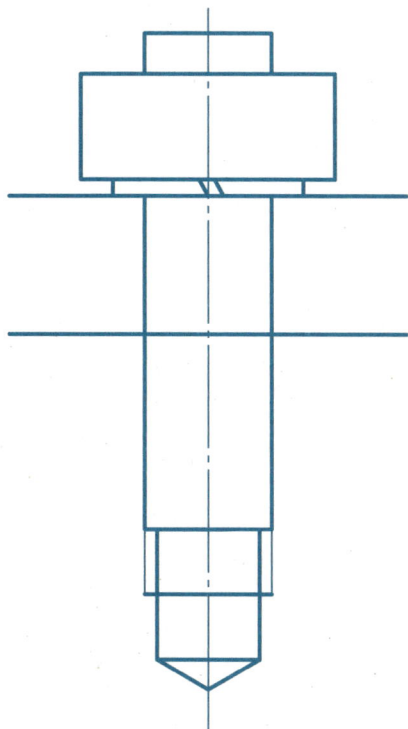

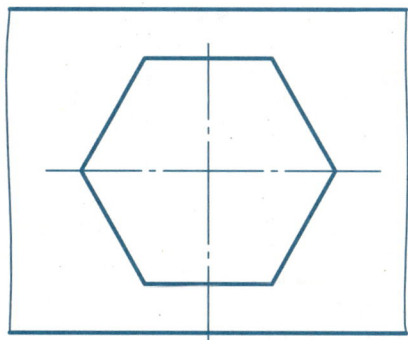

6-9 补画螺钉连接简化画法中的漏线

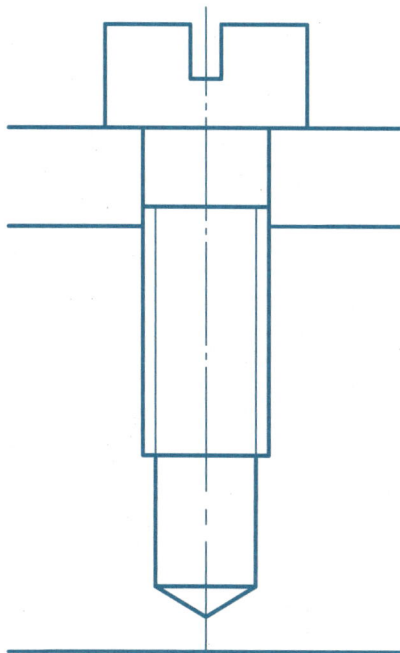

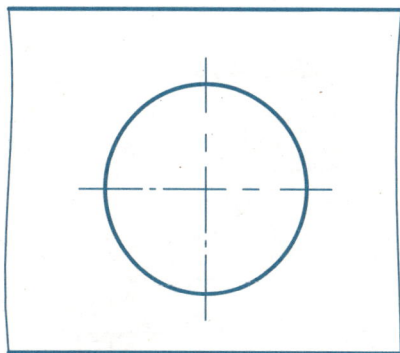

班级_____ 学号_____ 姓名_____

6-10 查表标注轴和轮上键槽的尺寸，并在（3）中画出其装配图（1∶1从图中测量尺寸）

(1)

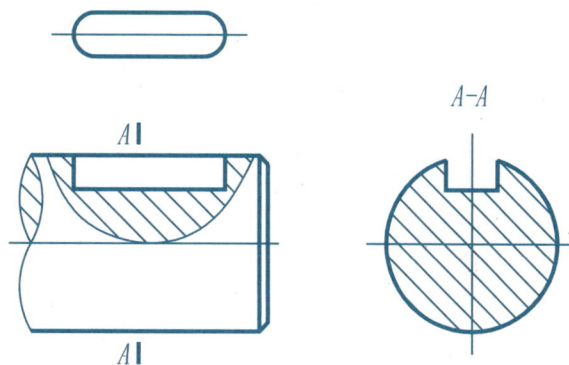

A-A

(2)

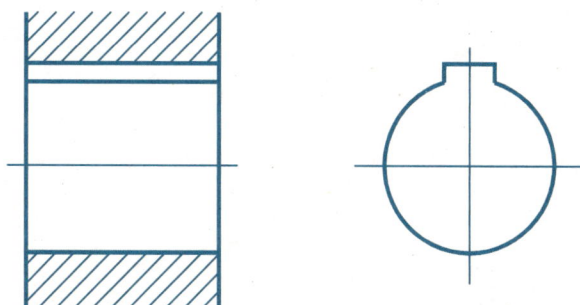

(3)

B I   B-B

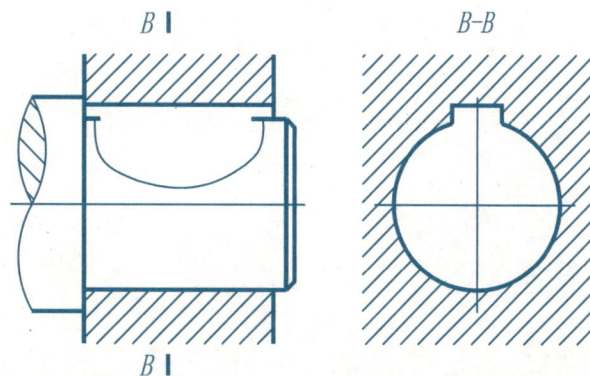

B I

6-11 补全直齿圆柱齿轮啮合主视图中的漏线

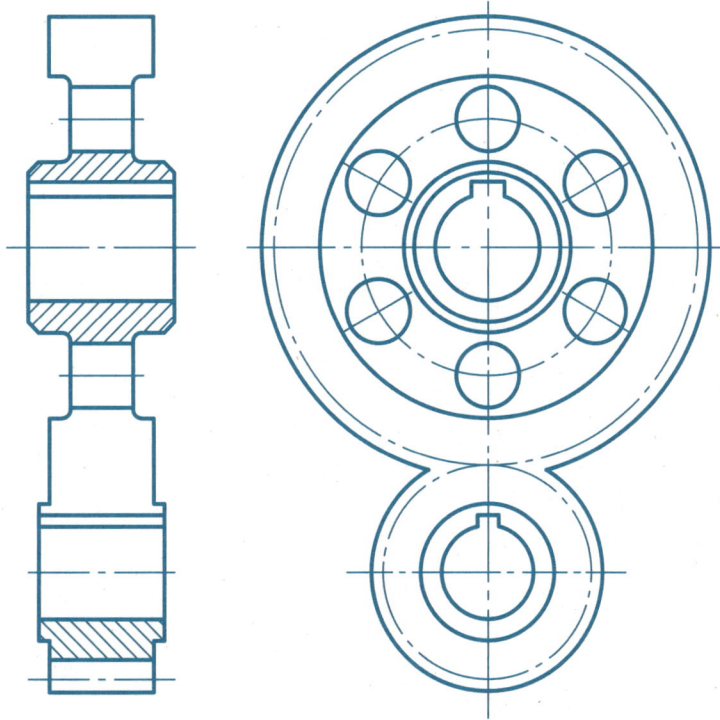

6-12 补全直齿圆柱齿轮的主视图和左视图(模数 $m=3$，齿数 $z=28$)

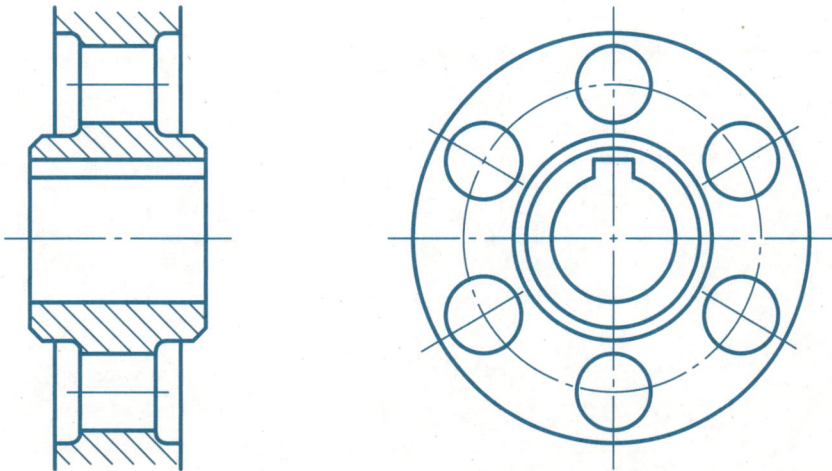

6-13 用特征画法画出装配图中的角接触球轴承

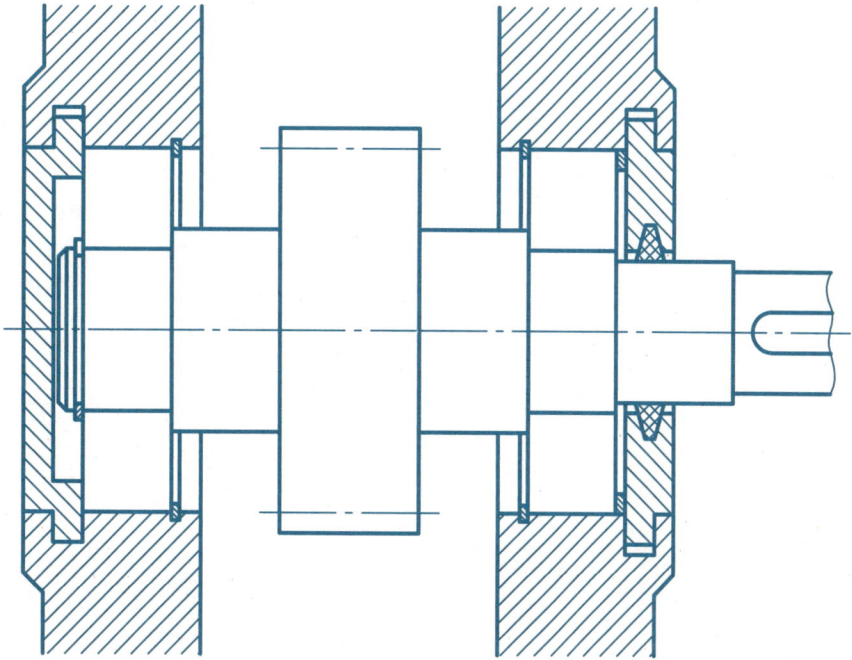

6-14 下图为深沟球轴承装配图,将上端按规定画法绘制,下端按通用画法绘制

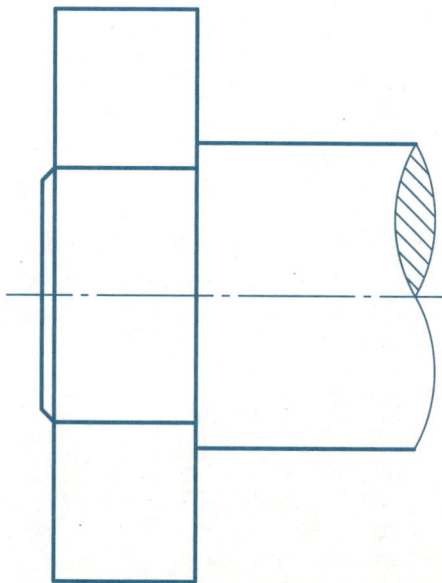

班级_____ 学号_____ 姓名_____

第7章

零件图

7-1 画出盘类零件俯视图的外形图,并标注尺寸（按标题栏比例测量尺寸）

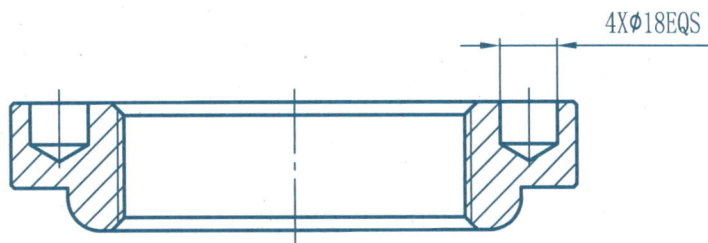

4X∅18EQS

标记	处数	分区	更改文件号	签名	年月日				
设计			标准化						
校对									
审核									
工艺			批准						

45

活塞锁帽

（单位名称）

阶段标记	重量	比例
		1：2

07-01

共 1 张　　第 1 张

（投影符号）

班级_____　　学号_____　　姓名_____

7-2 标注轴类零件的尺寸（按标题栏比例测量尺寸），并补画断面图

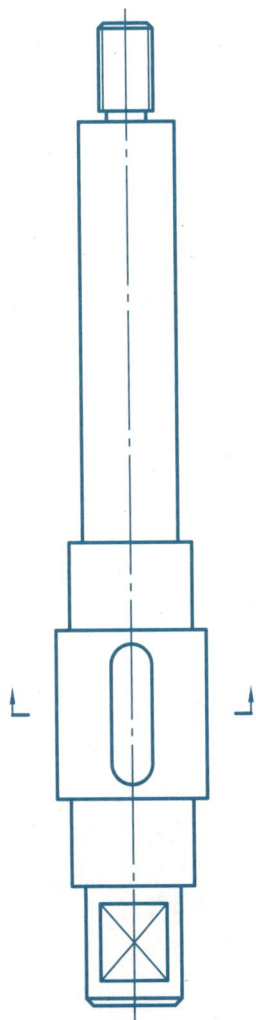

标记	处数	分区	更改文件号	签名	年月日					（单位名称）
						45				
										轴
设计			标准化			阶段标记		重量	比例	
校对										07-02
审核									1：1	
工艺			批准			共 1 张　第 1 张				（投影符号）

班级_____　　学号_____　　姓名_____

7-3 画出箱体类零件的 *A* 向和 *B* 向外形图，并标注尺寸（按标题栏比例测量尺寸）

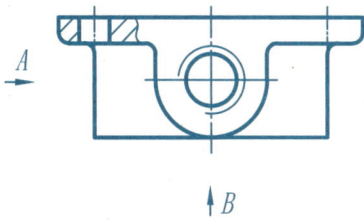

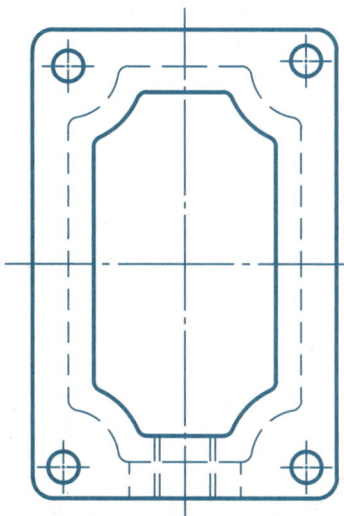

标记	处数	分区	更改文件号	签名	年月日			Q235			(单位名称)
设计			标准化								接油箱
校对						阶段标记		重量	比例		
审核									1:2		07-03
工艺			批准			共 1 张		第 1 张			(投影符号)

班级_____　　　学号_____　　　姓名_____

121

(1)

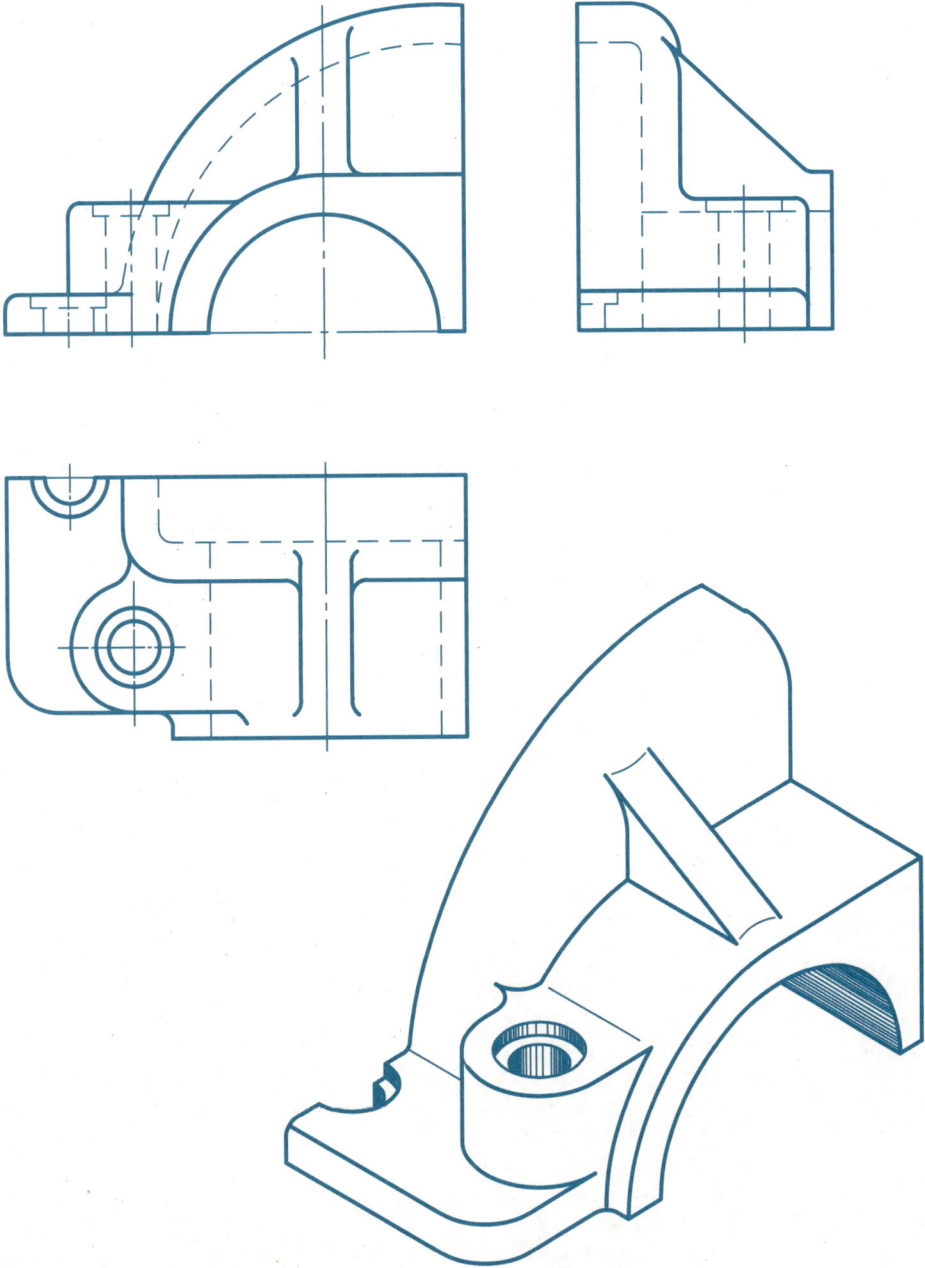

班级_____   学号_____   姓名_____

(2)

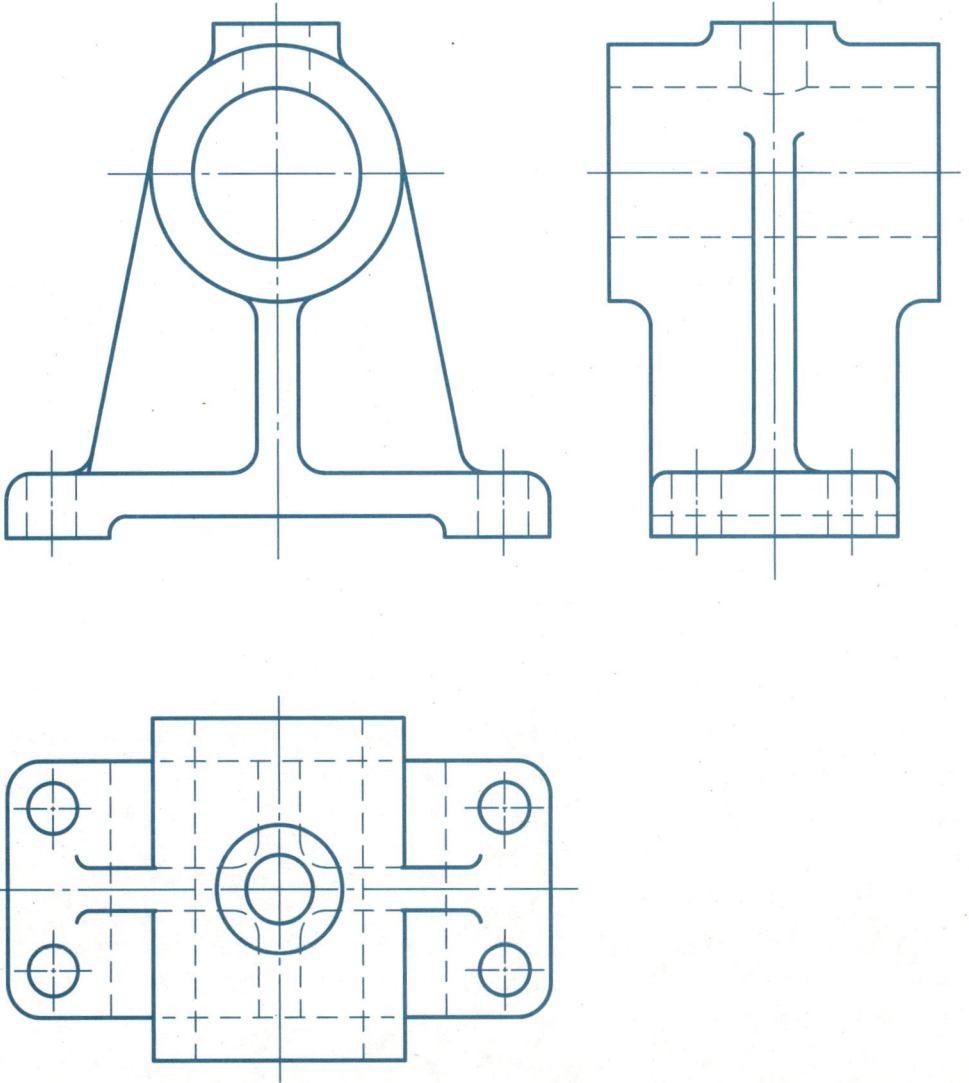

7-5 在(b)中标注零件的尺寸和粗糙度(1:1从图中测量尺寸)

表面	A	B	C	D	其余
Ra	3.2	1.6	3.2	6.3	12.5

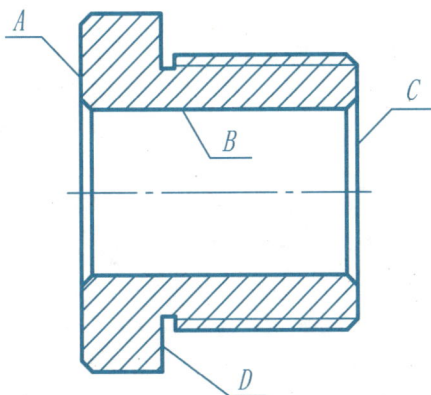

(a)

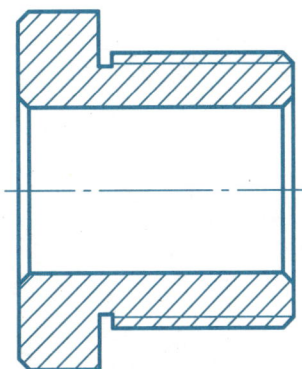

(b)

7-6 在(b)中标注零件的粗糙度

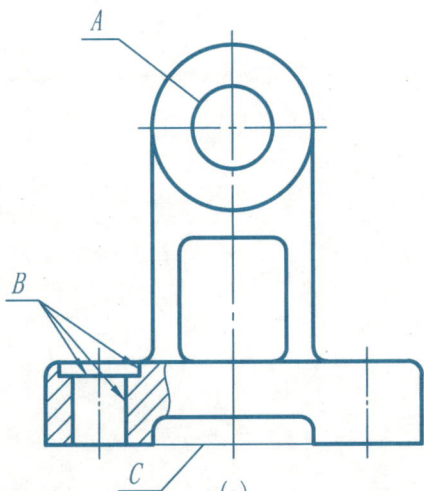

(a)

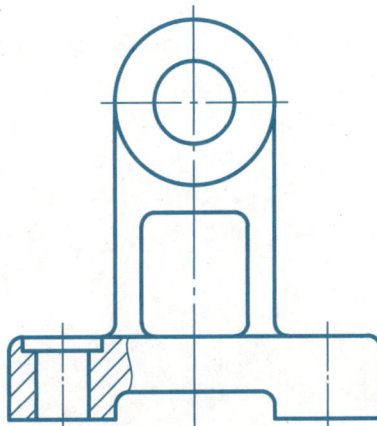

(b)

表面	A	B	C	其余
Ra	3.2	12.5	12.5	不加工

班级_____ 学号_____ 姓名_____

7-7 根据装配图上的尺寸标注,分别在零件图上标注出相应的基本尺寸和极限偏差,并解释配合代号的意义

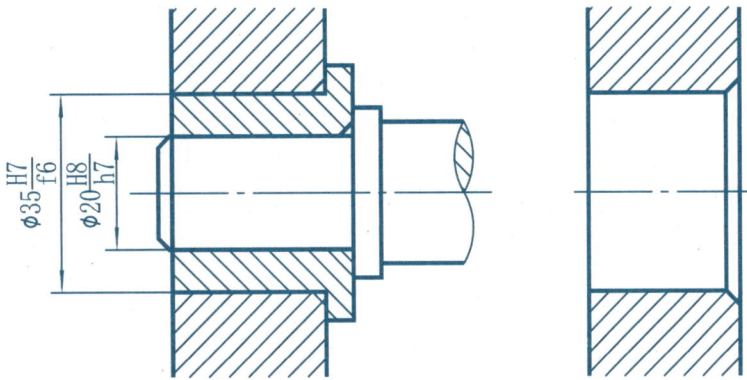

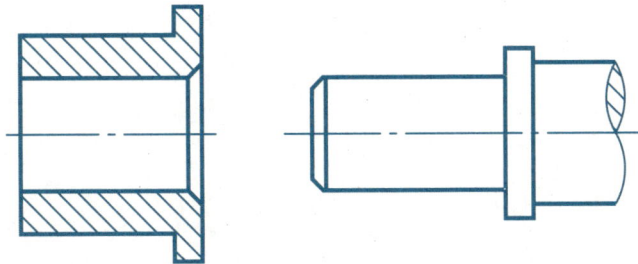

$\phi35\dfrac{H7}{f6}$ _____

_____

$\phi20\dfrac{H8}{h7}$ _____

_____

班级_____ 学号_____ 姓名_____

7-8 已知轴与孔的基本尺寸为 φ35,采用基轴制,轴的公差等级为IT6,孔的公差等级为IT7,偏差代号为N,要求在零件图上标注基本尺寸和极限偏差,在装配图上标注基本尺寸和配合代号

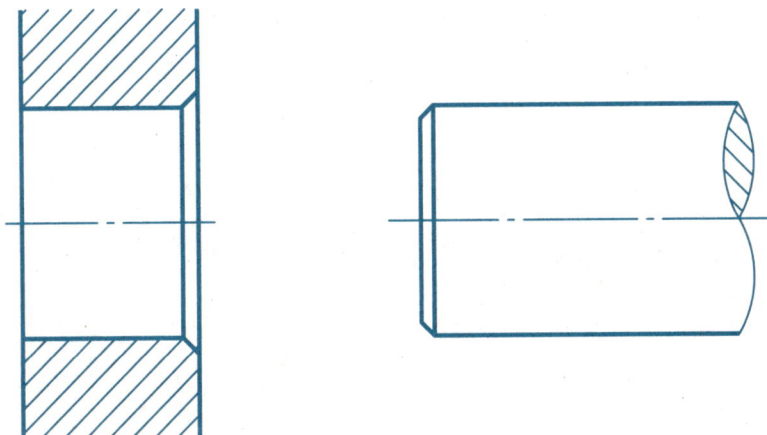

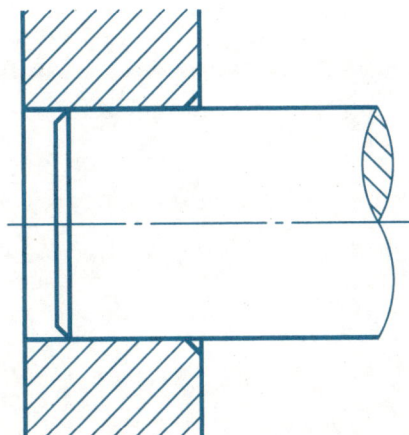

7-9 将形位公差的解释填入表中

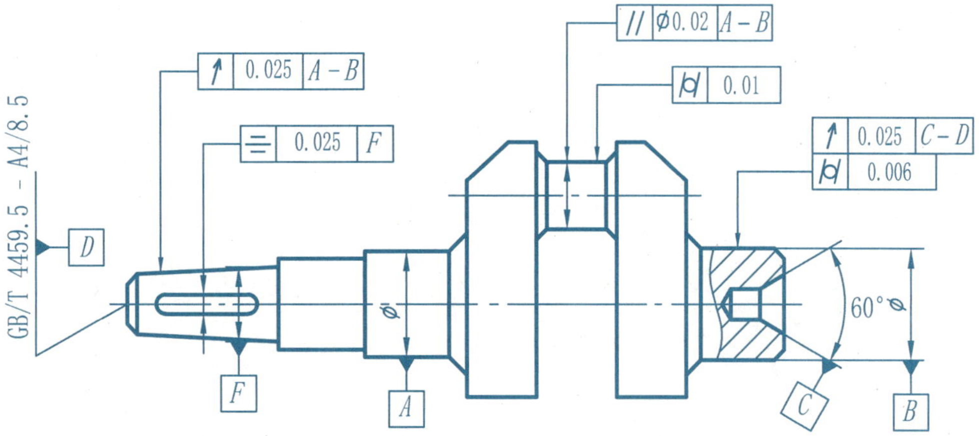

	公差名称	被测要素	基准要素	公差带形状	公差带大小	公差带方向	公差带位置
⌭ 0.006							
↗ 0.025 C−D							
⌭ 0.01							
// Ø0.02 A−B							
⌯ 0.025 F							
↗ 0.025 A−B							

班级＿＿＿＿＿＿　学号＿＿＿＿＿＿　姓名＿＿＿＿＿＿

7-10（第3次大作业，图样名称：管接头，图样代号：DZY-03）选取适当的比例和表达方法，在A3图纸上画出管接头的零件图（标注精度要求），1:1从视图中测量尺寸

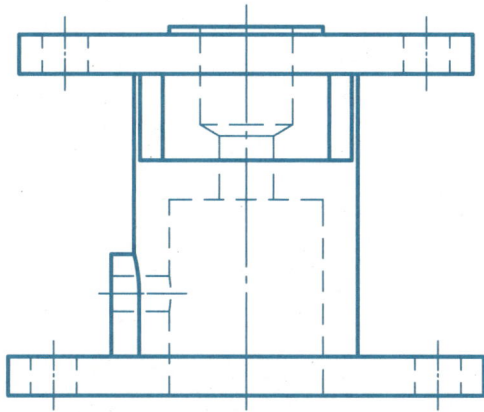

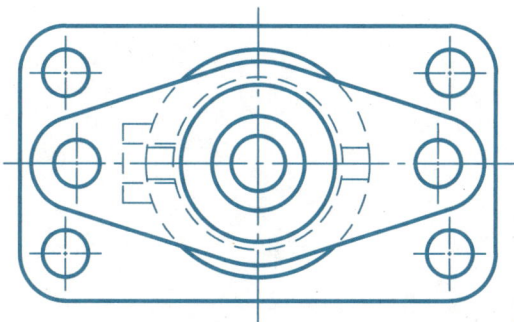

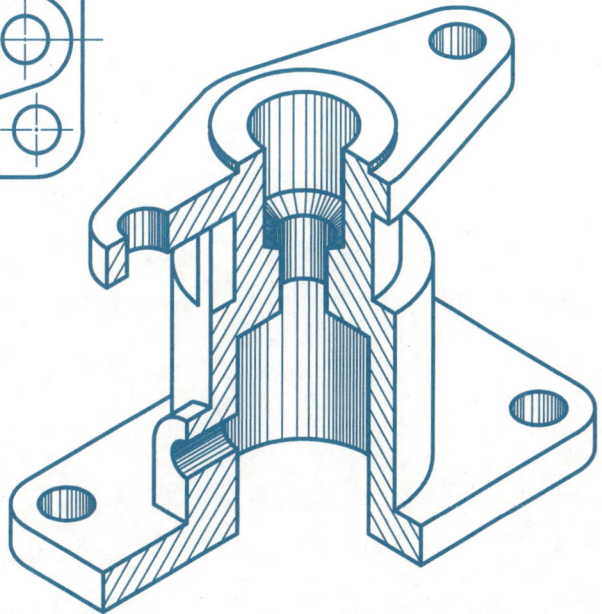

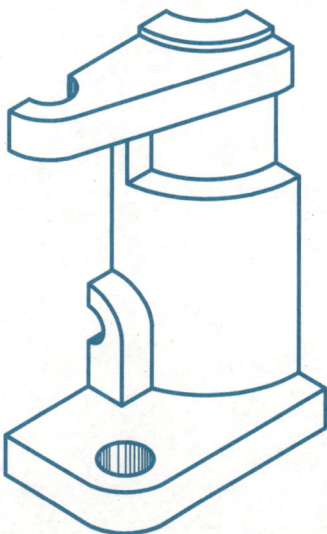

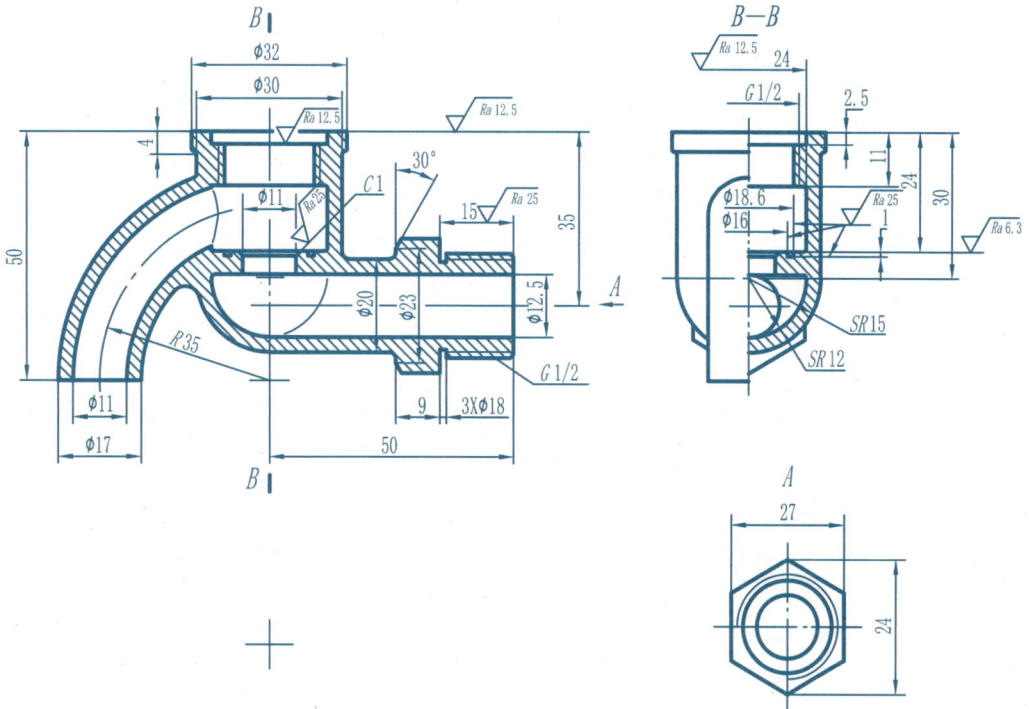

B

φ32
φ30
Ra 12.5
Ra 12.5
4
φ11
Ra 25
C1
30°
Ra 25
15
Ra 25
50
35
R35
φ20
φ23
A
φ12.5
φ11
φ17
9
3Xφ18
G 1/2
50
B

B—B
Ra 12.5
24
G 1/2
2.5
11
24
30
φ18.6
φ16
Ra 25
1
Ra 6.3
SR15
SR12

A
27
24

技术要求

1. 铸件经人工时效处理。
2. 经588 000 Pa水压试验，停留3 min，不得渗漏。
3. 未注圆角R3。
4. 外表面涂黑油漆。

√ (√)

标记	处数	分区	更改文件号	签名	年月日		HT200			(单位名称)
设计	(签名)	(年月日)	标准化	(签名)	(年月日)					阀体
制图						阶段标记	重量	比例		
审核								1:1		(图样代号)
工艺			批准			共 张 第 张				(投影符号)

班级_____ 学号_____ 姓名_____

137

第 8 章

装配图

8-1 （第4次大作业，图样名称：千斤顶或定位器，图样代号：DZY-04）从（1）和（2）中任选一题
画装配图

(1)千斤顶

作业说明:根据装配示意图和零件图绘制装配图,图纸幅面和比例自选。

工作原理:千斤顶是顶起重物的部件,使用时只需逆时针方向转动旋转杆3,起重螺杆2就向上移动,
并将物体顶起。

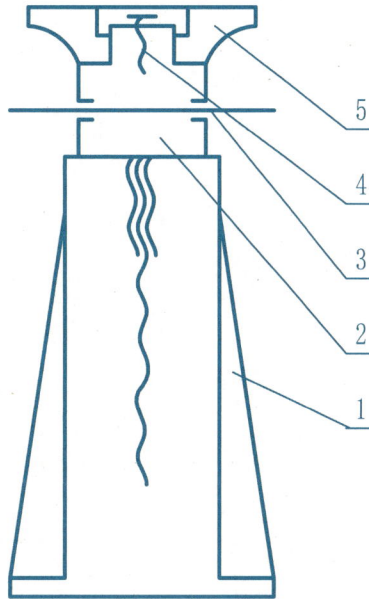

5	05	顶　盖	1	45			
4	04	螺　钉	2	35			
3	03	旋　转　杆	4	45			
2	02	起　重　螺　杆	1	45			
1	01	底　座	1	HT300			
序号	代　号	名　称	数量	材　料	单件 质量	总计	备　注

						(单位名称)
标记	处数	分区	更改文件号	签名	年月日	
设计			标准化			千斤顶装配示意图
制图				阶段标记　重量　比例		(图样代号)
审核						
工艺			批准	共　张　　第　张		(投影符号)

班级_____　　学号_____　　　姓名_____

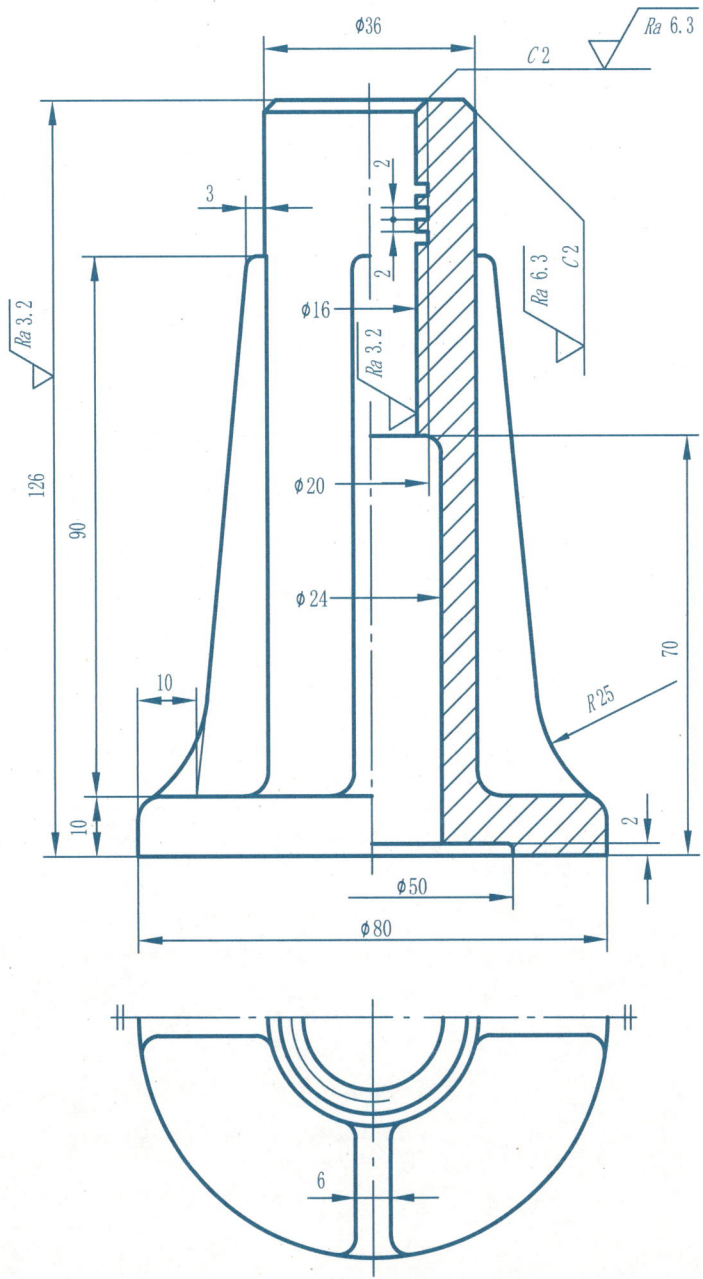

φ36

C2

Ra 6.3

3

2

2

φ16

Ra 3.2

C2

Ra 6.3

Ra 3.2

126

90

φ20

φ24

70

10

R25

10

2

φ50

φ80

6

铸造圆角 R2

√ (√)

底座	比例	1:1	序号	1
	件数	1	材料	HT300

班级_____ 　学号_____ 　姓名_____

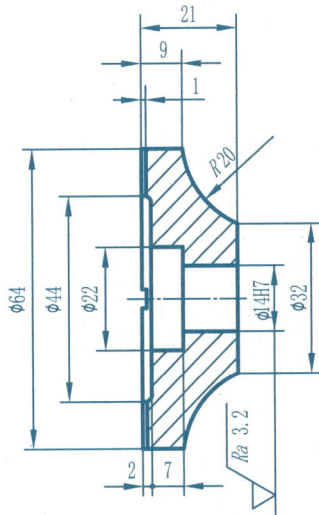

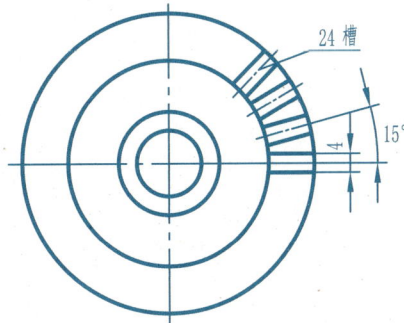

24 槽

15°

$\sqrt{Ra\ 12.5}$ ($\sqrt{}$)

顶盖	比例	1:1	序号	5
	件数	1	材料	45

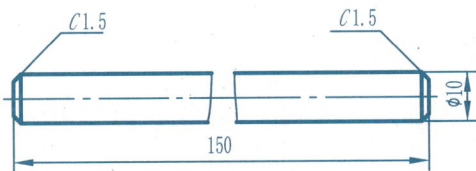

$\sqrt{Ra\ 6.3}$

旋转杆	比例	1:1	序号	3
	件数	1	材料	45

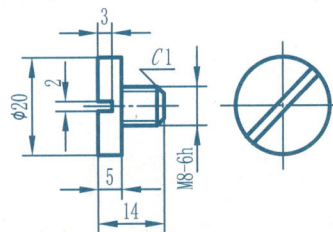

$\sqrt{Ra\ 3.2}$

螺钉	比例	1:1	序号	4
	件数	1	材料	35

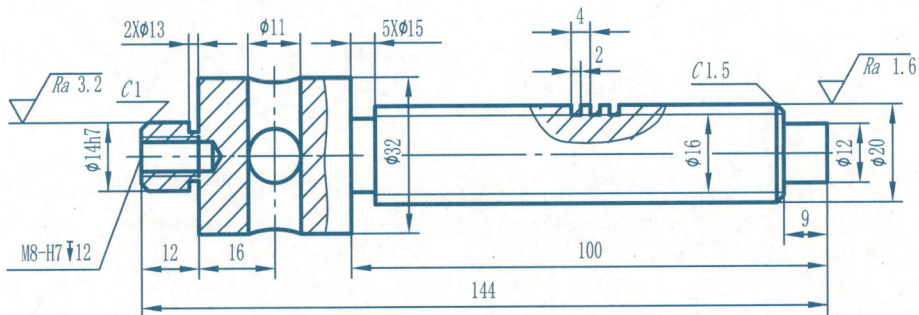

$\sqrt{Ra\ 6.3}$ ($\sqrt{}$)

起重螺杆	比例	1:1	序号	2
	件数	1	材料	45

班级_____   学号_____   姓名_____

（2）定位器

作业说明：根据装配示意图和零件图绘制装配图，图纸幅面和比例自选。

工作原理：定位器安装在仪器的机箱内壁上。工作时，定位轴的一端插入被固定零件的孔中，当该零件需要变换位置时，应拉动把手7，将定位轴从该零件的孔中拉出，松开把手后，压簧4使定位轴回复原位。

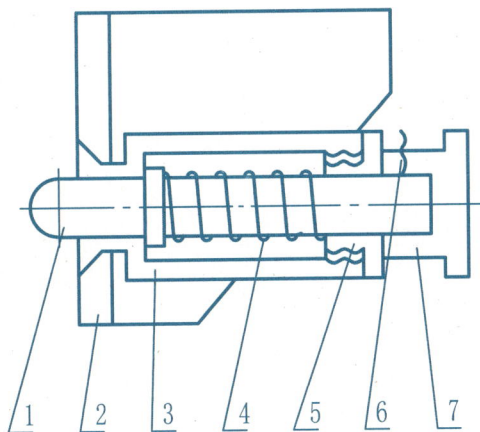

7	05	把 手	1	塑 料			
6	GB/T 71—2018	螺 钉 M2.5×4	1	35			
5	04	盖	1	15			
4	GB/T 2089—2009	压簧 YA 0.5×6.5×13	1	50			
3	03	套 筒	1	45			
2	02	支 架	1	35			
1	01	定 位 轴	1	45			
序号	代　号	名　称	数量	材　料	单件　总计		备注
					质　量		

						（单位名称）
标记	处数	分区	更改文件号	签名	年月日		定位器装配示意图
设计	（签名）	（年月日）	标准化	（签名）	（年月日）	阶段标记　重量　比例	
制图							（图样代号）
审核							
工艺			批准			共　张　第　张	（投影符号）

班级_____　　学号_____　　姓名_____

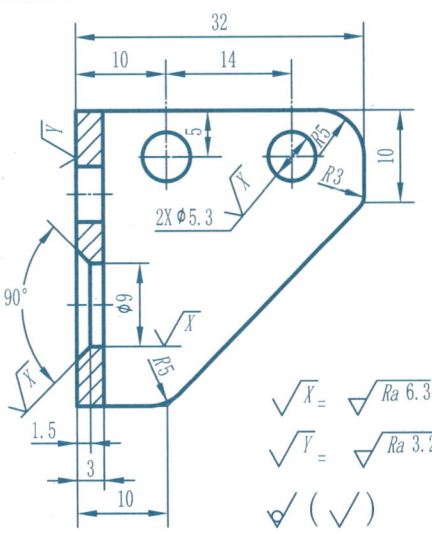

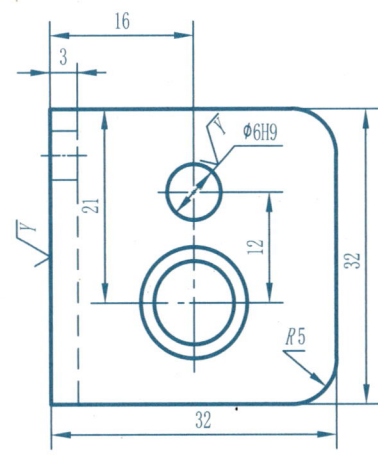

支架　比例 2:1　序号 2　件数 1　材料 35

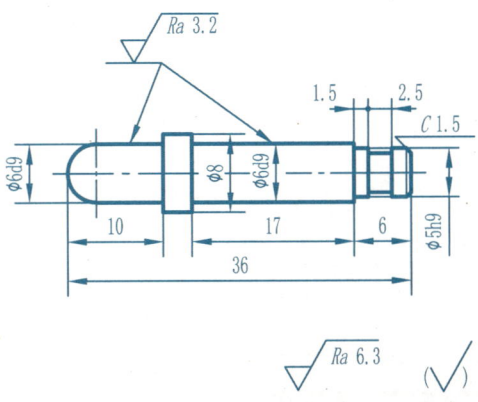

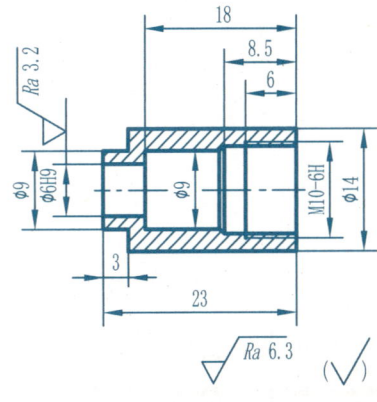

$X = Ra\,6.3$

$Y = Ra\,3.2$

$2X\,\phi5.3$

$90°$

$\phi9$

$R3$

$R5$

2X φ5.3

φ6H9

R5

$\sqrt{}$ ($\sqrt{}$)

Ra 3.2

C 1.5

$\phi6d9$　$\phi8$　$\phi6d9$　$\phi5h9$

$\sqrt{Ra\,6.3}$ ($\sqrt{}$)

定位轴　比例 2:1　序号 1　件数 1　材料 45

Ra 3.2

$\phi9$　$\phi6H9$　$\phi9$　M10-6H

$\sqrt{Ra\,6.3}$ ($\sqrt{}$)

套筒　比例 1:2　序号 3　件数 1　材料 45

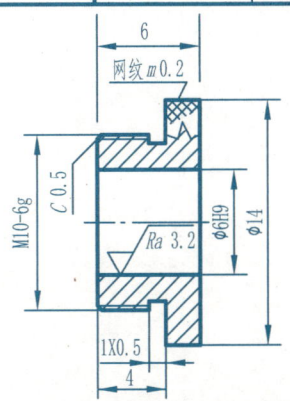

网纹 m0.2

C 0.5

M10-6g　$\phi6H9$　$\phi14$

Ra 3.2

1X0.5

$\sqrt{Ra\,6.3}$ ($\sqrt{}$)

盖　比例 4:1　序号 4　件数 1　材料 15

	比例		序号	
	件数		材料	

班级＿＿＿＿＿　学号＿＿＿＿＿　姓名＿＿＿＿＿

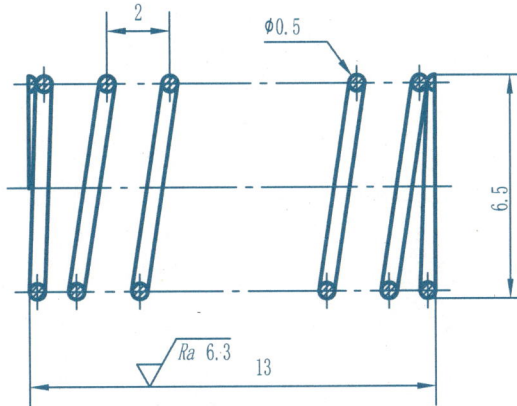

2 φ0.5

6.5

√Ra 6.3   13

√(√)

压簧	比例	5:1	序号	4
	件数	1	材料	50

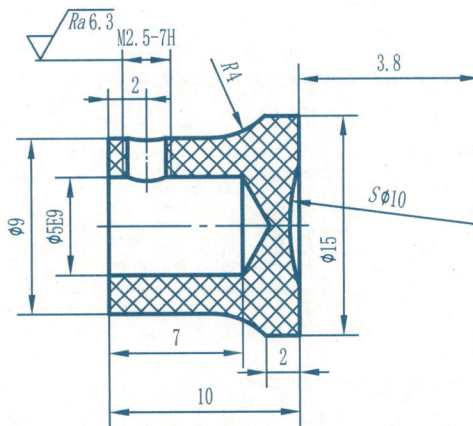

√Ra 6.3 M2.5-7H

2

R4

3.8

φ9 φ5E9

Sφ10

φ15

7 2

10

√(√)

把手	比例	4:1	序号	5
	件数	1	材料	塑料

151

班级_____ 学号_____ 姓名_____

8-2 （第5次大作业，图样名称：管接头，图样代号：DZY-05）在A4图纸上，选择合适的比例，根据阀的装配图拆画6号管接头的零件图(1：1从图中测量尺寸)

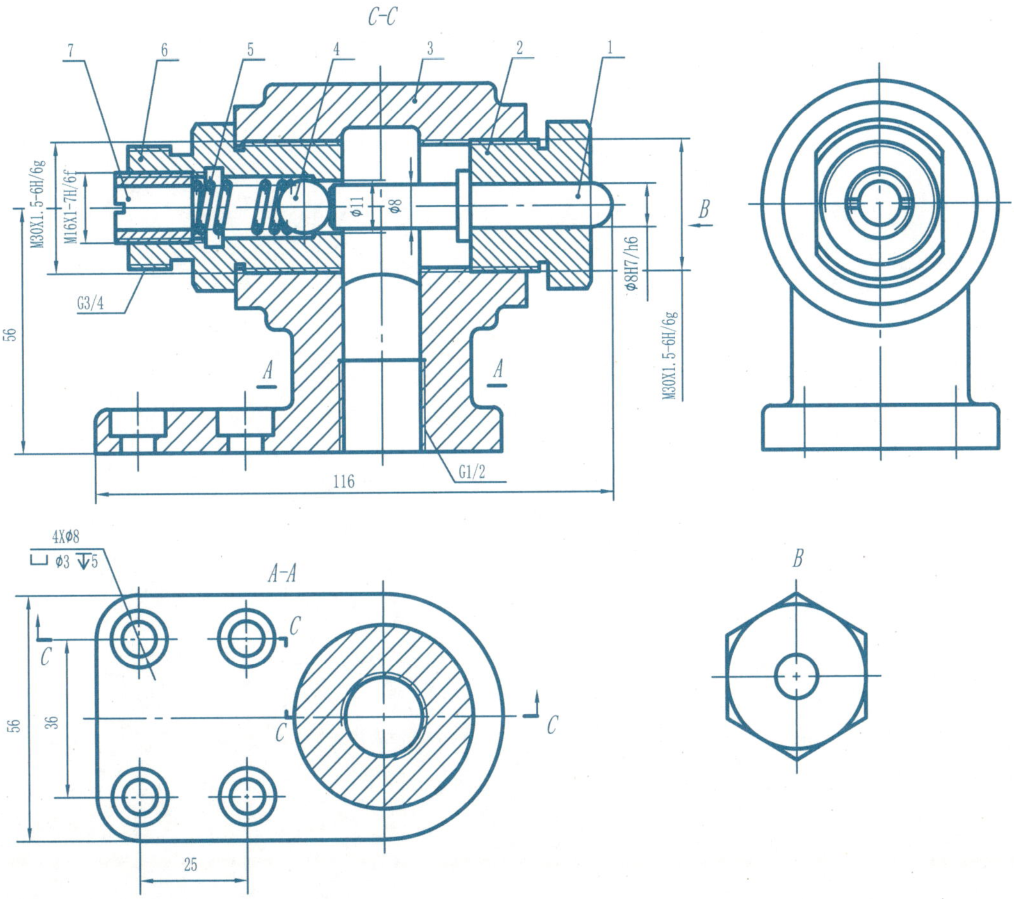

C-C

M30X1.5-6H/6g
M16X1-7H/6f
G3/4
56
116
G1/2
φ11
φ8
φ8H7/h6
M30X1.5-6H/6g
B

4X φ8
□ φ3 ▽5
A-A
56
36
25
C

B

作业说明：看懂阀的装配图，并拆画6号零件管接头的零件图。

工作原理：阀安装在管路系统中，用以控制管路的"通"或"不通"。当杆1受外力作用向左移动时，钢珠4压缩压簧5，阀门被打开；当去掉外力时，钢珠在弹簧作用下将阀门关闭。

序号	代 号	名 称	数量	材 料	单件	总计	备注
					质量		
7	07	旋 塞	1	35			
6	DZY-06	管接头	1	35			
5	GB/T 2089－2009	压 簧 YA 1×12×26	1	65			
4	04	钢 珠	1	45			
3	03	阀 体	1	HT200			
2	02	塞 子	1	35			
1	01	杆	1	35			

标记	处数	分区	更改文件号	签名	年月日			（单位名称）
设计	（签名）	（年月日）	标准化	（签名）	（年月日）	阶段标记	重量	比例
制图								1:1.5
审核								
工艺			批准			共 张	第 张	

阀

（图样代号）

（投影符号）

班级＿＿＿＿＿ 学号＿＿＿＿＿ 姓名＿＿＿＿＿

8-3 （第6次大作业，图样名称：阀盖，图样代号：DZY-06）在A4图纸上，选择合适的比例，根据水龙头的装配图拆画5号零件阀盖的零件图(1：1从图中测量尺寸)

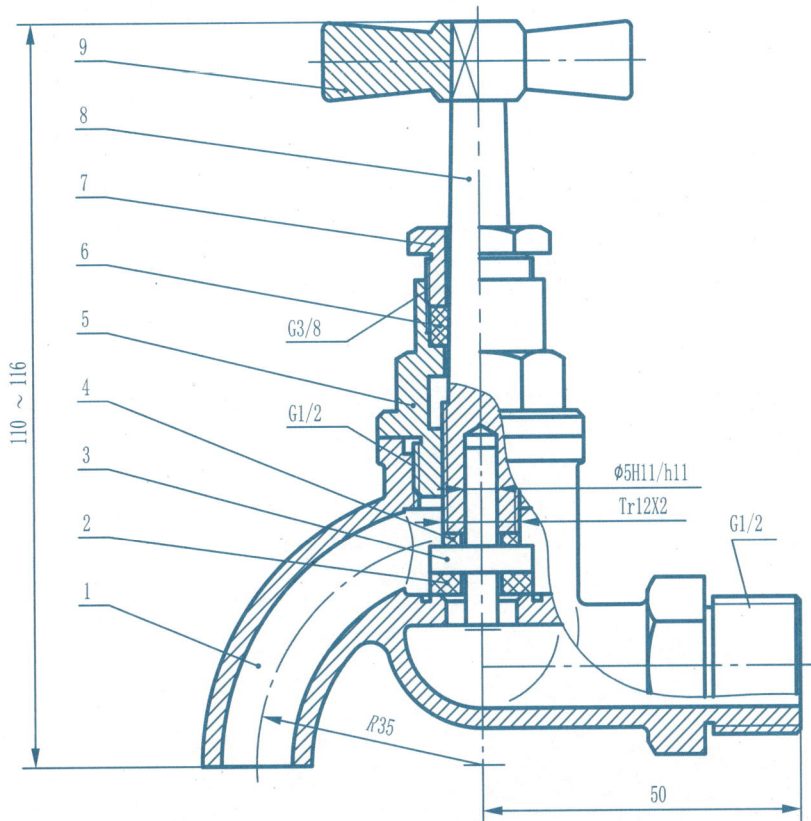

技术要求

1. 装配后经392 000 Pa水压试验，停留3 min，不得渗漏。
2. 使用时忌油和其他腐蚀性介质。

9	09	把 手	1	Q235		
8	08	阀 杆	1	Q235		
7	07	压 盖	1	Q235		
6	06	填 料	1	石棉		
5	DZY-07	阀 盖	1	Q235		
4	04	垫 圈	1	橡胶		
3	03	阀 瓣	1	Q235		
2	02	阀瓣垫	1	橡胶		
1	01	阀 体	1	HT300		
序号	代 号	名 称	数量	材 料	单件 总计 质 量	备 注

标记	处数	分区	更改文件号	签名	年月日				(单位名称)
设计	(签名)	(年月日)	标准化	(签名)	(年月日)	阶段标记	重量	比例	15 mm 水龙头
制图								1:1	(图样代号)
审核									
工艺			批准			共 张 第 张			(投影符号)

班级_____ 学号_____ 姓名_____

第 9 章

图论基础

9-1 画出下列物体的正等轴测图

(1)

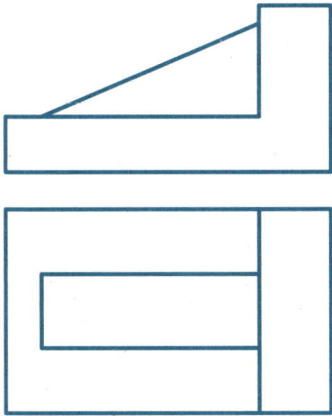

(2)

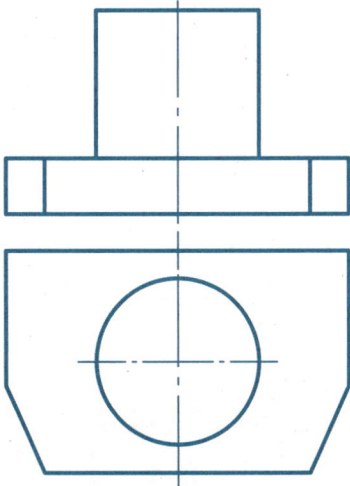

(3)

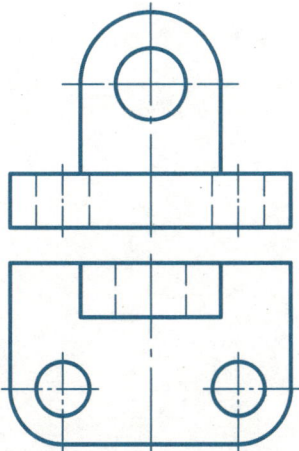

9-2 画出下列物体的正等轴测图

(1)
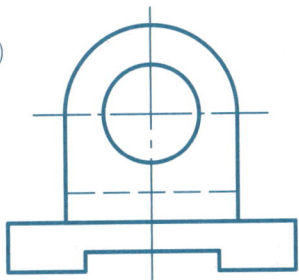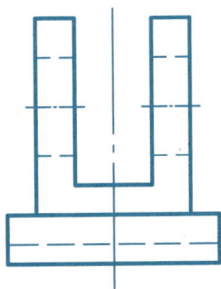

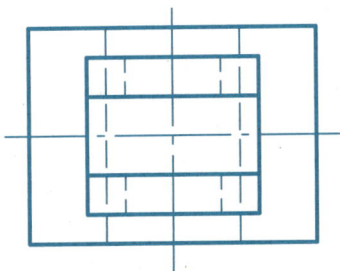

(2)
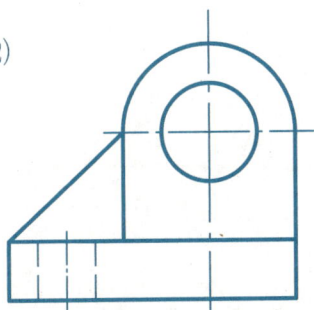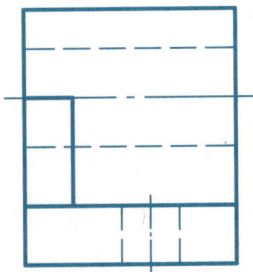

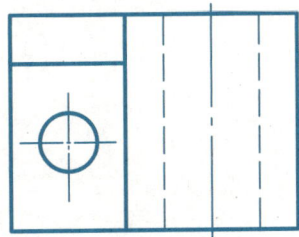

班级＿＿＿＿＿＿　　学号＿＿＿＿＿＿　　姓名＿＿＿＿＿＿

9-3 画出下列物体的斜二等轴测图

(1)
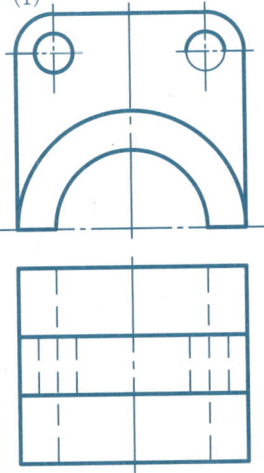

(2)
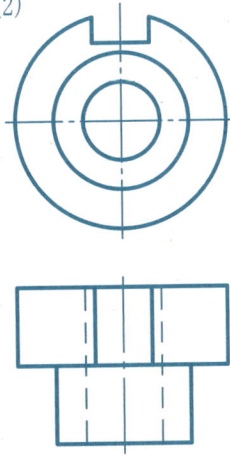

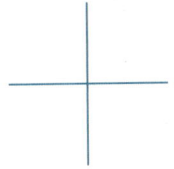

(3)
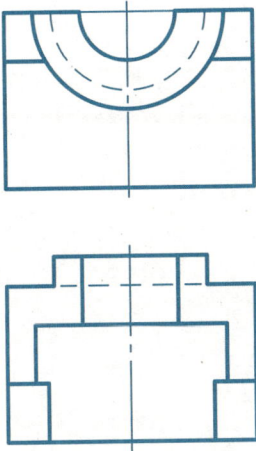

(4)
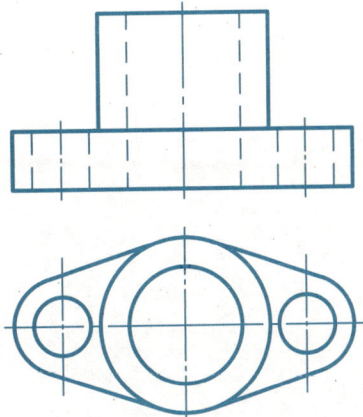

163

第 10 章

AutoCAD绘图基础

10-1 分析下列图形的画法，在计算机上利用AutoCAD软件抄画平面图形，并标注尺寸

(1)

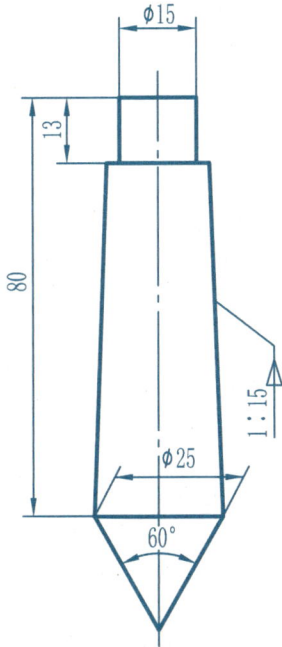

(2)

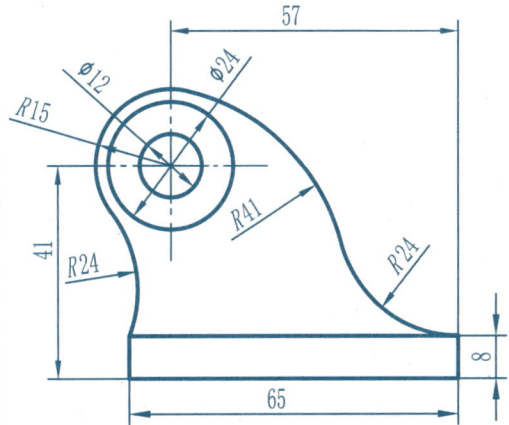

(3)

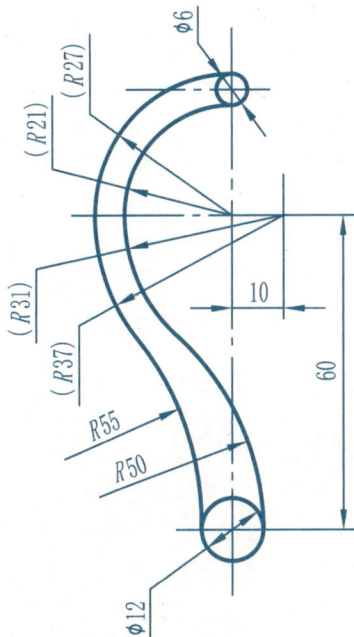

(4)

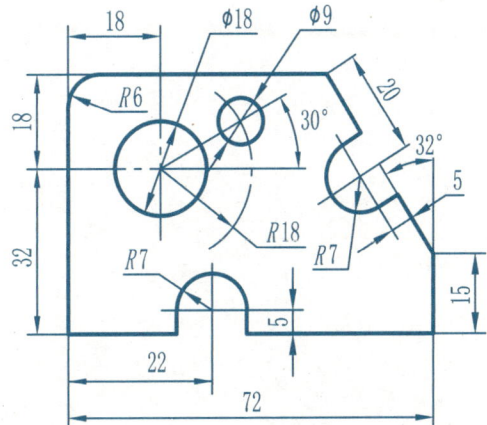

班级_____　　学号_____　　姓名_____

10-2 设计一张样板图(A4图幅,画出图框和标题栏),并设置为默认样板图,分别抄画下列图形,并标注尺寸

(1)

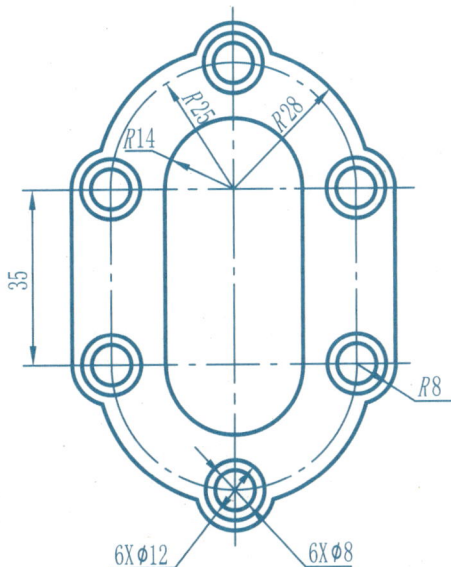

(2)

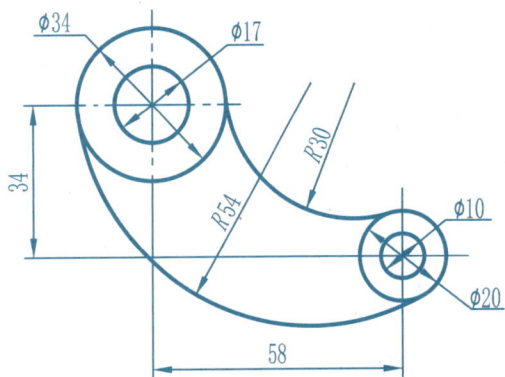

(3)

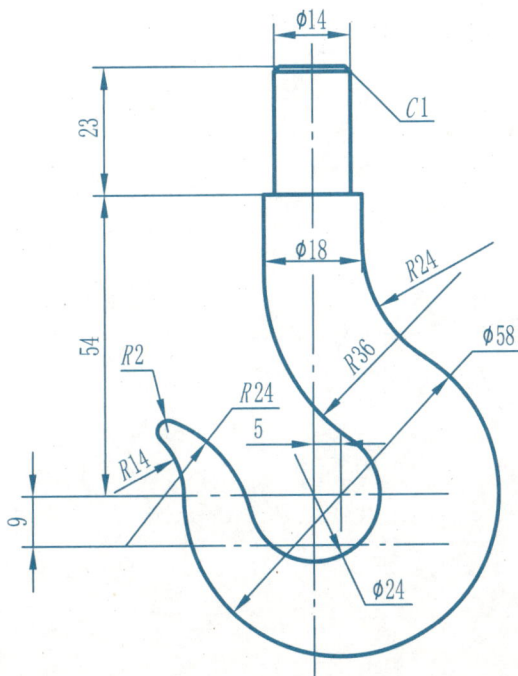

班级_____ 学号_____ 姓名_____

10-3 先在A4图纸上绘制物体的草图，并标注尺寸（1：1从轴测图中测量尺寸），然后根据草图用 AutoCAD软件绘制物体的正图

(1)

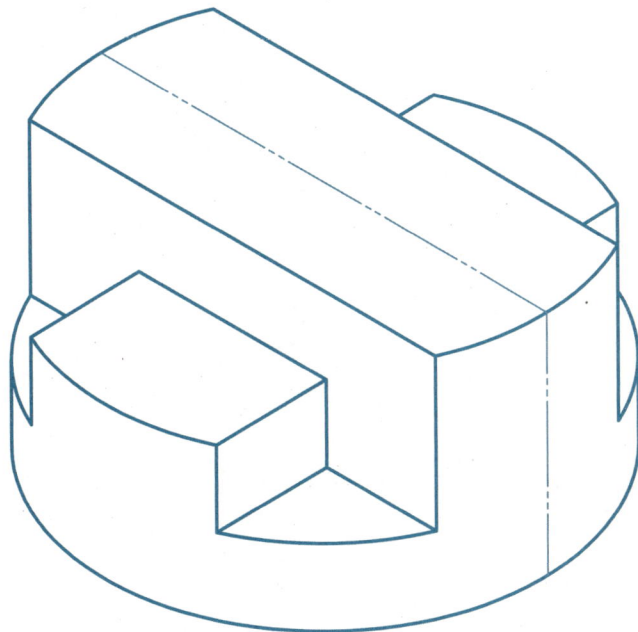

(2)

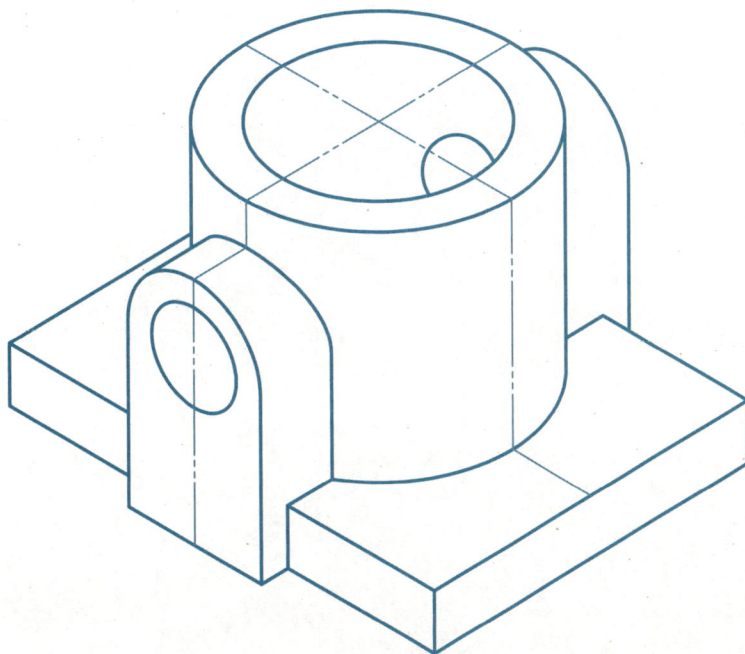

班级_____ 学号_____ 姓名_____